iT邦幫忙 鐵人賽

# 區塊鏈生存指南

## 你用Python寫出區塊鏈！ 第二版

手把手教你刻出區塊鏈的技術書，
解區塊鏈背後的原理？就從挽起袖子寫程式開始！

- 把手教學 - 你也可以寫出跑得動的區塊鏈！
- 用密碼學 - Merkle Tree、非對稱加密、零知識證明是怎麼做的？
- 識與分岔 - 暫時性分岔、軟分岔、硬分岔有甚麼區分？
- 工的世界 - 扣塊攻擊怎麼做？機槍池的原理是甚麼？
- 中心金融 - 乙太坊上也有當鋪！預言機暗藏危險？AMM機制是怎麼做的？

李耕銘 —— 著

本書如有破損或裝訂錯誤，請寄回本公司更換


作　　者：李耕銘
責任編輯：賴彥穎 Kelly

董 事 長：陳來勝
總 編 輯：陳錦輝

出　　版：博碩文化股份有限公司
地　　址：221 新北市汐止區新台五路一段 112 號 10 樓
電話 (02) 2696-2869　傳真 (02) 2696-2867

郵撥帳號：17484299　戶名：博碩文化股份有限公司
博碩網站：http://www.drmaster.com.tw
讀者服務信箱：dr26962869@gmail.com
訂購服務專線：(02) 2696-2869 分機 238、519
（週一至週五 09:30 ～ 12:00；13:30 ～ 17:00）

版　　次：2022 年 7 月初版

建議零售價：新台幣 600 元
I S B N：978-626-333-213-3（平裝）
律師顧問：鳴權法律事務所 陳曉鳴 律師

國家圖書館出版品預行編目資料

區塊鏈生存指南：帶你用Python寫出區塊鏈! /
李耕銘著. -- 二版. -- 新北市：博碩文化股份有限公司,
2022.07

面；　公分 --（iT 邦幫忙鐵人賽系列書）

ISBN 978-626-333-213-3（平裝）

1.CST: 電子商務　2.CST: 電子貨幣

490.29　　111011632

Printed in Taiwan

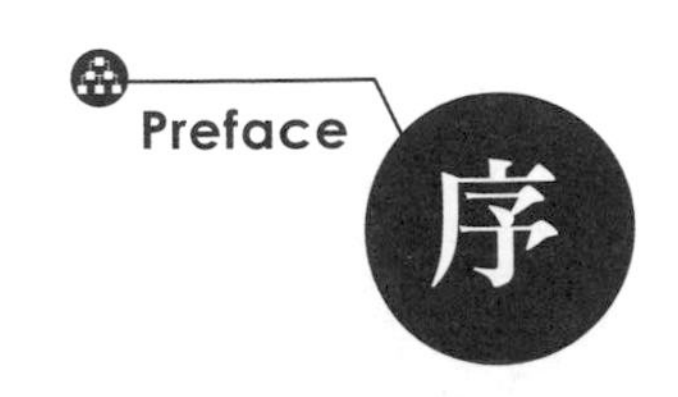

# 序

誤打誤撞接觸到區塊鏈至今大約也有四五年之久，從最開始為了好玩用顯示卡挖礦、跟朋友開了礦場、開始學寫智能合約、寫自動交易程式，到最後參加了 iT 邦幫忙的鐵人賽至今，深刻體驗到所謂的漣漪效應是怎麼一回事：如果當初沒有看到臉書上用顯示卡挖礦的文章，那麼很有可能後續的一切都不會發生。

我認為區塊鏈是個很迷人的領域，原因是它顛覆了過去大眾認為貨幣只能由政府或企業一般的中心化機構在背後做為擔保來發行。在沒有區塊鏈的時代實在很難想像貨幣是可以不受特定機構管轄，卻又能順利運作著。

這幾年區塊鏈的飛速發展讓許多人致富，但同時也讓另外一部份的人傾家蕩產，在接觸區塊鏈的這些日子裡看了不少人性的脆弱與貪婪，原因無它：大部分人接觸區塊鏈的初衷往往是為了追求財富而來，也因此區塊鏈的熱度往往也隨著幣價的高低上下起伏著。因為區塊鏈是個新興的領域，法律制度也還沒找到一個合適的切入點，為了避免挑戰政府的權威，虛擬貨幣在政府的認定上往往被視為「商品」而非「貨幣」，在這種情形下其實散戶是相對沒有保障的：吸金或詐騙並不受銀行法管轄，導致了許多受害者求助無門的情形發生，這也印證了凡是最好的時代同時也會是最渾沌的年代。

此外，隨著求學的時間一長，才慢慢了解到基礎理論的重要，日常的應用工程就像是外功一樣招式甚多也千變萬化，而基礎理論像是內功一樣需要長時間穩紮穩打卻不知何時能夠真正用上。我七八年前念大學時所寫過的幾種程式語言或專案中，有些已慢慢地式微或退去流行，但是從過程中學到的設計精神、運作原理等理論卻能夠內化長存。了解背後的理論與原理也能夠對世界有更深一步的認知與見解，比方說如果對基礎科學或工程有些了解的話，便會知曉百分之百的去中心化在目前是不可能的事情，原因便是我們目前的網路服務提供商 (ISP) 其實還是掌握在少數廠商手中，而這些廠商也必須聽命於政府機構。

這也是我平常喜歡基礎科學多一些的原因，原因之一是基礎科學學了之後可以對事物有較明確、嚴謹的區分，比方說「工作量證明」一詞常被誤認為區塊的產出方式，但其實兩者雖類似但卻是截然不同的兩個概念。

我也很喜歡前諾貝爾物理獎得主 Richard Phillips Feynman 曾說過的一句話：

「*What I cannot create, I do not understand.*」

在資訊科學的領域裡，要測驗自己是不是真的理解最簡單粗暴的方式便是看自己能不能從頭把它打造出來，所以這本書有很大的篇幅便是強調手做，會帶你一步步打造基本的區塊鏈、重要的幾個密碼學算法、區塊鏈的實際使用，透過手做來理解區塊鏈，再透過動手做出的區塊鏈來依序認識這些區塊鏈必備的背景知識，包括密碼學、P2P 網路、智能合約的運作等等。

Contents

# 目錄

## 01 前言：區塊鏈的誕生



## 02 打造一個簡易的區塊鏈

# 03 密碼學初探

## 04 關於挖礦的兩三事

# 05 P2P 網路

## 06 比特幣 Bitcoin

# 07 乙太坊 Ethereum

## 08 去中心化金融（Decentralized Finance，DeFi）

# 09 踏入虛擬貨幣



本書範例檔案請至以下網址下載

https://github.com/lkm543/Blockchain_Survival_Guide

Chapter 01

# 前言：區塊鏈的誕生

## 1-1 用共識來信任

區塊鏈簡而言之是透過「共識」來解決信任上的問題，不只有區塊鏈如此，共識默默決定了現實裡的許多東西，像是公眾人物的風評或是市場上的**價值**：股票或黃金的價值就是透過共識決定出來的，如果世界上有一群人覺得黃金目前的價格被嚴重低估，為了追求利潤他們就會買入黃金同時使價格被拉高到一定的水準，但如果有另一群人覺得黃金目前的價格被嚴重高估，他們就會賣出手上的黃金避險，也連帶使價格拉低，如此反覆直到價格維持在大眾的共識上下進行動態平衡，這也是市場經濟的原理。

但說的簡單，共識的形塑往往並非那麼單純與透明，過程也不全然完全由大眾掌握，以剛剛的交易過程為例：我們透過中間人（銀行或券商）來知道其他人願意出的價格，這個過程中我們信賴券商所提供的資訊並藉此做出反應，但券商有沒有可能透過資訊的優先來營利？有時還會聽聞證交所機房被放了莫名交易主機，而那些掛單的資訊是否有可能被人為操縱？金融市場中的「幌騙」(spoofing) 便是指這種報價後再迅速撤單以製造交易假象的行為。

另一個常見的例子是貨幣，貨幣由政府發行，我們基於信賴政府的公信力或強制力而願意收受政府發行的法定貨幣，並且在大部分的時間裡我們信任政府會維持貨幣的穩定發行與價值。但政府有沒有可能失信？當然有，而且濫發鈔票造成的惡性通膨在歷史上屢見不鮮。

## 1-2 不信任中誕生的信任

但如果沒辦法解決信任問題，那麼就沒有辦法從政府中取回貨幣發行權，畢竟如果隨便一個阿貓阿狗都能夠發行貨幣，那這貨幣是不會有任何價值的。

這裡我以台大電子投票為例，試圖解釋「信任」可以如何產生。

台大學生會出了不少政治人物，因此學生會的選舉一直以來都舉足輕重，雖然大部分的學生如我對於學生會普遍都沒什麼好感，投票率也幾乎都在 5% 以下，但台大總計有三萬名學生，要開完學生會、學代會、各系學生會的票也需要花費大量時間，往往得開票開至當天深夜才能知道結果。

因此從 2014 起台大學生會開始試辦電子投票，標榜著能夠在投票結束當下就計算出選舉結果，也可以避免重複投票的行為，直到 2020 年電子投票黯然退場，剛好從電子投票開始實行到結束這六年我都在台大念書，因此從頭到尾見證了電子投票是如何徹底失敗的。

當時施行電子投票的過程是這樣的：

1. 廠商開發程式碼
2. 廠商公開程式碼
3. 廠商把程式碼裝上平板電腦
4. 進入投票亭點選候選人
5. 開票

看起來很完美，但其中有個最大的弊端：在投票亭投票當下根本無法確認系統使用的程式碼就是先前廠商在網路上公布的那一份。因為在投票亭中只會看到如下圖一樣的畫面，系統也只允許使用者點選候選人。

▲ 投票時的畫面，點選自己心儀的候選人

事後廠商回覆學生質疑時，倒是很坦誠地直接回答：「沒錯，沒辦法知道」。

: 5. 之前提到的，怎麼樣得知 runtime 的 code 是 github 上的那一份？

沒錯，沒辦法知道，但如同第四點，我沒有理由做出舞弊的事情

另外，我會在學生會待到選舉結果公告，歡迎有能力有興趣的人來找我，可以作為見證人看一下線上系統運作，然後看最後開票的處理方式。

謝謝指教

▲ 廠商坦然答到「沒錯，沒辦法知道（執行程式碼為網路上公布那份）」

也就是到頭來，電子投票的結果竟然得去信任第三方沒有舞弊，既然終究都得去信任第三方，那先前公開程式碼、檢查等步驟其實沒有必要，反正最後還是得建立在「信任廠商」這件事情上。

除了信任問題遲遲無法解決外，還因為每年系統的不穩定與專業的選務人員難尋等原因，終究電子投票還是在 2020 年時不了了之。

但反觀即便大家政治立場分歧，傳統的紙本投票之所以令人信服，原因是其從來都沒有建立在「信任選務或第三方人員」上，反倒是建立在「不信任選務或第三方人員」之上，因為選舉是極端欠缺信任的過程，因此候選人會盡可能地在各投開票所安插自己人來監督選舉過程是否公正。

整個投開票過程基本上也都是公開透明的：

1. 投票前公開示眾票匭為空匭
2. 人工領票，有排隊的群眾觀看
3. 投票，投票人自行監督自己的票被圈選
4. 投票人自行把投入票匭
5. 開票，由計票樁腳監督

正是因為彼此間不信任，所以才需要把整個過程公開透明化，並隨時開放接受查核；所以，唯有在**不信任的前提下才能建立出可靠的信任**，而公開透明則是其中一種選擇，如同區塊鏈中的防弊機制都是建立在可能有惡意的節點參雜在裡頭，節點間的關係則是建立在彼此懷疑的基礎上的。

## 1-3　你的錢不是你的錢

2008 年的金融風暴讓人們開始認知到銀行不一定可以被信任，銀行收走我們的錢後並沒有有效的管控，而貨幣持續的通貨膨脹，在過去 120 年來讓貨幣的購買力下跌了 30 倍，截至今天也還在下跌中。

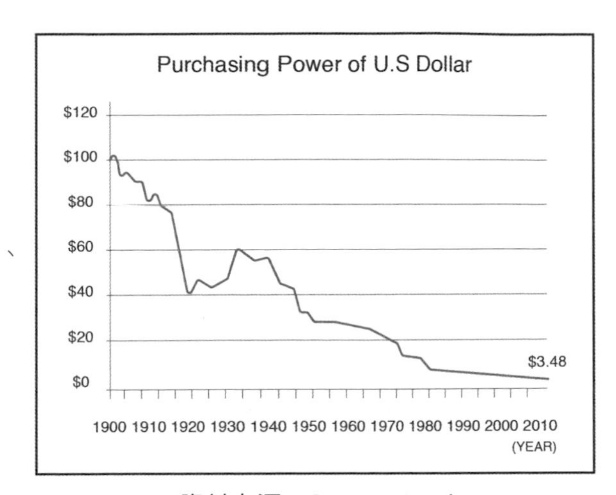


▲ 資料來源：Observations[1]

貨幣購買力下降的主因除了經濟成長外，也與政府不斷發行新貨幣進入市場有關，小幅的通貨膨脹是正常的經濟活動，但貨幣流通量增加的速度實際上遠遠超出你我的想像，下圖是美金流通量的歷史。

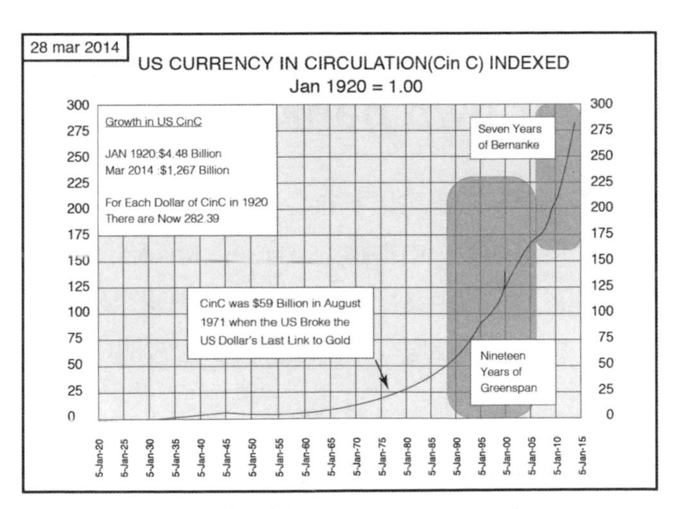


▲ 資料來源：Gold Silver Worlds[2]

1 https://observationsandnotes.blogspot.com/

2 https://goldsilverworlds.com/

所以問題來了，要怎麼信任你手中的貨幣在未來是有價值的？但除了政府之外，又有誰具有公信力可以發行大家都能接受的貨幣？又怎能保證發行者在未來不會繼續超發呢？除了被政府法規管制與規範的銀行外，又有誰有能力幫大眾保管資產或交易？

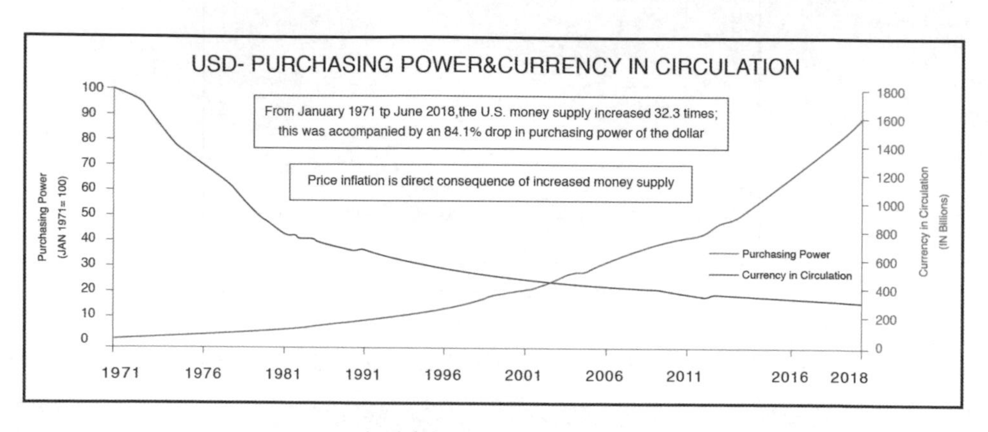


▲ 資料來源：BMG Group Inc.[3]

## 1-4 Be your own bank

Bitcoin 一開始便是為了解決誰可以是有公信力的發行者、誰又可以是公正保管者的問題。比特幣的發明者—中本聰 (Satoshi Nakamoto) 提供的解決方案就是把貨幣的發行與詮釋權發還給大眾，並搭配密碼學來確保大眾手上的資料與紀錄難以被竄改，這也是為什麼有時候虛擬貨幣會被叫成加密貨幣的原因。

換言之，中本聰的理想就是人人手上都有帳本、每個人都是銀行，藉此來保證共識的公正與執行，也因此 Bitcoin 的最初願景便是 **"Be your own bank."**。

3 https://bmg-group.com/

值得一提的是區塊鏈並不是非常新的概念，銀行間很早就以類似分散式帳本的技術在做資料的交換與溝通，但狹義的公鏈與傳統分散式帳本最大的不同就是 **Permissionless**，也就是你若有意願加入並分享帳本的話並不需要任何人的允許，透過成員間自由的加入與退出來達成去中心化與社群共治的目標，這也是公鏈與銀行間的分散式帳本最大的不同之處。

值得一提的是，數位資產的概念早在區塊鏈之前就已經出現，那時候已經能夠以非對稱加密的數位簽章（之後會再提）來核可與發送交易，而中本聰的貢獻則是嘗試以 P2P 網路的形式解決了同一筆資產可能會重複被花用的狀況（雙花攻擊，之後也會再提及）。

下面這行字便是來自於 Bitcoin 白皮書的原文：

*Digital signatures provide part of the solution, but the main benefits are lost if a trusted third party is still required to prevent double-spending. We propose a solution to the double-spending problem using a peer-to-peer network.*

## 1-5 比特幣能成為實質上的「貨幣」嗎？

比特幣的上限掐在 2100 萬枚，相較於每年 5%~10% 的貨幣供給增長，這讓它更能成為一個保值的流通「貨幣」。

如果你曾經在某個地方看過類似上面這段話，老實告訴你這段話根本就是話唬爛。恰恰相反的是：正因為上限死死地掐在 2100 萬枚，這讓比特幣註定無法成為現代化的貨幣。

早在 45 年前，Joan Sweeney 跟 Richard James Sweene 在 *Monetary theory and the great Capitol Hill Baby Sitting Co-op crisis: comment. Journal of Money, Credit and Banking* 中就寫過這麼一個例子：

1970 年代美國國會山莊附近有一個高級社區，住在這社區內的自然也都不會是普通人，往往都有許多社交聚會必須參加，或是偶爾想來點兩人世界，但很明顯地如果每次都凹鄰居來幫忙帶小孩會給別人帶來極大的困擾。

於是社區內就有人發起了托兒合作社（babysitting co-op），今天你幫我，改天你有需要的時候再還你，而為了公平性，合作社內發行了限量的「照顧券」作為計算與流通的單位，每張照顧券對應一個小時的服務，如果把小孩託付給別人照顧，那麼就需要按照時數支付相對應的照顧券。

看起來相當可行的制度卻在實行後迅速瓦解：大家都想要事先囤積更多的照顧券以備不時之需，所以有空的人便開始兜售自己的時間換取照顧券，畢竟手上的照顧券越多，生活起來也越有安全感。

但照顧券的總量是固定的，有人囤積就代表有人手上的照顧券減少，手上的照顧券少了的家長也開始警覺並減少外出的次數，並開始找尋照顧別人小孩的工作機會，於是市面上流通的照顧券數目越來越少。

如果把照顧比做是經濟活動，照顧券作為貨幣的單位，請人幫忙照顧看作是消費，那麼經濟學經典定義下的「衰退」便這麼發生了。

如何解決這個問題？答案很簡單：「大撒幣」

直接發給每個家庭多餘的照顧券，同時新加入合作社的成員也可以免費獲得這些照顧券，每年照顧券流通的數目也因此逐步增加。

看起來很不合理的「大撒幣」政策卻解決了問題。

回到比特幣，任何帶有通貨緊縮性質的都會讓囤積的出現成為必然，一但囤積現象出現，消費、物價、薪資的接連下降就會形成惡性循環。

因此比特幣的上限注定反而讓它沒有辦法成為一個「貨幣」，至多成為像黃金或股票一樣的「資產」。

這也可以解釋為何現在非常少人用比特幣進行消費，多數人購入比特幣是為了增值而非消費流通之用。

另一個比特幣無法成為大量流通「貨幣」的原因是其缺乏政府或權力作為背後擔保，「貨幣」一般而言是由政府發行並提供法源與強制力，比方說我國的中央銀行法第 13 條：

[1] 中華民國貨幣，由本行發行之。
[2] 本行發行之貨幣為國幣，對於中華民國境內之一切支付，具有法償效力。
[3] 貨幣之印製及鑄造，由本行設廠專營並管理之。

也就是說「法定貨幣」有政府的法源及強制力，而世界上最通用的「法定貨幣」美元背後就是由美國政府加以擔保並發行，並有世界上最強大的經濟與軍事實力在背後做支撐，各國間進出口、匯兑、結算等多半也是以美元計價與結算，因此，離虛擬貨幣成為實質上的「貨幣」還有很長一條路要走，現階段虛擬貨幣比較偏向「資產」。

## 1-6 本書的架構

區塊鏈日新月異，至今也在不斷改變與成長中，為了徹底瞭解區塊鏈的架構與原理，我們首先會探討如何利用密碼學以 Python 建立一個最基礎簡單的區塊鏈，並藉此了解到運行過程中所需要的基礎知識，再分別細談這些基礎知識中的密碼學、P2P 網路、共識後，接著看看這些東西是如何出現在現實中的區塊鏈（Bitcoin、Ethereum 為主）裡，最後則是我們要如何踏入虛擬貨幣世界與保護自己的數位資產。

區塊鏈每年都在變，但基礎架構與科學是不變的，期望透過：簡單復刻→基礎理論解説→實際例子與應用的過程中掌握區塊鏈的核心概念，即便有下一世代的區塊鏈出現，也可以很快掌握住。

▲ 比特幣

Chapter 02

# 打造一個簡易的區塊鏈

1965 年的諾貝爾物理獎得主 Richard Phillips Feynman 曾說過一句話：

「*What I cannot create, I do not understand.*」

想要理解一門領域，最簡單的方法就是測試自己是否能從零打造起！如果中間遇到甚麼問題或疑惑也可以隨時測試自己的基礎知識，並且在打造過程中我們也會遇到「女巫攻擊」、「工作量證明」、「重放攻擊」、「非對稱加密」這些區塊鏈裡耳熟能詳的名詞，而這些名詞都藏在等等要打造的區塊鏈裡頭，透過打造區塊鏈我們最終才可以理解到這些名詞代表的意義與角色。

因此，本書的最開頭就從打造一個屬於我們的簡易區塊鏈開始！

## 2-1 定義格式與架構

在實際動手前，我們先來了解區塊鏈的架構與裏頭具備哪些要點，首先我們先把一些基本交易與區塊的格式跟內容定義清楚。

## 交易的組成

### Transaction

就像我們平常習慣用的銀行轉帳一樣，每筆交易都會產生一筆交易明細，詳細記錄這筆交易的發送人、接收者、金額、手續費與備註，交易明細的功能除了作為憑證外，同時在銀行端也可以拿來核對，也就是俗稱的 " 軋帳 "，這裡的每一筆交易明細我們先稱之為 **Transaction**。

From: 爸爸的帳號
To: 女兒的帳號
Amount: 10000
Fee: 15
Message: 這個月的生活費

### Blocks of transactions

所有的 **Transaction** 會根據時間順序被放置到一個個區塊 **(Block)** 內，就像是把銀行把每個工作日早上九點到下午三點半前的所有交易紀錄都存在同一天的帳本裡一樣，如此周而復始，當有新的區塊正在產出，新生成的所有交易紀錄都會被放置在該區塊之下。

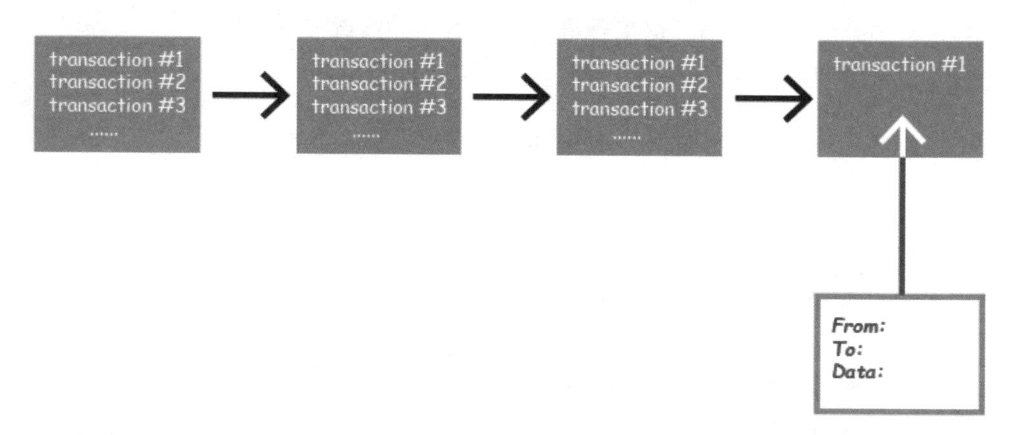


你可能會有疑問說為什麼要這樣設計？為什麼不把所有的交易紀錄通通放在同一個區塊就好？

一旦我們把所有的交易紀錄都存放在同一個區塊或陣列之中，那麼即便其中某一筆資料被竄改我們也無從得知，也無法確認是哪一筆交易 / 區塊遭到竄改。另一個好處是我們可以透過這種方式把交易區分成 " **已經被確認** "( 已被區塊內 ) 與 " **等待中** "( 尚未置入區塊 )，這樣使用者便可以得知自己的匯款是否已經完成。

也因為透過區塊的切割與依次加密，就好比我們在區塊與區塊中加了獨立鎖鏈一般，一旦有人意圖不軌試圖竄改過去的資料，則他必須要付出的代價是：必須層層把鎖鏈解開，否則資料鏈就會從此斷開而輕易地被人抓包。

不過「依次加密」的背後牽涉到複雜的密碼學，因此在寫完一個簡易的區塊鏈後我們會進到下一個章節，也是區塊鏈不可或缺的重點：密碼學。

### ▨ 交易格式

根據最上面我們談的交易明細，一筆交易裏頭應該要有這些資訊：

- 發送方 **(sender)**：交易的發起方，同時要確認發送方帳戶下的餘額否足夠
- 收款方 **(receiver)**：交易的收受方，通常無須使用者同意即可收款
- 金額大小 **(amounts)**：這筆交易的金額數目大小
- 手續費 **(fee)**：交易時所需支付的手續費多寡
- 訊息 **(message)**：如同轉帳的備註一般留下資訊，通常是給收款方看

```
class Transaction:
    def __init__(self,sender,receiver,amounts,fee,message):
        self.sender = sender
        self.receiver = receiver
        self.amounts = amounts
        self.fee = fee
        self.message = message
```

### ▨ 區塊格式

每一個區塊包含了許多筆交易 **(Transaction)**，就像是帳本的內頁儲存了許多交易紀錄，值得一提的是這裡為了加密的需求會記錄前後一個區塊的雜湊

**(hash)** 值，也就是每一塊區塊之間的雜湊值是環環相扣的，也可以把雜湊值看做是每個區塊上的鎖頭，而礦工挖掘出的 **nonce** 則代表了能夠匹配這個鎖頭的鑰匙（或另一把鎖），而且下一個區塊的雜湊值又會根據這個 **nonce** 值而產生，如此一來只要其中任何一個交易紀錄、區塊被竄改，則整條鏈上的 **nonce** 跟 **hash** 都需要修正，並且需要在新的區塊產生前計算 / 修正完畢，這需要擁有異常龐大的計算量，也因此竄改區塊鏈是幾近不可能的事情。

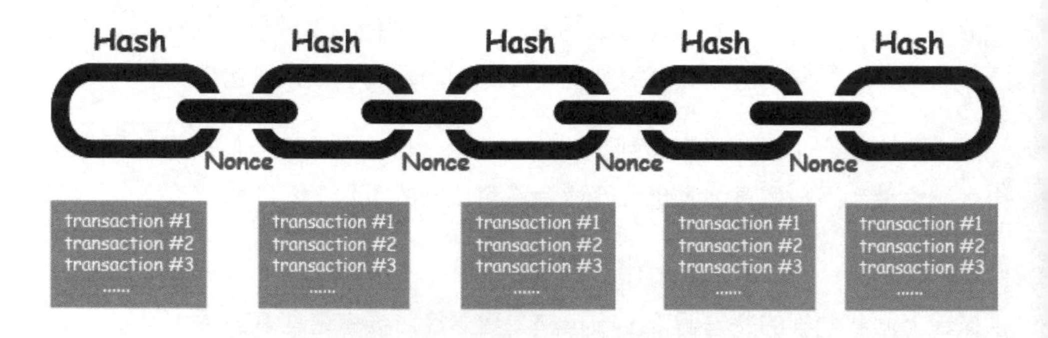


至於甚麼是 hash、區塊間如何加密的細節我們之後會再來探討。

至此，一個區塊裡頭至少需要有這些資訊：

- 前個區塊的雜湊值 (**previous_hash**)：為了加密需要我們會使用到前一個區塊的雜湊值，藉此保障區塊鏈上的資料安全
- 此次區塊的雜湊值 (**hash**)：目前區塊計算後的雜湊值
- **nonce**：礦工找到能夠解開上個區塊鎖的鑰匙
- 當前難度 (**difficulty**)：挖出這個區塊時所使用的困難度，之後會再詳述
- 區塊產生時的時間戳 (**timestamp**)：紀錄了該區塊是在何時產生，在調整挖礦難度會使用到
- 交易紀錄 (**transactions**)：紀錄了這個區塊中所有的交易紀錄
- 挖掘礦工 (**miner**)：這個區塊中是由誰挖掘出來的
- 礦工獎勵 (**miner_rewards**)：這個區塊產出時分給礦工的獎勵

```
class Block:
    def __init__(self,previous_hash,difficulty,miner,miner_rewards):
        self.previous_hash = previous_hash
        self.hash = ''
        self.difficulty = difficulty
        self.nonce = 0
        self.timestamp = int(time.time())
        self.transactions = []
        self.miner = miner
        self.miner_rewards = miner_rewards
```

## 區塊鏈架構

為了維持使用上的穩定，也避免使用者等待時間的高低起伏，因此區塊產出的時間必須盡量保持固定，但因為礦工的數目往往無法預測，挖掘區塊的難度就必須跟著礦工數目與運算力的多寡進行自動調整，所以在每個區塊鏈裡頭都會記錄事先設定好的出塊時間，並透過動態調整難度試圖讓設定的出塊時間與實際的出塊時間不至於落差太大。

另外，區塊鏈裡頭也會設定每一區塊中所能存放的交易上限，避免無上限時造成資料傳遞上的堵塞，同時也會將目前區塊產出時會給予礦工的獎勵數目寫在區塊鏈裡頭。

- 難度調節區塊數 (**adjust_difficulty_blocks**)：每多少個區塊調節一次難度。
- 目前難度 (**difficulty**)：希望每個區塊的產出時間盡量保持一致，也因此隨著挖掘 nonce 的機器數日與效能變動，挖掘難度也必須隨之調整以讓產出時間維持在動態平衡上，這個欄位代表了區塊鏈當下的難度。
- 出塊時間 (**block_time**)：理想上多久能夠出一個區塊，當實際出塊時間短於設定的理想值時，代表運算效能優於實際需要，因此必須將難度做相對應的提升，反之亦然，詳情在之後的教學中會有進一步的説明。

- 挖礦獎勵 (**miner_rewards**)：獎勵挖礦者的金額多寡，挖出新區塊的礦工可以得到獎勵，藉此鼓勵礦工參與區塊鏈營運。
- 區塊容量 (**block_limitation**)：每一個區塊能夠容納的交易上限，上限的存在是因為當礦工挖掘出新的 **nonce** 時，他需要把所有被接受的交易連同新區塊的資料一併廣播給其他人知悉，因此如果容量過大會導致傳播過慢或是讓礦工需要的網速增加到不符合經濟效益的地步。
- 區塊鏈 (**chain**)：目前區塊鏈中儲存的所有區塊。
- 等待中的交易 (**pending_pranscations**)：當使用者發送交易時，因為區塊鏈能夠吞吐的交易量有限，交易會先處在 pending 的狀況，當交易量過大時，礦工會首先選擇手續費高的交易先處理。

```
class BlockChain:
    def __init__(self):
        self.adjust_difficulty_blocks = 10
        self.difficulty = 1
        self.block_time = 30
        self.mining_rewards = 10
        self.block_limitation = 32
        self.chain = []
        self.pending_transactions = []
```

基本的格式定義到此為止，下一章我們來研究怎麼樣讓區塊能夠被順利而穩定地被挖掘！

## 2-2　產生創世塊與挖掘新區塊

我們在上一章節已經定義完交易、區塊、區塊鏈的主要格式與資料，現在的目標是架構起我們的簡易區塊鏈，並且能夠做到下面這四件事情：

1. 產生雜湊值 (Hash)
2. 產生創世塊

3. 放置交易明細至新區塊中
4. 挖掘新區塊

## 產生雜湊值 (Hash)

雜湊函數可以想做是一種單向轉換方式，可以把**任意長度的輸入轉換成固定長度的輸出**，以 SHA-1 為例，它能夠把不定長度的輸入值轉換成固定 20 個位元組的輸出。

在定義上，雜湊函數 (**hash function**) 必須同時滿足兩個條件：

1. 同樣的輸入值必會得到相同的輸出值
2. 輸出的雜湊值無法反推回原本的資料

以下面為例，**Hello World!** 的字串能夠透過 **SHA-1** 的雜湊函數轉換成：

2ef7bde608ce5404e97d5f042f95f89f1c232871

但此時產生的 **2ef7bde608ce5404e97d5f042f95f89f1c232871** 無法反推回原本的 **Hello World!**。

由於輸入資料的不同，往往我們可以把雜湊值視作幾近隨機的位元組所構成 ( 但仍然會因為雜湊函數的不同而有所變異 )

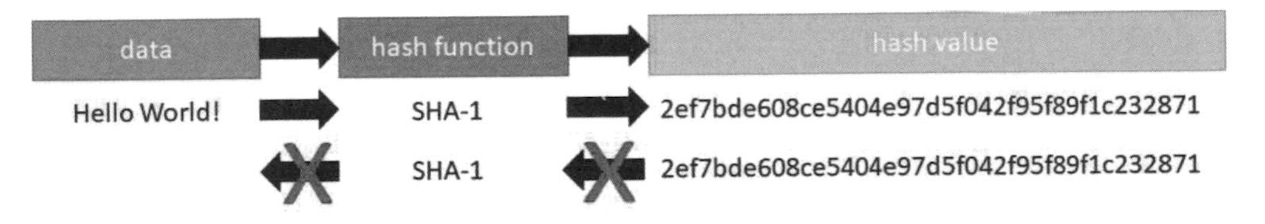


當然不只有 SHA-1 這種雜湊函數，現實中有更多的雜湊函式的轉換可以使用，實際上 SHA-1 也因為容易被破解已經被棄用已久，若我們以 Hello World! 這個字串為例測試各種不同的雜湊函式，可以發現不同轉換法輸出的雜湊值也不相同。

| Result | |
|---|---|
| Original text | Hello world! |
| Original bytes | 48:65:60:6c:6f:20:57:6f:72:6c:64:21 (length=12) |
| Adler32 | 1c49043e |
| CRC32 | 1c291ca3 |
| Haval | 2242f559aa860d68c6de6d025e65d32e |
| MD2 | 315f7c67223f01fb7cab4b95100e872e |
| MD4 | b2a5cc34fc21a764ae2fad94d56fadf6 |
| MD5 | ed076287532e86365e841e92bfc50d8c |
| RipeMD128 | 24e23e5c25bc06c8aa43b696c1e11669 |
| RipeMD160 | 8476ee4631b9b30ac2754b0ee0c47e161d3f724c |
| SHA-1 | 2ef7bde608ce5404e97d5f042f95f89f1c232871 |
| SHA-256 | 7f83b1657ff1fc53b92dc18148a1d65dfc2d4b1fa3d677284addd200126d9069 |
| SHA-384 | bfd76c0ebbd006fee583410547c1887b0292be76d582d96c242d2a792723e3fd<br>6fd061f9d5cfd13b8f961358e6adba4a |
| SHA-512 | 861844d6704e8573fec34d967e20bcfef3d424cf48be04e6dc08f2bd58c72974337<br>1015ead891cc3cf1c9d34b49264b510751b1ff9e537937bc46b5d6ff4ecc8 |
| Tiger | 93afa8a33159ad5e9a2e818ca3582bb9247c58c581362de8 |
| Whirlpool | 5fa86a0b612a1241db0ee40537e011fb3d845bcec67d230fb417a68506c124976e<br>b630a8acc14dcd0f60c95fd220f7001c363d9f40647aec1df9a2a0d615bbb1 |

在這裡我們先把下面這些資料連接後作為雜湊函數的輸入：

1. 前一個區塊的雜湊值 **(previous_hash)**
2. 區塊產生當下的時間戳 **(timestamp)**
3. 區塊內所有的交易明細 **(transactions)**
4. 挖掘中的 **nonce** 值

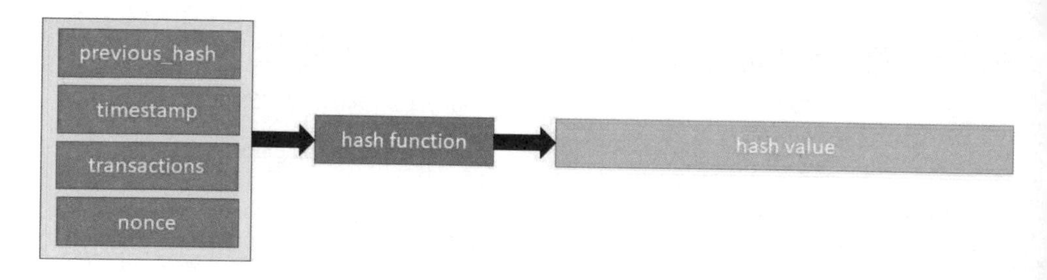


下面是轉換雜湊值的程式碼，其中 **transaction_to_string** 負責把交易明細轉換成字串、**get_transactions_string** 負責把區塊紀錄內的所有交易明細轉換成一個字串、**get_hash** 負責依據這四筆資料產生相對應的雜湊值。

```
import hashlib

def transaction_to_string(self, transaction):
    transaction_dict = {
        'sender': str(transaction.sender),
        'receiver': str(transaction.receiver),
        'amounts': transaction.amounts,
        'fee': transaction.fee,
        'message': transaction.message
    }
    return str(transaction_dict)

def get_transactions_string(self, block):
    transaction_str = ''
    for transaction in block.transactions:
        transaction_str += self.transaction_to_string(transaction)
    return transaction_str

def get_hash(self, block, nonce):
    s = hashlib.sha1()
    s.update(
        (
            block.previous_hash
            + str(block.timestamp)
            + self.get_transactions_string(block)
            + str(nonce)
        ).encode("utf-8")
    )
    h = s.hexdigest()
    return h
```

## 產生創世塊 (genesis block)

創世塊是開始部署區塊鏈時所產生的第一個區塊，通常具有劃時代、開天闢地的意涵在內，雖然以第一個區塊的角度而言它不需要帶有任何交易紀錄，是個無任何資料的空區塊，但創造並執行區塊鏈的人可以把心中的精神或具象徵性的意義寫入創世塊中藉此提醒後人。

以比特幣來說，比特幣的創世塊裡頭隱含了下面這句話。

*The Times 03/Jan/2009 Chancellor on brink of second bailout for banks.*

這句話被比特幣創始人中本聰寫入創世塊中，來源是 2009/01/03 英國《泰晤士報》的頭版標題，那時候的世界還陷在 2008 金融風暴的危機中尚未復甦，這篇報導則敘述了當時的英國正考慮對銀行進行財務紓困，或許中本聰只是單純想證明這區塊確實是當天寫入的，又或許想透過《泰晤士報》的頭版標題又對政府與中心化金融機構進行一次諷刺。

THE TIMES

Saturday January 3 2009 timesonline.co.uk

£1.50

Eat Out from £5

More than 900 great restaurants, including four Gordon Ramsay favourites from £15

Start collecting tokens today Pullout inside

Israel prepares to send tanks and troops into Gaza

Michael Sheen Frost, Nixon and me

Working mums So that's how she does it

Detox in style The best spas on the planet

Salman Rushdie I won't marry again

Giant killing? Guide to the FA Cup third round

Chancellor on brink of second bailout for banks

Billions may be needed as lending squeeze tightens

Francis Elliott

Gary Duncan

99p

Pub chain cuts the price of a pint from £1.69 to 1989 levels

Business, page 47

▲ 圖片來源：The Times

由於這是我們的第一個區塊鏈，所以我們就在 **previous_hash** 的欄位給 **.....Hello World!** 藉此紀念一下，並且難度與挖礦獎勵設定成區塊鏈的預設值，礦工這裡就直接填入我們的姓名，產生創世塊後就直接把創世塊加入到 **chain** 之中。

```
def create_genesis_block(self):
    print("Create genesis block...")
    new_block = Block('Hello World!', self.difficulty, 'lkm543', self.miner_rewards)
    new_block.hash = self.get_hash(new_block, 0)
    self.chain.append(new_block)
```

## 放置交易紀錄至新區塊中

區塊過大會導致在網路傳播上的不易與耗時，想像一下如果單一區塊有 1GB 那麼大，那每次產出區塊後光同步下載就要花費多少時間？為了避免這種狀況產生，每個區塊的承載量是設有容量上限的，既然有上限，礦工勢必得做出選擇，那礦工如何選擇哪幾筆交易應該被優先處理呢？

通常礦工會根據自身的利益最大化而選擇手續費高的交易優先處理，因此在這裡我們選擇手續費最高的幾筆交易優先加入區塊中。

但如果等待中的交易 (**pending_transactions**) 數目沒有到區塊的承載量上限的話，那麼自然我們可以全部處理了！

大家所熟知的比特幣的區塊容量上限是 **1MB**，在 1MB 的容量下平均可以接受 **3.3-7 TPS**(Transaction per Seconds，每秒幾筆交易)，這數字大家可能沒甚麼概念，但與大家常使用的 Visa 做個比較─ Visa 的平均處理速度為 **1700 TPS**，因此在比特幣大規模被應用之前如何改進與增大 TPS 為社群熱門的研究題目。

而中本聰原先給的解決方案是增加區塊的容量，也就是提升原先設定的 1MB 區塊容量大小限制即可應對增長的交易需求，但社群後續對增加 TPS 的路線與方法的不同甚至導致了社群的分裂，進而產生了分岔 (Fork) 甚至生成了新的貨幣 Bitcoin Cash(BCH)，至於關於分岔的議題之後我們會再探討。

乙太坊的區塊容量則是根據耗用資源的多寡以 **Gas** 為單位，每個區塊有 **800 萬 Gas** 的限制，關於 Ethereum 耗用 Gas 的機制因為較為複雜，我們之後也會另外說明，但總而言之，它們都有區塊容量的上限以確保產出新區塊後的廣播過程能順利進行。

```
def add_transaction_to_block(self, block):
    # Get the transaction with highest fee by block_limitation
    self.pending_transactions.sort(key=lambda x: x.fee, reverse=True)
    if len(self.pending_transactions) > self.block_limitation:
        transcation_accepted = self.pending_transactions[:self.block_limitation]
        self.pending_transactions = self.pending_transactions[self.block_limitation:]
    else:
        transcation_accepted = self.pending_transactions
        self.pending_transactions = []
        block.transactions = transcation_accepted
```

## 挖掘新區塊

接著我們就可以來挖掘新區塊了，挖掘的步驟是透過改變 **nonce** 值（從 0,1,2,3.... 直到找到符合的 **nonce**）而得到新的雜湊值，在這裡我們把難度定義為：

**產生雜湊值的 " 開頭有幾個 0"**

也就是每次改變 **nonce**、產生一個新的 **hash** 後來確認有沒有符合要求（開頭有幾個 0），如果符合就代表我們找到一個合規 **nonce** 值了！但如果沒有，就只好持續的往下找了。也因為運算量越大能夠找到合規的 **nonce** 值的機率也越大，也越有權力廣播區塊，因此這個方法通常會被稱為工作量證明 **Proof of Work(POW)**。

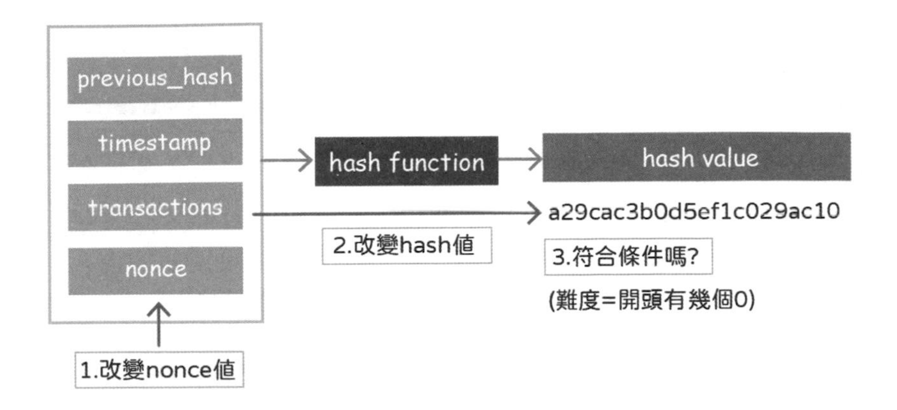


但透過這個方式區塊的產生時間會非常地不穩定，你可以到 bitcoin 的區塊瀏覽器[1]看看產出的時間，bitcoin 預設是每十分鐘應該要產出一個區塊，但也可以發現實際上每個區塊的產生時間會跟十分鐘有點落差，這是 POW 的必然結果。

**Blocks**

| Height | Hash | Mined | Miner | Size |
|---|---|---|---|---|
| 654088 | 0..c3684a41de8b8db4b847e3e3b967c1d3a691824543821 | 14 minutes | BTC.TOP | 1,232,275 bytes |
| 654087 | 0..9878821057e4b2ee239fbfc73b664503ed5a8a48a0235 | 21 minutes | Unknown | 1,384,774 bytes |
| 654086 | 0..7d613c497979fc6f9f7f47ed76193e274c18427afc180 | 26 minutes | F2Pool | 1,374,809 bytes |
| 654085 | 0..61afcda4e3a6648e1ba5b2ee33f19334fd81e5a627801 | 46 minutes | Unknown | 1,353,714 bytes |
| 654084 | 0..822b0b0daa340d6ef575358171dde645ed85e76f5924e | 50 minutes | ViaBTC | 1,358,230 bytes |
| 654083 | 0..1d650045c1382e0c23586c4dbdec806fd5c6d54944be7 | 1 hour | ViaBTC | 1,235,895 bytes |

在這裡的實作中，我們生成一個區塊後不停計算不一樣的 **nonce** 值，直到我們能夠找到合規的 **nonce** 為止，在發現（挖掘）合規的 **nonce** 之後，就可以把挖出來的區塊置入鏈裡頭。

```
def mine_block(self, miner):
    start = time.process_time()
```

1 https://www.blockchain.com/btc/blocks ? page=1

```
    last_block = self.chain[-1]
    new_block = Block(last_block.hash, self.difficulty, miner, self.miner_rewards)

    self.add_transaction_to_block(new_block)
    new_block.previous_hash = last_block.hash
    new_block.difficulty = self.difficulty
    new_block.hash = self.get_hash(new_block, new_block.nonce)

    while new_block.hash[0: self.difficulty] != '0' * self.difficulty:
        new_block.nonce += 1
        new_block.hash = self.get_hash(new_block, new_block.nonce)

    time_consumed = round(time.process_time() - start, 5)
    print(f"Hash found: {new_block.hash} @ difficulty {self.difficulty},
time cost: {time_consumed}s")
    self.chain.append(new_block)
```

### 現在遇到的問題

如果此時參與挖掘的人越來越多，那麼區塊不是一下就會被挖掘出來了嗎？是的，所以下一章節我們會來談談怎麼根據實際情形改變挖掘的難度！

## 2-3 難度調整與確認雜湊鏈

目前我們已經有能力產出新區塊，但區塊的產生時間會根據運算力的多寡而浮動，因此緊接著要處理的第一件事便是根據現在運算力多寡來調整挖礦的難度，除此之外我們在處理交易前也必須事先確認該帳戶的餘額是否足夠，最後則是確認我們的區塊鏈是不是有被竄改過。

在這裡總結本章節必須做的三件事：

1. 調整挖掘難度
2. 計算帳戶餘額
3. 確認雜湊值是否正確

## 調整挖掘難度

由於每區塊裏頭都記錄著被挖掘出的當下時間戳(**timestamp**)，因此我們可以知道每個區塊的產出時間(也就是找出符合的 **nonce** 所耗費的時間)，如果難度是固定的，那麼參與挖礦的運算力如果成長十倍，區塊的平均產出時間也會連帶變成十分之一，這會造成使用上非常的不穩定，因此順應運算力的多寡而調整難度對區塊鏈的長久運行是很重要的。

那要怎麼去評估區塊的產生時間呢？如果單純採用前一個區塊的產出時間很明顯的是不可行，因為 **POW** 的核心精神是利用隨機數去猜到可能可以符合的 **nonce**，因此每一個區塊的產出時間會變動相當大：

```
Hash found: 00000782e56bd84f3f149882778117ace8950886 @ difficulty 5, time cost: 2.28125s
Hash found: 00000196c1c29ee7c419100d883370f8620079c0 @ difficulty 5, time cost: 3.03125s
Hash found: 00000d55df3188a4c99e178b6dbc5a809f4e793f @ difficulty 5, time cost: 1.35938s
Hash found: 00000a97922577e0e91cba1805ede7022d841eba @ difficulty 5, time cost: 0.46875s
Hash found: 00000c24a1d8f0f9927cf3b5128cf4b4218accf4 @ difficulty 5, time cost: 1.5625s
Hash found: 0000097803e8071dc38b5531ccb16698c0b26eeb @ difficulty 5, time cost: 16.34375s
Hash found: 000009d9d7b6653450c9074b8eabe8e061cfaddc @ difficulty 5, time cost: 7.03125s
Hash found: 00000fb592e6ad7eef2a0b1b4f756b812697b046 @ difficulty 5, time cost: 39.4375s
Hash found: 000002bbf1bd26125135fb5415881667c3d31255 @ difficulty 5, time cost: 18.26562s
Hash found: 000003633977889bd377af28b3ad6daf1e882614 @ difficulty 5, time cost: 4.1875s
Average block time:9.4s. High up the difficulty
```

根據上圖可以看到我們的區塊鏈在難度 5 的狀況下，連續十塊的出塊時間從 0.47 秒到 39.44 秒都有可能，上一章節也提過在區塊鏈瀏覽器裏頭可以發現出塊時間會不斷跳動，因此根據單個區塊的出塊時間決定難度是萬萬不可行的，取而代之的方法便是取多個區塊的出塊時間再取平均，這其實就像是訊號處理中的均值濾波器(mean filter)。

我們設定如果平均出塊時間小於設定的出塊時間，就把難度加 1，如果平均出塊時間大於設定的出塊時間，就把難度減 1。

這裡難度的定義是挖到的 **nonce** 值必須要滿足讓 Hash 的頭幾個 Bytes 為 0，因此難度每加 1，實際上的運算量會增加 16 倍（位元組是兩兩 16 進位構成的），也因為調整幅度太大，所以其實這裡設計的並不是很好的難度調整算法。

```
def adjust_difficulty(self):
    if len(self.chain) % self.adjust_difficulty_blocks != 1:
        return self.difficulty
    elif len(self.chain) <= self.adjust_difficulty_blocks:
        return self.difficulty
    else:
        start = self.chain[-1*self.adjust_difficulty_blocks-1].timestamp
        finish = self.chain[-1].timestamp
        average_time_consumed = round((finish - start) / (self.adjust_difficulty_
blocks), 2)
        if average_time_consumed > self.block_time:
            print(f"Average block time:{average_time_consumed}s. Lower the 
difficulty")
            self.difficulty -= 1
        else:
            print(f"Average block time:{average_time_consumed}s. High up the 
difficulty")
            self.difficulty += 1
```

實際上比特幣每過 2016 個區塊，便會根據前面 2016 個區塊的平均出塊時間調整難度，如果前面 2016 個區塊的平均出塊時間大於十分鐘，代表現在的運算力過少、挖礦難度偏高使出塊時間變長，因此需要降低挖礦難度；反之如果這 2016 個區塊的平均出塊時間小於十分鐘，代表現在的運算力過多、挖礦難度偏低使出塊時間變短，因此需要提升挖礦難度。這 2016 個區塊所需的時間大概是：

$$2016(Blocks)*10(MinutesperBlock)/1440(MinutesperDay)=14(Days)$$

也就是平均大約兩個禮拜 Bitcoin 會調整一次難度。你也可以在一些網站[2]上看到歷史 Bitcoin/Ethereum 的挖礦難度。

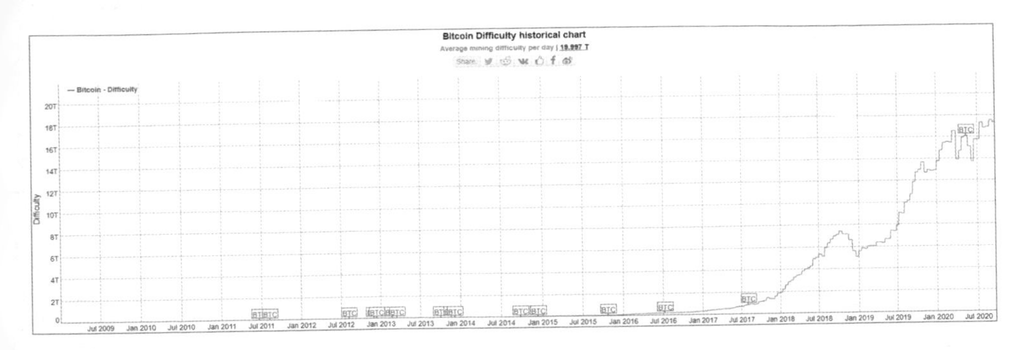


實際去看歷史的難度，應該可以很快發現挖礦的難度是不斷增加而很少下降的，造成難度不斷上漲的主要原因有兩點：

1. 幣價上漲導致更多人參與挖礦以獲取 Bitcoin
2. 硬體效能的進步使運算能力飛速成長

特別是第二點的硬體能力，BTC 使用的 **SHA-256** 挖礦演算法目前已經被特殊應用積體電路（Application-specific integrated circuit，ASIC）所主宰，個人 PC 的硬體效能已經無力跟 ASIC 競爭。

非但如此，ASIC 的推陳出新也逐步刷新效能的上限，下圖[3]可以看到各 ASIC 主要型號的運算力，從運算力中可以發現比特大陸的 Antminer S1 出到 S9 的過程中，運算力整整增加了快 80 倍 (180,000Mh/s → 14,000,000Mh/s)，如果難度保持不變，即使在機台數都沒有增加的狀況下，出塊的時間也會縮短成 1/80，多麼可怕的數據。

2 https://bitinfocharts.com/comparison/bitcoin-difficulty.html

3 https://bitinfocharts.com/comparison/bitcoin-difficulty.html

Bitcoin double SHA256 ASIC mining hardware

| Product | Advertised Mhash/s | Mhash/J | Mhash/s/$ | Watts | Price (USD) | Currently shipping | Comm ports | Dev-friendly |
|---|---|---|---|---|---|---|---|---|
| AntMiner S1 [1] | 180,000 | 500 | 800 | 360 | 299[2] | Discontinued | Ethernet | GPL infringement |
| AntMiner S2 [3] | 1,000,000 | 900 | 442 | 1100 | 2259 | Discontinued | Ethernet | GPL infringement |
| AntMiner S3 [4] | 441,000 | 1300 | 1154 | 340 | 382[2] | Discontinued | Ethernet | GPL infringement |
| AntMiner S4 [5] | 2,000,000 | 1429 | 1429 | 1400 | 1400 | Discontinued | Ethernet | GPL infringement |
| AntMiner S5 [6] | 1,155,000 | 1957 | 3121 | 590 | 370 | Discontinued | Ethernet | GPL infringement |
| AntMiner S5+ [7] | 7,722,000 | 2247 | 3347 | 3,436 | 2,307 | No | Ethernet | GPL infringement |
| AntMiner S7 [8] | 4,860,000 | 4000 | 2666 | 1,210 | 1,823 | No | Ethernet | GPL infringement |
| AntMiner S9 [9] | 14,000,000 | 10182 | 5833 | 1,375 | 2,400 | Yes | Ethernet | GPL infringement |
| AntMiner U1 [10] | 1,600 | 800 | 55 | 2 | 29 | Discontinued | USB | code, samples |
| AntMiner U2+ [11] | 2,000 | 1,000 | 115 | 2 | 17 | Discontinued | USB | code |
| AntMiner U3 [12] | 63,000 | 1,000 | 1658 | 63 | 38 | Yes | USB | code |
| ASICMiner BE Blade | 10,752 | 129 | 28[13] | 83 | 350[2][13] | Discontinued | Ethernet | samples |
| ASICMiner BE Cube | 30,000 | 150 | 55 | 200 | 550[2][13] | Discontinued | Ethernet | samples |
| ASICMiner BE Sapphire | 336 | 130 | 17[13] | 2.55 | 20[13] | Discontinued | USB | samples |
| ASICMiner BE Tube [14] | 800,000 | 888 | 2500 | 900 | 320[2] | Discontinued | Proprietary | samples |
| ASICMiner BE Prisma [15] | 1,400,000 | 1333 | 2333 | 1100 | 600[2] | Discontinued | Proprietary | samples |
| Avalon Batch 1 | 66,300 [16] | 107 | 52.34 | 620[16] | 1299[17] | Discontinued | Ethernet, Wifi | No |
| Avalon Batch 2 | 82,000[17] | 117 | 54.70 | 700 | 1499[17] | Discontinued | Ethernet, Wifi | code |
| Avalon Batch 3 | 82,000[17] | 117 | 54.70 | 700 | 1499[17] | Discontinued | Ethernet, Wifi | code |
| Avalon2 | 300,000 | | | | 3075 | Discontinued | USB or Ethernet | code, docs, samples |
| Avalon3 | 800,000 | | | | | Discontinued | USB or Ethernet | code, docs, samples |
| Avalon6 | 3,500,000 | | | 1080 | | Discontinued | Ethernet | ? |
| Avalon721 | 6,000,000 | 6000 | | 1000 | | No | Ethernet | ? |
| Avalon741 | 7,300,000 | 6350 | 5035 | 1150 | 1450 | Yes | Ethernet | ? |
| Avalon761 | 8,800,000 | 6670 | 4730 | 1320 | 1860 | Yes | Ethernet | ? |
| Avalon821 | 11,000,000 | 9170 | 3800 | 1200 | 2900 | Bulk only | Ethernet | ? |
| bi*fury | 5,000 | 1,176 | 24 | 4.25 | 209 | Discontinued | USB | docs, samples |
| BFL SC 5Gh/s | 5,000 | 166 | 18.24 | 30 | 274 | Discontinued | USB | docs, samples |
| BFL SC 10 Gh/s | 10,000 | | 200 | | 50 | Discontinued | USB | docs, samples |
| BFL SC 25 Gh/s | 25,000 | 166 | 20.00 | 150 | 1249 | Discontinued | USB | docs, samples |
| BFL Little Single | 30,000 | | 46.22 | | 649 | Discontinued | USB | docs, samples |
| BFL SC 50 Gh/s | 50,000 | 166 | 50 | 300 | 984 | Discontinued | USB | docs, samples |

關於挖礦相關的技術細節，我們在之後的挖礦實戰會細談這件事情。

## 計算帳戶餘額

除了難度調整，在發起交易當下也必須檢查匯款人的餘額是否足夠，同時也限制不能匯出超過自己帳戶的餘額，而區塊鏈裡的帳戶餘額總共只有三種來源：

1. 區塊獎勵：挖出區塊的礦工能得到該區塊的出塊獎勵
2. 手續費：挖出區塊的礦工能得到該筆區塊內所有交易的手續費
3. 匯款收入：收到別人匯款的款項

因此我們寫一個簡單的函式，從第一個區塊的第一筆交易開始檢查，一路檢查到最後一筆後便可以得到該帳戶的餘額。

```
def get_balance(self, account):
    balance = 0
    for block in self.chain:
        # Check miner reward
        miner = False
        if block.miner == account:
            miner = True
            balance += block.miner_rewards
        for transaction in block.transactions:
            if miner:
                balance += transaction.fee
            if transaction.sender == account:
                balance -= transaction.amounts
                balance -= transaction.fee
            elif transaction.receiver == account:
                balance += transaction.amounts
    return balance
```

## 確認雜湊值是否正確

為了避免我們的資料被竄改，也必須時常檢查資料的正確性。還記得我們每個區塊的雜湊值都是環環相扣的吧？在這裡我們假設區塊的雜湊值都是由下面這四筆資料所計算出來的：

1. 前一個區塊的 hash(**previous_hash**)
2. 區塊產生的時間戳
3. 所有的交易紀錄
4. **nonce**

所以檢查的方式就是從第一個區塊的雜湊值一路算到最後一個，一旦中間的某個雜湊值算完之後對不起來，那麼就代表其中的某筆交易紀錄被竄改過。

```
def verify_blockchain(self):
    previous_hash = ''
    for idx,block in enumerate(self.chain):
```

```python
        if self.get_hash(block, block.nonce) != block.hash:
            print("Error:Hash not matched!")
            return False
        elif previous_hash != block.previous_hash and idx:
            print("Error:Hash not matched to previous_hash")
            return False
        previous_hash = block.hash
    print("Hash correct!")
    return True
```

## 測試一下

如果我們在其中一個區塊插入了一筆偽造的交易，那麼透過一連串雜湊值的確認與計算，我們便可以發現 hash 數是對不起來的！

```python
if __name__ == '__main__':
    block = BlockChain()
    block.create_genesis_block()
    block.mine_block('lkm543')

    block.verify_blockchain()

    print("Insert fake transaction.")
    fake_transaction = Transaction('test123', address, 100, 1, 'Test')
    block.chain[1].transactions.append(fake_transaction)
    block.mine_block('lkm543')

    block.verify_blockchain()
```

```
Create genesis block...
Hash found: 040684d2b994343746eb860ecff59da61405b9c1 @ difficulty 1, time cost: 0.0s
Hash correct!
Insert fake transaction.
Hash found: 08e992edee38338b69af83c42e36d8d1b5980a29 @ difficulty 1, time cost: 0.0s
Error:Hash not matched!
```

如果特定區塊被更改，那麼該區塊之後的所有區塊都必須重新被計算雜湊值，否則雜湊鏈會完全對不起來而被發現資料被竄改過！當然攻擊者可以選擇更改後重新計算所有的雜湊值，但當主鏈夠長、礦工夠多時，重新計算所有的雜湊值所需要的運算量與成本非常可怕，也因此保障了區塊鏈的不可竄改性。

更何況在重新計算時，正常的區塊也在不停地被一般的礦工產出，要跟所有的礦工競爭幾近天方夜譚。

### 目前的問題

我們要怎麼知道發起交易的那方便是帳戶的持有者？如果不事先確認的話，代表任意路人都可以把別人的帳戶餘額領走，是萬萬不可的事情。

下一章節我們就來探討要如何確認誰擁有這個錢包地址？誰有權力發起交易？

## 2-4 公、私鑰與簽章

現在我們遇到一個問題：如果未經驗證就直接把交易紀錄送上區塊鏈，那麼任意人都可以隨意移轉他人的存款，很明顯這樣做是有問題的。因此接下來我們要處理的便是驗證發起交易者的身分與權限，其中又可以分成以下三個步驟：

1. 利用非對稱加密中的 RSA 加密產生公、私鑰與地址
2. 利用產生的公私鑰簽署交易後發送
3. 試著跑起整條鏈並發起交易

### 非對稱式加密

區塊鏈只存在網路上，很明顯地無法透過身分證等文件去確認發起者的身分，因此這裡用到的是**非對稱加密**。但非對稱加密因為篇幅較長與理論較深之後會獨立一個章節做進一步的說明，這裡先簡短說明一下非對稱加密的功能。

非對稱加密會得到兩把鑰匙：公鑰與私鑰，功能很簡單就一句話：

**可以公鑰加密私鑰解密，也可以私鑰加密公鑰解密。**

也就是每個人在產生地址的時候同時會得到一把公鑰、一把私鑰，通常公鑰會釋出給對方或在外面流通，私鑰則會自己持有以證明自己是該公鑰的所有人。

以上圖傳私訊給接收者為例，為了確保傳遞的訊息只有接收者能夠收到，因此我們使用非對稱加密來達成，步驟如下：

1. 請接收者給我他的公鑰，即便公鑰被他人取走也無妨
2. 透過接收者給的公鑰加密我們要傳的訊息
3. 傳給接收者加密後的文件
4. 只有持有私鑰的接收者有能力解密該文件

而區塊鏈驗證身分的方法恰恰與上面的例子相反，上面的例子是使用**公鑰加密**而後再用**私鑰解密**，通常是用在我們想傳遞私人訊息的時候會用上。

驗證身分則是透過私鑰把我們的交易紀錄加密，再讓節點使用公鑰解密，如果最後能夠成功以公鑰解密，就能夠確保這筆交易紀錄的確是公鑰持有人所簽核的，也就是使用**私鑰加密交易紀錄**、再使用**公鑰解密**，又稱之為**數位簽章**。

## 一個交易經過了哪些步驟？

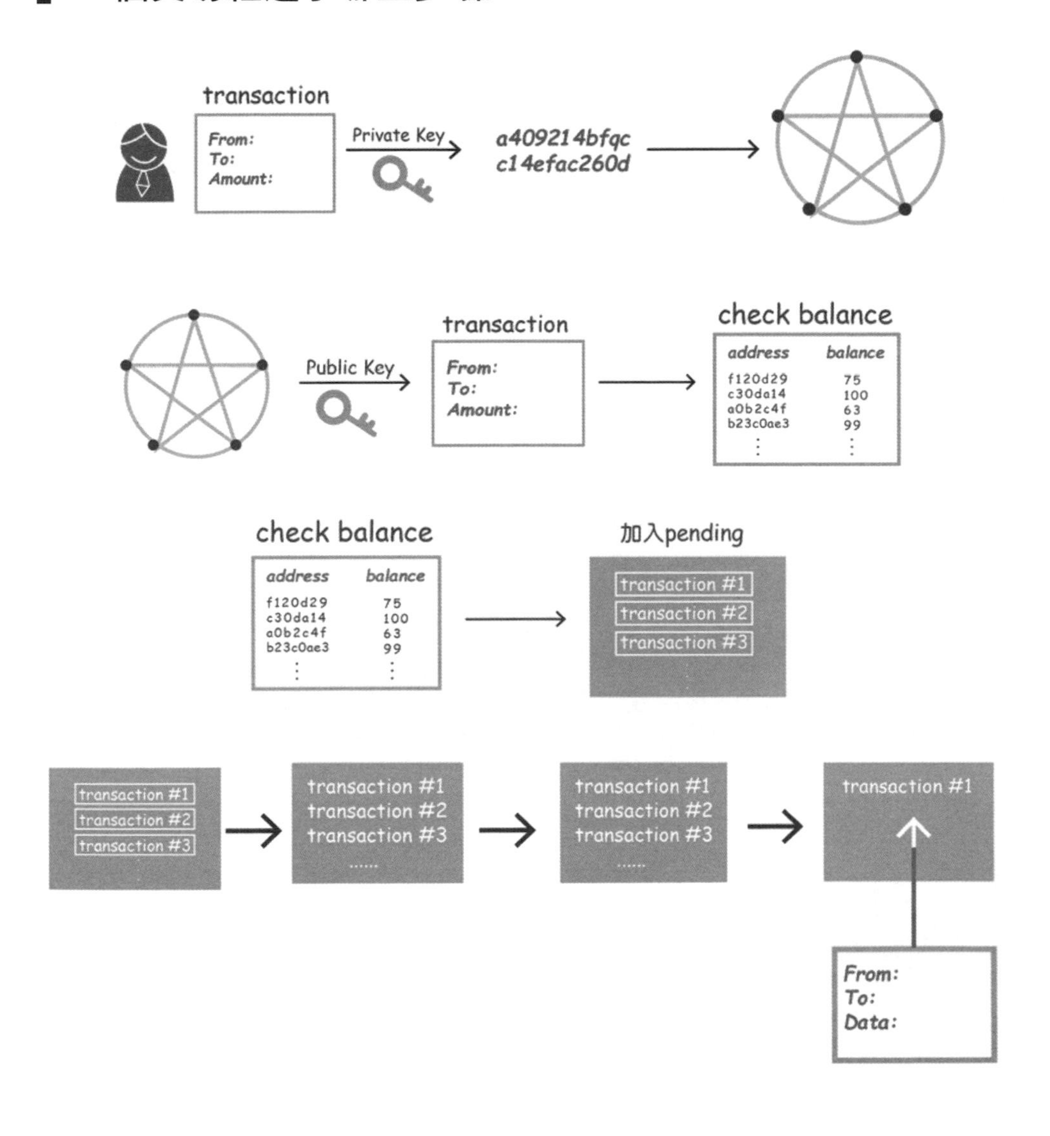

從發起交易到最後上鏈的過程經過上面這些步驟：

1. 使用者利用私鑰簽署這筆交易
2. 把這筆交易送到區塊鏈的節點並廣播
3. 節點利用公鑰解密並驗證該筆交易的發起者
4. 確認匯款人目前的餘額是否足夠
5. 把該筆交易置入等待池 (Pending Pool)
6. 把該筆交易置入新區塊並據此生成 nonce

## 利用 RSA 加密產生公、私鑰與地址

在這裡我們使用 RSA 加密法隨機產生一對公私鑰，並且轉存成 pkcs1 形式：

```
import rsa

def generate_address(self):
    public, private = rsa.newkeys(512)
    public_key = public.save_pkcs1()
    private_key = private.save_pkcs1()
    return self.get_address_from_public(public_key), private_key
```

我們的 public_key(pkcs1) 原本的內容是這樣的：

```
b'-----BEGIN RSA PUBLIC KEY-----\n
MEgCQQCC+FnLB6c50HqIU1+xHmVr2ynahARbCc3/eRFLYSDeWKbVfvpMLnrKqm/
qlmOy3QXjjr15ZNSQMO+Cnn0JvnohAgMBAAE=\n
-----END RSA PUBLIC KEY-----\n'
```

我們把其中一些不必要與重複的內容過濾掉，只留下中間有意義的部分：

```
def get_address_from_public(self, public):
    address = str(public).replace('\\n','')
    address = address.replace("b'-----BEGIN RSA PUBLIC KEY-----", '')
    address = address.replace("-----END RSA PUBLIC KEY-----'", '')
```

```
    print('Address:', address)
    return address
```

濾完之後剩下的部分便是它的公鑰，這時候我們可以直接把它當作地址來使用！

MEgCQQCC+FnLB6c50HqIU1+xHmVr2ynahARbCc3/RFLYSDeWKbVfvpMLnrKqm/
qlmOy3QXjjr15ZNSQMO+Cnn0JvnohAgMBAAE=

這就是我們常在 Bitcoin 或 Ethereum 上看到的一連串像是隨機位元組的錢包地址的由來了！

但到這裡你可能會有個疑問：產生的公私鑰 / 帳號會不會有重複的可能？ 如果重複的話問題就大條了，代表你的錢包與他人的錢包完全一致、你們在共用同一個錢包，又如果有人新生成的錢包曾經被使用過，則他是可以動用原有錢包裡的餘額的。

這裡的答案是：會，有重複的可能！但是機率近似於零。

這是密碼學中有名的生日碰撞 / 悖論 (birthday paradox)。生日碰撞問題指的是：

**一個房間裏頭需要多少人，才會使任兩人生日相同的機率大於 50% ？**

如果把這個問題用數學來推導的話就是：

$$P(n) = 1 - \left(\frac{365}{365}\right) * \left(\frac{364}{365}\right) * \left(\frac{363}{365}\right) * \ldots * \left(\frac{366-\mathrm{n}}{365}\right)$$

$$= 1 - \prod_{i=1}^{n} \left(\frac{366-i}{365}\right)$$

$$= 1 - \left(\frac{365!}{(365-n)!\,365^{n}}\right)$$

P 為班級內有任兩位同學生日相同的機率，n 為班級人數，如果把 P>0.5 這個條件式帶入，我們可以得到 n>23，也就是如果班級人數超過 23 人，則任兩位同學生日相同的機會會超過一半 (50.73%)。

$$P(23) = 1 - \left(\frac{365!}{(365-23)!\,365^{23}}\right) \sim 50.73\%$$

那如果在一個普通的班級 (30 人 ) 中，出現兩位同學有同樣生日的機率會是 70%，這跟多數人的直覺是互相牴觸的。

$$P(30) = 1 - \left(\frac{365!}{(365-30)!\,365^{30}}\right) \sim 70.63\%$$

如果班級人數再多一些 (50 人 )，出現兩位同學有同樣生日的機率會是 97% ！

$$P(50) = 1 - \left(\frac{365!}{(365-50)!\,365^{50}}\right) \sim 97.04\%$$

接著把生日碰撞問題應用在這裡，問題就會變成：

如果全部產生了 n 個公私鑰，其中任兩個公私鑰一致的機率有多少？我們可以改用上面的公式計算，比特幣的公鑰是由 160 個位元構成，也就是 160 個 0 或 1。

$$\begin{aligned} P(n) &= 1 - \left(\frac{2^{160}}{2^{160}}\right) * \left(\frac{2^{160}-1}{2^{160}}\right) * \left(\frac{2^{160}-2}{2^{160}}\right) * \dots * \left(\frac{2^{160}-n+1}{2^{160}}\right) \\ &= 1 - \prod_{i=1}^{n} \left(\frac{2^{160}-i+1}{2^{160}}\right) \\ &= 1 - \frac{2^{160}!}{(2^{160}-n)!\,2^{160n}} \end{aligned}$$

再利用一些數學方法 [4] 求近似值：

4 https://bitinfocharts.com/comparison/bitcoin-difficulty.html

$$P(n) = 1 - \frac{2^{160}!}{(2^{160}-n)!\,2^{160n}} = 1 - e^{(-\frac{1}{2}*\frac{n^2}{2^{160}-n})}$$

如果要讓 $P(n)$>50%，則 $n$ 要落在 1.41×10$^{24}$ 以上才有可能。如果我們每秒可以運算出 100 萬組地址，

$$\frac{1.41 \times 10^{24}}{86400 \times 1000000 \times 365} \sim 4.5 \times 10^{10}\text{天} = 450\ \text{億年}$$

也就是要經過 450 億年的時間才有辦法讓生成重複地址的機會過半！在這裡也可以知道有兩種方式可以增加生日碰撞的難度：

1. 增加地址 / 公鑰的位元數
2. 增加每次運算公鑰時需要的時間

總而言之在區塊鏈接納這筆交易前，先試著用地址反推回原本的公鑰，再用公鑰解密當初這筆交易紀錄的簽章看看，如果該公鑰解的開就代表這筆交易的確是公鑰持有人本人用持有的私鑰所簽核的，這便是剛剛提到的 " 數位簽章 "。

```
def add_transaction(self, transaction, signature):
    public_key = '-----BEGIN RSA PUBLIC KEY-----\n'
    public_key += transaction.sender
    public_key += '\n-----END RSA PUBLIC KEY-----\n'
    public_key_pkcs = rsa.PublicKey.load_pkcs1(public_key.encode('utf-8'))
    transaction_str = self.transaction_to_string(transaction)
    if transaction.fee + transaction.amounts > self.get_balance(transaction.sender):
        print("Balance not enough!")
        return False
    try:
        # 驗證發送者
        rsa.verify(transaction_str.encode('utf-8'), signature, public_key_pkcs)
        print("Authorized successfully!")
        self.pending_transactions.append(transaction)
        return True
    except Exception:
        print("RSA Verified wrong!")
```

## 利用產生的公私鑰簽章後發送交易

產生公私鑰後，先透過 **initialize_transaction** 初始化一筆交易，這時候可以利用上一節寫好的 **get_balance** 函式先確定發送者的帳戶餘額是否足夠，初始化之後便可以透過 **sign_transaction** 簽署。

**initialize_transaction** 與 **sign_transaction** 這兩個動作都是在客戶的本地端做，以避免私鑰外洩的風險。簽署好後使用 **add_transaction** 把交易記錄與簽署發到鏈上去等待礦工確認，因為我們有簽署過，所以礦工使用公鑰對簽署解密便可以確認這筆交易的確是由我們發出的。

```
def initialize_transaction(self, sender, receiver, amount, fee, message):
    if self.get_balance(sender) < amount + fee:
        print("Balance not enough!")
        return False
    new_transaction = Transaction(sender, receiver, amount, fee, message)
    return new_transaction

def sign_transaction(self, transaction, private_key):
    private_key_pkcs = rsa.PrivateKey.load_pkcs1(private_key)
    transaction_str = self.transaction_to_string(transaction)
    signature = rsa.sign(transaction_str.encode('utf-8'), private_key_pkcs, 'SHA-1')
    return signature

def add_transaction(self, transaction, signature):
    public_key = '-----BEGIN RSA PUBLIC KEY-----\n'
    public_key += transaction.sender
    public_key += '\n-----END RSA PUBLIC KEY-----\n'
    public_key_pkcs = rsa.PublicKey.load_pkcs1(public_key.encode('utf-8'))
    transaction_str = self.transaction_to_string(transaction)
    if transaction.fee + transaction.amounts > self.get_balance(transaction.sender):
        print("Balance not enough!")
        return False
    try:
        # 驗證發送者
```

```
        rsa.verify(transaction_str.encode('utf-8'), signature, public_key_pkcs)
        print("Authorized successfully!")
        self.pending_transactions.append(transaction)
        return True
    except Exception:
        print("RSA Verified wrong!")
```

因此實際使用上可以分成三個步驟：

1. 初始化一筆交易紀錄
2. 利用私鑰簽署這筆交易
3. 送上鏈上等待礦工驗證與處理

```
address, private = block.generate_address()

# Step1: initialize a transaction
transaction = block.initialize_transaction(address, 'test123', 1, 1, 'Test')
if transaction:
    # Step2: Sign your transaction
    signature = block.sign_transaction(transaction, private)
    # Step3: Send it to blockchain
    block.add_transaction(transaction, signature)
```

## 試著跑起整個鏈並發起交易

接著就可以跑起整條鏈了！首先先為我們自己開一個地址，接著創造創世塊。然後便可以不停地挖掘新區塊→調整難度→挖掘新區塊→調整難度→ .... 周而復始，而且中間還可以發起交易！

```
def start(self):
    address, private = self.generate_address()
    self.create_genesis_block()
    while(True):
        # Step1: initialize a transaction
        transaction = block.initialize_transaction(address, 'test123', 1, 1, 'Test')
```

```
        if transaction:
            # Step2: Sign your transaction
            signature = block.sign_transaction(transaction, private)
            # Step3: Send it to blockchain
            block.add_transaction(transaction, signature)
        self.mine_block(address)
        print(self.get_balance(address))
        self.adjust_difficulty()
```

### 目前的問題

但我們的區塊鏈還少了一個必要的東西：P2P 網路，所以現在還沒辦法接收其他人的請求，只能在本機端跑，因此我們接下來就會透過網路通訊把我們的區塊鏈區分成：節點端（礦工端）與客戶端！

## 2-5 節點與使用者的溝通

### 前置作業

我們現在的目標是模擬節點 / 礦工端跟使用者端的互動，節點端儲存了自創世塊以來的所有的交易明細，同時也負責接受交易、打包交易至區塊、挖掘區塊、廣播挖掘到的區塊等等；而使用者端通常只會讀取鏈上的資料與發起交易，也因為交易紀錄動輒數十 GB 起跳，為了效率與經濟的考量，使用者端通常不會儲存所有交易紀錄。

為了方便模擬我們把兩端的程式都跑在同一台電腦上，這裡選用的通訊方式是 **socket**；也因為加入通訊後程式必須同時處理多樣的工作，所以使用 **thread** 來讓程式能夠順利執行監聽與挖礦這兩件事情。以下先就 socket 與 thread 做個簡單介紹後再開始我們的正式工作。

## Socket

在 UNIX 系統下所有的 I/O(Input 輸入及 Output 輸出 ) 都可以看做是 file descriptors，因此 socket 就是利用 **UNIX file descriptors** 來與其他程式溝通。它也同時提供了良好的介面與 API，讓使用者可以在不具備網路底層知識的狀況下讓程式間透過網路進行溝通。一般而言 socket 主要可以分成下面兩種：

1. Stream Socket
2. Datagram Socket

- Stream Socket 是利用 TCP(Transmission Control Protocol) 協定的傳輸，特色是會確保資料傳遞的完整性 ( 不會東掉一個西掉一個 )、次序性 ( 誰先傳就會先到 )，但缺點就是為了檢核傳遞的狀況，傳遞的延遲也較長。
- Datagram Socket 是利用 UDP(User Datagram Protocol) 協定，不會去檢查資料的完整性、也無法保障傳遞上的次序性，但因為節省了許多檢核的作業，傳遞的延遲非常短。

這裡因為需要保障資料傳遞的完整性，選用的是 Stream Socket。我們把區塊鏈區分成 Server 端與 Client 端，其中 Server 端負責處理 Client 連接後發出的訊息，並給予相對應的回饋；可以把 Server 看作是節點或礦工端、Client 看作是一般使用者。

## Thread

程式在運行時一般一次只能做一件事情，但我們的節點在打包交易與挖掘新區塊外同時也需要接收外界同步區塊或交易的請求，因此這裡我們導入 **Thread** 的概念讓我們的區塊鏈有能力同時處理不同工作。

**Thread** 又稱為執行緒，在理解上可以把單一程式 (**Program**) 開始運行並載入記憶體後看作是處理程序 **Process**，常見的作業系統像是 Windows 或 Linux

等也可以看做是 Process 的載具，而且 CPU 每顆核心同時也只能進行一個 Process 的運算。

而 Process 則是 Thread 的載具，同一個 **Process** 裏頭可以同時運行許多 **Thread** 來達到同時處理不同工作的目的。下圖是作業系統、Process、Thread 的大概運作架構。

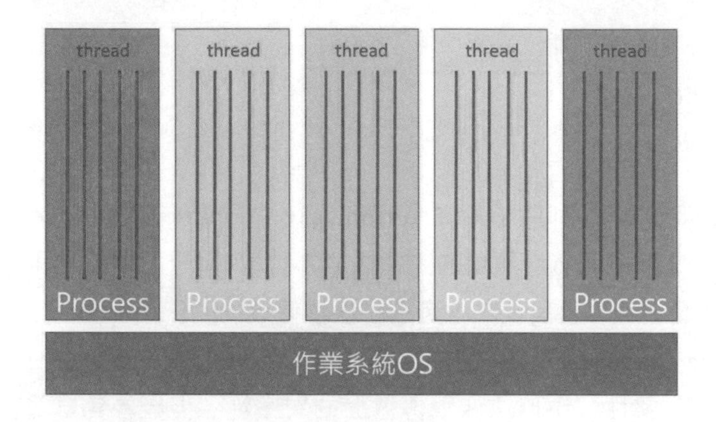


但其實 Process 中的所有 Thread 並非是同時執行，只是 Thread 間以相當快的速度交錯執行讓人感受不到之間的延遲而已，就像是日光燈管每秒會因為交流電而亮暗交錯 60 次但我們感覺不出一樣。

## Bitcoin 中的 Socket 與 Thread

以 Bitcoin 為例，中本聰一開始的版本也是使用 socket 與 thread 來完成資料的接收與處理，有一個 thread 專門處理 socket 的連接，另一個 thread 專門處理接受後的資訊。下面是 bitcoin 中使用到的 socket 與 thread 的原文介紹，大抵上而言跟我們等等要寫的節點架構相當類似！

*The original bitcoin client uses a multithreaded approach to socket handling and messages processing. There is one thread that handles socket communication (ThreadSocketHandler) and one (ThreadMessageHandler) which handles pulling messages off sockets and calling the processing routines.*

## 節點與客戶端的功能

在這裡我們先簡單區分一下節點端與客戶端分別需要具備那些功能：

### ▨ 節點的功能

節點的功能與我們之前所撰寫的並無差異，也就是需要：

1. 產生公私鑰（錢包地址）
2. 儲存交易紀錄
3. 確認帳戶餘額
4. 驗證交易上面的數位簽章
5. 打包交易並挖掘新區塊

### ▨ 使用者端的功能

使用者端至少需要能夠**產生公私鑰**與**簽署交易**，簡單說就是為了避免私鑰外洩的風險，所有跟私鑰有關的作業（產生公私鑰或簽署數位簽章）通通都由使用者端完成，不需要仰賴外界或是將私鑰傳至節點即可完成。

- 產生公私鑰（錢包地址）
- 向節點查詢資料
- 發起並簽署交易

### ▨ 節點端

在節點端這裡首先我們需要準備 socket 的端口讓外界可以連入，因為測試時節點端與使用者端都在本機上，所以 IP 地址給的是本機的 **127.0.0.1**，至於 Port 則因為每一個節點所用的 Port 不同，因此在執行程式時再透過命令列的參數給定。

### ▨ 準備 socket 連線的端口

```
class BlockChain:
    def __init__(self):
```

```
# For P2P connection
self.socket_host = "127.0.0.1"
self.socket_port = int(sys.argv[1])
self.start_socket_server()
```

下圖是 Socket 的簡單運作流程，我們等待連接、接收資訊的步驟跟圖裡是一致的。

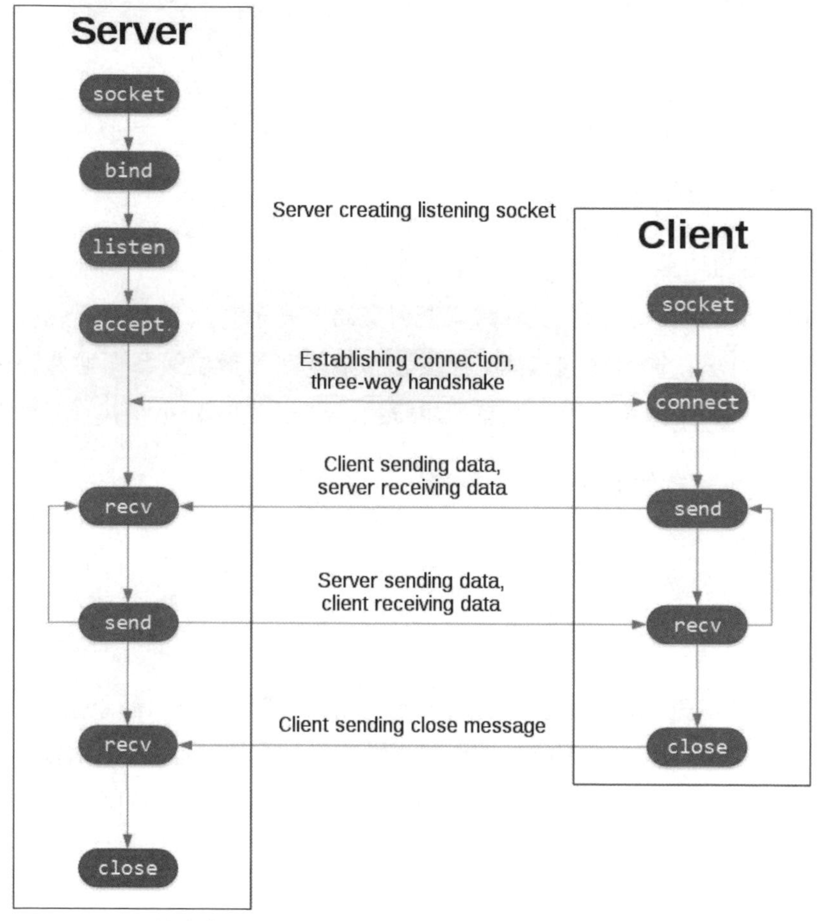


▲ 圖片來源：Socket Programming in Python (Guide)[5]

5 https://realpython.com/python-sockets/

### ▨ 開 thread 監聽新連線與傳入訊息

為了在打包交易與挖礦的同時能夠接收外界的資訊，我們開一個 thread 在 **bind** 之後等待外界的新連線 **s.accept()**，同時在每次新連線建立之後，又為每一個獨立的連線開一個 thread 去接收並且處理資訊。

```
def start_socket_server(self):
    t = threading.Thread(target=self.wait_for_socket_connection)
    t.start()

def wait_for_socket_connection(self):
    with socket.socket(socket.AF_INET, socket.SOCK_STREAM) as s:
        s.bind((self.socket_host, self.socket_port))
        s.listen()
        while True:
            conn, address = s.accept()

            client_handler = threading.Thread(
                target=self.receive_socket_message,
                args=(conn, address)
            )
            client_handler.start()
```

### ▨ 接收訊息後處理

這裡我們根據使用者傳遞過來的資料，判別使用者想要做

- 取得帳戶餘額
- 發起交易

並且根據使用者想做的事情分別去接收不同的參數，並且回傳結果給使用者。

```
def receive_socket_message(self, connection, address):
    with connection:
        print(f'Connected by: {address}')
        while True:
            message = connection.recv(1024)
```

```
print(f"[*] Received: {message}")
try:
    parsed_message = pickle.loads(message)
except Exception:
    print(f"{message} cannot be parsed")
if message:
    if parsed_message["request"] == "get_balance":
        print("Start to get the balance for client...")
        address = parsed_message["address"]
        balance = self.get_balance(address)
        response = {
            "address": address,
            "balance": balance
        }
    elif parsed_message["request"] == "transaction":
        print("Start to transaction for client...")
        new_transaction = parsed_message["data"]
        result, result_message = self.add_transaction(
            new_transaction,
            parsed_message["signature"]
        )
        response = {
            "result": result,
            "result_message": result_message
        }
    else:
        response = {
            "message": "Unknown command."
        }
    response_bytes = str(response).encode('utf8')
    connection.sendall(response_bytes)
```

### ▨ 啟動節點

完成上面接收並且處理資訊的過程後，便可以啟動節點、打包新交易、挖掘新區塊、調節難度，同時我們也可以根據外界的請求做相對應的處置。在這裡為了測試轉帳，我們同時產出一組礦工的公私鑰來使用（轉帳的前提是帳戶裡必須有足夠的餘額，在一開始也只有礦工有，因此我們只能用礦工的公私鑰來發起交易）。

```
def start(self):
    address, private = self.generate_address()
    print(f"Miner address: {address}")
    print(f"Miner private: {private}")
    self.create_genesis_block()
    while(True):
        self.mine_block(address)
        self.adjust_difficulty()
```

### ▨ 客戶端

客戶端這裡的工作相對單純，首先建立與節點間的 socket 聯繫，這裡節點的 IP 因為同在本地端因此也為 **127.0.0.1**，節點端的 Port 的部分則在啟動程式碼時再帶入。之後就可以開一個 Thread 不停去接收 socket 傳過來的資訊。

### ▨ 接收訊息

```
def handle_receive():
    while True:
        response = client.recv(4096)
        if response:
            print(f"[*] Message from node: {response}")

if __name__ == "__main__":
    target_host = "127.0.0.1"
    target_port = int(sys.argv[1])
    client = socket.socket(socket.AF_INET, socket.SOCK_STREAM)
    client.connect((target_host, target_port))

    receive_handler = threading.Thread(target=handle_receive, args=())
    receive_handler.start()
```

## 產生錢包地址與公私鑰

為了避免私鑰外洩，強烈建議公私鑰都在使用者的本地端產生，在利用 RSA 加密法產生一對鑰匙後，再把裏頭的前綴與後綴字濾掉後便是我們的公私鑰。比方說公鑰是：

```
-----BEGIN PUBLIC KEY-----
MFwwDQYJKoZIhvcNAQEBBQADSwAwSAJBANrG/HiSL6M41EaDsmpVKW+E4QZ
KaiW2KZD2RR7If7f9jMZiojoS1/uM0N6AQ2G8TUkPHjBuAnS1Dn4PJZAUysMCAwEA
AQ==
-----END PUBLIC KEY-----
```

產生的地址便是：

```
MFwwDQYJKoZIhvcNAQEBBQADSwAwSAJBANrG/HiSL6M41EaDsmpVKW+E4QZ
KaiW2KZD2RR7If7f9jMZiojoS1/uM0N6AQ2G8TUkPHjBuAnS1Dn4PJZAUysMCAwEA
AQ==
```

私鑰原本是：

```
-----BEGIN RSA PRIVATE KEY-----
MIIBOwIBAAJBANrG/HiSL6M41EaDsmpVKW+E4QZKaiW2KZD2RR7If7f9jMZiojoS1/
uM0N6AQ2G8TUkPHjBuAnS1Dn4PJZAUysMCAwEAAQJBAKWsPHKd2X9UQMQpZQ
nK9fbifHmEDsACI5YIOK2oDbfo3mzW+gfxHtS1YVZz5TlymUAwm+qxBnwjTPEm+Jqn9
ukCIQD1pl7vOofGdAiPBM0M2mJpOh7/b82XSCO/LCyRaP8pPwIhAOP+wxujrxReBwzZ
mH6rqpKuuK2ueEVY/eVxpnHfaZl9AiAlT2mn6DnrGICcSFxkkV7VILDIl1Cgo6JaTPlP9K
ScvQIhAIMFft49XHnZ5zdNPMNep7GP0vWMk/VWROI8Q6ig+TCJAiBFug2F+uZz3Gma
5ySWBN49eH95o1PqYkDcoATkZ90skQ==
-----END RSA PRIVATE KEY-----
```

過濾後產生的私鑰便是：

MIIBOwIBAAJBANrG/HiSL6M41EaDsmpVKW+E4QZKaiW2KZD2RR7If7f9jMZiojoS1/
uM0N6AQ2G8TUkPHjBuAnS1Dn4PJZAUysMCAwEAAQJBAKWsPHKd2X9UQMQpZQ
nK9fbifHmEDsACI5YIOK2oDbfo3mzW+gfxHtS1YVZz5TlymUAwm+qxBnwjTPEm+Jqn9
ukCIQD1pl7vOofGdAiPBM0M2mJpOh7/b82XSCO/LCyRaP8pPwIhAOP+wxujrxReBwzZ
mH6rqpKuuK2ueEVY/eVxpnHfaZl9AiAlT2mn6DnrGICcSFxkkV7VILDIl1Cgo6JaTPlP9K
ScvQIhAIMFft49XHnZ5zdNPMNep7GP0vWMk/VWROI8Q6ig+TCJAiBFug2F+uZz3Gma
5ySWBN49eH95o1PqYkDcoATkZ90skQ==

同時這裡的程式碼節點端也會用到喔！

```
def generate_address():
    public, private = rsa.newkeys(512)
    public_key = public.save_pkcs1()
    private_key = private.save_pkcs1()
    return get_address_from_public(public_key), extract_from_private(private_key)

def get_address_from_public(public):
    address = str(public).replace('\\n','')
    address = address.replace("b'-----BEGIN RSA PUBLIC KEY-----", '')
    address = address.replace("-----END RSA PUBLIC KEY-----'", '')
    return address

def extract_from_private(private):
    private_key = str(private).replace('\\n','')
    private_key = private_key.replace("b'-----BEGIN RSA PRIVATE KEY-----", '')
    private_key = private_key.replace("-----END RSA PRIVATE KEY-----'", '')
    private_key = private_key.replace(' ', '')
    return private_key
```

## 初始化交易

接著就可以來初始化一筆交易了！依序填入這筆交易的匯款方、收款方、匯款金額、手續費與備註後生成一筆交易。

```
class Transaction:
    def __init__(self, sender, receiver, amounts, fee, message):
        self.sender = sender
        self.receiver = receiver
        self.amounts = amounts
        self.fee = fee
        self.message = message

def initialize_transaction(sender, receiver, amount, fee, message):
    # No need to check balance
    new_transaction = Transaction(sender, receiver, amount, fee, message)
    return new_transaction
```

## 簽章交易

為了讓礦工驗證這筆交易的確是由我們親自發出的，因此發出交易前我們先透過私鑰對交易的內容做簽署，完成後就得到這筆交易的數位簽章，礦工可以對數位簽章使用公鑰解密來確認是由我們發出的。

```
def transaction_to_string(transaction):
    transaction_dict = {
        'sender': str(transaction.sender),
        'receiver': str(transaction.receiver),
        'amounts': transaction.amounts,
        'fee': transaction.fee,
        'message': transaction.message
    }
    return str(transaction_dict)

def sign_transaction(transaction, private):
    private_key = '-----BEGIN RSA PRIVATE KEY-----\n'
    private_key += private
    private_key += '\n-----END RSA PRIVATE KEY-----\n'
    private_key_pkcs = rsa.PrivateKey.load_pkcs1(private_key.encode('utf-8'))
    transaction_str = transaction_to_string(transaction)
```

```
    signature = rsa.sign(transaction_str.encode('utf-8'), private_key_pkcs,
'SHA-1')
    return signature
```

## 控制流程

接著便是控制整個流程了！在使用者端總共有三件事情可以做：

1. 產生地址與公私鑰
2. 向節點詢問帳戶的餘額
3. 發起並簽署交易後送到節點端等待礦工確認與上鏈

```
if __name__ == "__main__":
    target_host = "127.0.0.1"
    target_port = int(sys.argv[1])
    client = socket.socket(socket.AF_INET, socket.SOCK_STREAM)
    client.connect((target_host, target_port))

    receive_handler = threading.Thread(target=handle_receive, args=())
    receive_handler.start()

    command_dict = {
        "1": "generate_address",
        "2": "get_balance",
        "3": "transaction"
    }

    while True:
        print("Command list:")
        print("1. generate_address")
        print("2. get_balance")
        print("3. transaction")
        command = input("Command: ")
        if str(command) not in command_dict.keys():
            print("Unknown command.")
```

```
            continue
        message = {
            "request": command_dict[str(command)]
        }
        if command_dict[str(command)] == "generate_address":
            address, private_key = generate_address()
            print(f"Address: {address}")
            print(f"Private key: {private_key}")

        elif command_dict[str(command)] == "get_balance":
            address = input("Address: ")
            message['address'] = address
            client.send(pickle.dumps(message))

        elif command_dict[str(command)] == "transaction":
            address = input("Address: ")
            private_key = input("Private_key: ")
            receiver = input("Receiver: ")
            amount = input("Amount: ")
            fee = input("Fee: ")
            comment = input("Comment: ")
            new_transaction = initialize_transaction(
                address, receiver, int(amount), int(fee), comment
            )
            signature = sign_transaction(new_transaction, private_key)
            message["data"] = new_transaction
            message["signature"] = signature

            client.send(pickle.dumps(message))

        else:
            print("Unknown command.")
        time.sleep(1)
```

# 實際操作

## ▨ 運行節點

首先透過 **Python 節點的 py 檔 port 位置**指定節點端的 port 並啟動。

```
Python .\blockchain_server.py 1111
```

```
Miner address: MEgCQQDIep4lnaYExDxaj1hJyStpFuZ5hi5pjrCSLbQbYCZ8xlvfyZ+ulycWSU+jkScq/lsbNn3Pth8SpPM2wRt81uilAgMBAAE=
Miner private: MIIBPAIBAAJBAMh6niWdpgTEPFqPWEnJK2kW5nmGLmmOsJIttBtgJnzGW9/Jn66XJxZJT6ORJyr+Wxs2fc+2HxKk8zbBG3zW6KUCAwEAAQJALjW1MkJuO/cHelBEJ23JJcXzhdtZ41bSeD80noLA7Zr5K
evfjaRZZoVVqnzWtoPoF9IQNczLhRdYmVujJHFGmQIjAMqYwjbnhn3D34QtNUcbRj9CS1f1doPInSU0fjfE48L1Y1sCHwD9UvQ5ja6reHzAsh/aUYV2gy5Jm8pYMb0gIvtSo/8CIgHa1Cxcgka0fF9hapN0FHiPytDLVoJuW
8HzcRRhoRQv2vECHwCOm8p9M/Om+DdSy3P/FXGK3CKMsbVhnO6ZItgpF8UCIk6+NFvUmCq2g7vuFSnSwwsc2imccjjzA8ETO+09JrBXz/s=
Create genesis block...
Hash found: 001c4af0aabe0b67bdb6c74ed5e7081daf46e764 @ difficulty 1, time cost: 0.0s
Hash found: 0115b4a630d01eef0b8dc64196651c8afe3ba156 @ difficulty 1, time cost: 0.0s
Hash found: 06747f40560968bcea2af7ec42f1ce504ea39ed1 @ difficulty 1, time cost: 0.0s
Hash found: 0e227349266ef7214d1cdcfe269b7dbb8a846013 @ difficulty 1, time cost: 0.0s
Hash found: 08aaeebed9132ebfcf4997236d951c0a2898ecc9 @ difficulty 1, time cost: 0.0s
```

啟動後便可以看到礦工的公私鑰與挖掘中的情形，稍後我們就可以透過礦工的公私鑰來發起交易！

## ▨ 運行使用者端

透過 **Python 用戶的 py 檔 port 位置**指定欲連接的節點端 port 後啟動。

```
Python .\blockchain_client.py 1111
```

接著就可以看到選單，輸入 1、2、3 便可以執行相對應的工作。

```
Command list:
1. generate_address
2. get_balance
3. transaction
Command:
```

## ▨ 創建新地址

輸入 1 後便可以透過 RSA 加密法得到一組公私鑰！

```
Command list:
1. generate_address
2. get_balance
3. transaction
Command: 1
Address: MEgCQQCDorM1uTebzgNfRJ7DpB2xRKdycOcELE0TC8RQC12U2hB4pBdpKC1ov+rijoIBqvD19m9DNH7h5QxsQ5nysLhpAgMBAAE=
Private key: MIIBPAIBAAJBAIOiszW5N5vOA19EnsOkHbFEp3Jw5wQsTRMLxFALXZTaEHikF2koLWi/6uKOggGq8PX2b0M0fuH1DGxDmfKwuGkCAwEAAQJAQJA8dc0yiSiyXre5ZxvHtHqH5omZxWI1K3JKBziLmvkaCdW
n52y0+AQLZizgHmStsvgDToFXp3+GONPdCZa+QQIjAIgy99nLnrJ22i/tmexZj5n+elvbXWiksduEtcjGRG0HJfsCHwD3bB81T98KnJJdrFuoShG2vCvSpplekpcMg8xaoesCIi6j1XAFZCCkxm5nJLBksuH+3JOb+M6epzE
OrtlD26aiLgUCHwDi43GEQ8Qi9QV7hQzgPFwWGGSPXVsTUJXXUh1Zl1UCIhNay41Z/EfamGgyR/BL9cdeULnglr90X17CQ7hF6PyfbyM=
```

## 查詢餘額

輸入 2 與地址後便可以查詢該帳戶的餘額，這裡我們查詢礦工地址的餘額：

```
Command list:
1. generate_address
2. get_balance
3. transaction
Command: 2
Address: MEgCQQDIep4lnaYExDxaj1hJyStpFuZ5hi5pjrCSLbQbYCZ8xlvfyZ+ulycWSU+jkScq/lsbNn3Pth8SpPM2wRt81uilAgMBAAE=
[*] Message from node: b"{'address': 'MEgCQQDIep4lnaYExDxaj1hJyStpFuZ5hi5pjrCSLbQbYCZ8xlvfyZ+ulycWSU+jkScq/lsbNn3Pth8SpPM2wRt81uilAgMBAAE=', 'balance': 620}"
```

發現裏頭現在有 620 元！

## 發起交易

接著利用剛剛產生的礦工公私鑰，轉移 50 元到另一個地址上，手續費給 1 元：

```
Command list:
1. generate_address
2. get_balance
3. transaction
Command: 3
Address: MEgCQQDIep4lnaYExDxaj1hJyStpFuZ5hi5pjrCSLbQbYCZ8xlvfyZ+ulycWSU+jkScq/lsbNn3Pth8SpPM2wRt81uilAgMBAAE=
Private_key: MIIBPAIBAAJBAMh6niWdpgTEPFqPWEnJK2kW5nmGLmmOsJIttBtgJnzGW9/Jn66X3xZJT6ORJyr+Wxs2fc+2HxKk8zbBG3zW6KUCAwEAAQJALjWlMkJuO/cHelBEJ23JJcXzhdtZ41bSeD80noLA7Zr5Kev
fjaRZZoVVqnzWtoPoF9IQNczLhRdYmVuj3HFGmQljAMqYwjbnhn3D34QtNUcbRj9CS1f1doPInSU0fjfE48L1Y1sCHwD9UvQ5ja6reHzAsh/aUYV2gy5Jm8pYMb0gIvtSo/8CIgHa1Cxcgka0fF9hapN0FHiPytDLVoJuW8H
zcRRhoRQv2vECHwCOm8p9M/Om+DdSy3P/FXGK3CKMsbVhnO6ZTtgpF8UCIk6+NFvUmCq2g7vuFSnSwwsc2imccjjzA8ETO+09JrBXz/s=
Receiver: MEgCQQCDorM1uTebzgNfRJ7DpB2xRKdycOcELE0TC8RQC12U2hB4pBdpKC1ov+rijoIBqvD19m9DNH7h5QxsQ5nysLhpAgMBAAE=
Amount: 50
Fee: 1
Comment: Test
[*] Message from node: b"{'result': True, 'result_message': 'Authorized successfully!'}"
```

## 確認是否有收到

最後查詢我們被轉帳的帳戶裏頭是不是有出現 50 元。

```
Command list:
1. generate_address
2. get_balance
3. transaction
Command: 2
Address: MEgCQQCDorM1uTebzgNfRJ7DpB2xRKdycOcELE0TC8RQC12U2hB4pBdpKC1ov+rijoIBqvD19m9DNH7h5QxsQ5nysLhpAgMBAAE=
[*] Message from node: b"{'address': 'MEgCQQCDorM1uTebzgNfRJ7DpB2xRKdycOcELE0TC8RQC12U2hB4pBdpKC1ov+rijoIBqvD19m9DNH7h5QxsQ5nysLhpAgMBAAE=', 'balance': 0}"
```

咦？怎麼還是 0 元？別緊張，這是因為我們的交易還沒被打包並且挖掘出來，稍微等新區塊被礦工挖掘出來後：

```
Command list:
1. generate_address
2. get_balance
3. transaction
Command: 2
Address: MEgCQQCDorM1uTebzgNfRJ7DpB2xRKdycOcELE0TC8RQC12U2hB4pBdpKC1ov+rijoIBqvD19m9DNH7h5QxsQ5nysLhpAgMBAAE=
[*] Message from node: b"{'address': 'MEgCQQCDorM1uTebzgNfRJ7DpB2xRKdycOcELE0TC8RQC12U2hB4pBdpKC1ov+rijoIBqvD19m9DNH7h5QxsQ5nysLhpAgMBAAE=', 'balance': 50}"
```

順利收到 50 元！

本章的目標達成了：讓使用者可以查閱節點的資料、並透過數位簽章發起交易，但是我們的節點目前只有一個，似乎不是理想中的去中心化。因此下一章的目標就是讓有意願的人也可以一起自由地加入節點記錄並且挖掘新區塊，同時完成我們簡易區塊鏈的最後一步：去中心化。

# 2-6 節點間的同步與廣播

## 節點的建置

我們現在已經能夠讓使用者端與節點端彼此溝通，而且能夠讓使用者在不需要儲存所有交易明細的狀況下向節點查詢餘額或是發起交易，但我們的節點也只有一個，在這個狀況下其實運作方式跟傳統中心化的方式並無差異。

因此現在的目的是要讓外界的人可以自由加入節點的運作與挖掘新區塊，在這過程中也牽涉到區塊或交易的廣播（必須把收到的新資訊廣播給彼此，區塊鏈裡的資料才會一致），這一步完成後我們的簡易區塊鏈也就大功告成了！

### 同步區塊

為了與已經上線運作的區塊鏈同步，需要向已知的節點發起請求，要求節點將目前所有的資料都傳遞過來。因為我們選用的是 Stream Socket，接收到的資料是連續的，為了避免資料流斷開因此直到讀到 **len(response) % 4096** 不為零才停止。（但其實會有 Bug，但因為機率很小只有 1/4096 這裡先忽略）。接收到資料後就把目前鏈上的資料同步。

```
def clone_blockchain(self, address):
    print(f"Start to clone blockchain by {address}")
    target_host = address.split(":")[0]
    target_port = int(address.split(":")[1])
    client = socket.socket(socket.AF_INET, socket.SOCK_STREAM)
    client.connect((target_host, target_port))
```

```
message = {"request": "clone_blockchain"}
client.send(pickle.dumps(message))
response = b""
print(f"Start to receive blockchain data by {address}")
while True:
    response += client.recv(4096)
    if len(response) % 4096:
        break
client.close()
response = pickle.loads(response)["blockchain_data"]

self.adjust_difficulty_blocks = response.adjust_difficulty_blocks
self.difficulty = response.difficulty
self.block_time = response.block_time
self.miner_rewards = response.miner_rewards
self.block_limitation = response.block_limitation
self.chain = response.chain
self.pending_transactions = response.pending_transactions
self.node_address.update(response.node_address)
```

實務上也是如此，你可以上網[6]查閱 Bitcoin 所有節點的資料，並且向這些節點發出請求！

6 https://bitnodes.io/nodes/

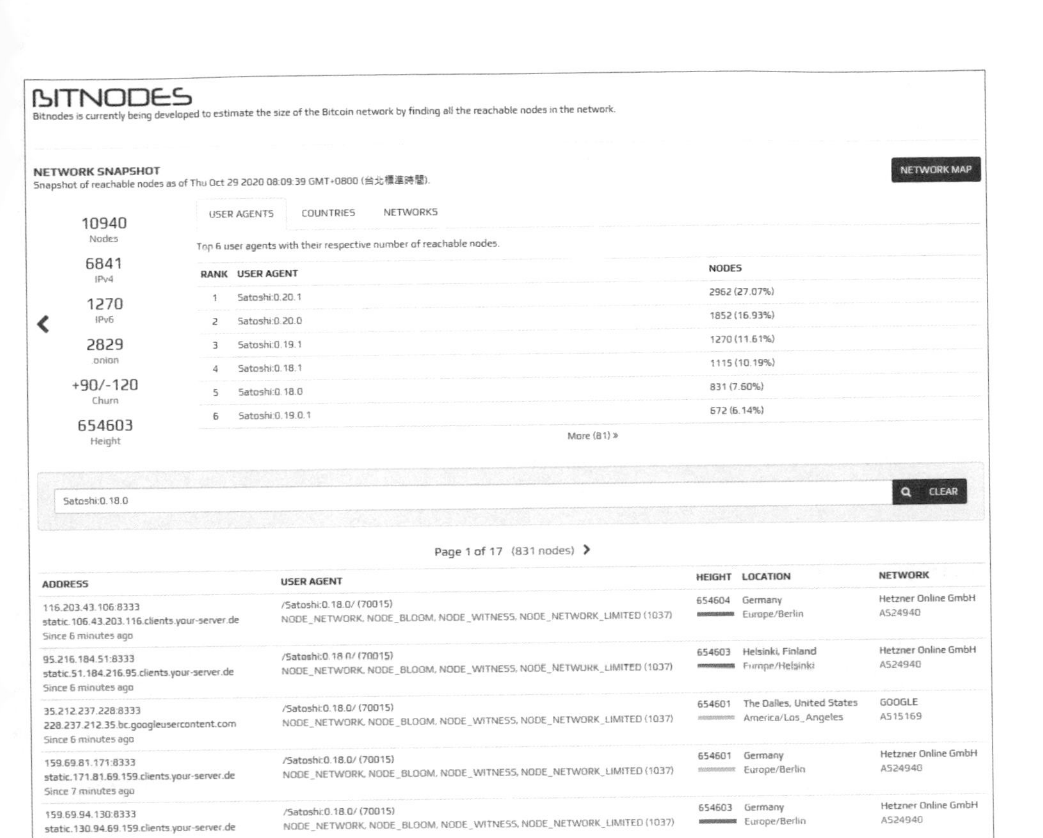


## 接受並判別訊息

接收資訊的部分需要針對其他節點的傳來的資訊後做相對應的處置，分別有下面四種：

1. 接收到同步區塊的請求：把目前的區塊鏈上的資料都傳遞一份給對方
2. 接收到廣播的新區塊：確認是否有符合 Hash 的規則，有的話就把它加入鏈上，改挖掘下一區塊
3. 接收到廣播的交易：把交易置入等待中的交易 **pending_transactions**
4. 接收到新增節點的請求：把位置加到之後要廣播的清單中

```
# 接收到同步區塊的請求
elif parsed_message["request"] == "clone_blockchain":
```

```
        print(f"[*] Receive blockchain clone request by {address}...")
        message = {
            "request": "upload_blockchain",
            "blockchain_data": self
        }
        connection.sendall(pickle.dumps(message))
        continue
    # 接收到挖掘出的新區塊
    elif parsed_message["request"] == "broadcast_block":
        print(f"[*] Receive block broadcast by {address}...")
        self.receive_broadcast_block(parsed_message["data"])
        continue
    # 接收到廣播的交易
    elif parsed_message["request"] == "broadcast_transaction":
        print(f"[*] Receive transaction broadcast by {address}...")
        self.pending_transactions.append(parsed_message["data"])
        continue
    # 接收到新增節點的請求
    elif parsed_message["request"] == "add_node":
        print(f"[*] Receive add_node broadcast by {address}...")
        self.node_address.add(parsed_message["data"])
        continue
```

## 接收並驗證廣播的區塊

一旦接收到新區塊，必須對區塊的內容與雜湊值加以驗證，確認資料格式是正確的同時也要把裏頭被打包好的交易從等待中的交易 **pending_transactions** 移除，否則該筆交易就會被執行兩次！

```
def receive_broadcast_block(self, block_data):
    last_block = self.chain[-1]
    # Check the hash of received block
    if block_data.previous_hash != last_block.hash:
        print("[**] Received block error: Previous hash not matched!")
        return False
```

```
    elif block_data.difficulty != self.difficulty:
        print("[**] Received block error: Difficulty not matched!")
        return False
    elif block_data.hash != self.get_hash(block_data, block_data.nonce):
        print(block_data.hash)
        print("[**] Received block error: Hash calculation not matched!")
        return False
    else:
        if block_data.hash[0: self.difficulty] == '0' * self.difficulty:
            for transaction in block_data.transactions:
                self.chain.remove(transaction)
            self.receive_verified_block = True
            self.chain.append(block_data)
            return True
        else:
            print(f"[**] Received block error: Hash not matched by diff!")
            return False
```

## 如果廣播的區塊驗證通過，改挖掘下一塊

如果通過上一步的驗證，則本地端的挖掘工作必須暫停，直接挖掘下一個新區塊。在這裡我們也修改 nonce 的產生方式，不再是統一由 1 開始逐漸 +1，否則永遠都會是算力最高的節點挖到。

```
def mine_block(self, miner):
    start = time.process_time()

    last_block = self.chain[-1]
    new_block = Block(last_block.hash, self.difficulty, miner, self.miner_rewards)

    self.add_transaction_to_block(new_block)
    new_block.previous_hash = last_block.hash
    new_block.difficulty = self.difficulty
    new_block.hash = self.get_hash(new_block, new_block.nonce)
    new_block.nonce = random.getrandbits(32)
```

```
    while new_block.hash[0: self.difficulty] != '0' * self.difficulty:
        new_block.nonce += 1
        new_block.hash = self.get_hash(new_block, new_block.nonce)
        if self.receive_verified_block:
            print(f"[**] Verified received block. Mine next!")
            self.receive_verified_block = False
            return False

    self.broadcast_block(new_block)

    time_consumed = round(time.process_time() - start, 5)
    print(f"Hash: {new_block.hash} @ diff {self.difficulty}; {time_consumed}s")
    self.chain.append(new_block)
```

## 挖掘到新區塊，廣播給其他節點

如果是自身挖到新區塊的話，就要把這個新區塊廣播給其他節點囉！

```
def broadcast_block(self, new_block):
    self.broadcast_message_to_nodes("broadcast_block", new_block)

def broadcast_message_to_nodes(self, request, data=None):
    address_concat = self.socket_host + ":" + str(self.socket_port)
    message = {
        "request": request,
        "data": data
    }
    for node_address in self.node_address:
        if node_address != address_concat:
            target_host = node_address.split(":")[0]
            target_port = int(node_address.split(":")[1])
            client = socket.socket(socket.AF_INET, socket.SOCK_STREAM)
            client.connect((target_host, target_port))
            client.sendall(pickle.dumps(message))
            client.close()
```

## 執行我們的區塊鏈與雙節點

首先我們運行第一個節點，並指明它的 port 為 1111

```
Python .\Blockchain.py 1111
```

接著可以運行第二個節點，並指明它的 port 為 1112、請它去連接與同步 127.0.0.1:1111。

```
Python .\Blockchain.py 1112 127.0.0.1:1111
```

接著就可以看到兩邊不停地交換挖掘到的新區塊了！

```
Hash: 0000c2e355a44af259e265f447ca8a900f9437f3 @ diff 4; 0.14062s
Hash: 0000cc50c6cde2abab3a56f27d1589eed28b45a1 @ diff 4; 0.70312s
Average block time:0.3s. High up the difficulty
Hash: 000008f25fe77bdfbfec77f8194477b0d3929258 @ diff 5; 0.5s
[*] Receive blockchain clone request by ('127.0.0.1', 50647)...
[*] Receive add node broadcast by ('127.0.0.1', 50648)...
Hash: 000005adfc2d372f32a81ad7bbbf5879c6ab45cd @ diff 5; 1.67188s
[*] Receive block broadcast by ('127.0.0.1', 50652)...
[**] Verified received block. Mine next!
Hash: 00000b39da8847b430154829afe521703e4513f2 @ diff 5; 2.15625s
Hash: 0000074abadd70ce0eca49e8d7736709283f64da @ diff 5; 0.79688s
Hash: 000001d14579c5854a9d8e045d7a18fbd520e075 @ diff 5; 4.96875s
Hash: 00000e65c57029c778f838198eaff75d1310a693 @ diff 5; 0.6875s
Hash: 00000e4f93928208f4fd9052879ee374826446e4 @ diff 5; 1.1875s
Hash: 000003afd67b5cc422b6e68d7d65cbc2012fe622 @ diff 5; 1.03125s
Hash: 00000e52ac519df9c5761d64c0b46e97b20de774 @ diff 5; 0.0625s
Average block time:1.8s. High up the difficulty
[*] Receive block broadcast by ('127.0.0.1', 50664)...
[**] Verified received block. Mine next!
Hash: 000000d2cf81acee66990186a034173388fd2fbc @ diff 6; 3.375s
[*] Receive block broadcast by ('127.0.0.1', 50666)...
[**] Verified received block. Mine next!
Hash: 00000067f4638f6a6f09adc4abe835ec13444e66 @ diff 6; 34.15625s
[*] Receive block broadcast by ('127.0.0.1', 50669)...
[**] Verified received block. Mine next!
[*] Receive block broadcast by ('127.0.0.1', 50670)...
[**] Verified received block. Mine next!
Hash: 0000003056562447266146f165f30927c848bb30 @ diff 6; 13.20312s
```

```
[*] Receive block broadcast by ('127.0.0.1', 50649)...
[**] Verified received block. Mine next!
Hash: 00000d2df32b5dff1f36240800bf0ea180cf8499 @ diff 5; 4.23438s
[*] Receive block broadcast by ('127.0.0.1', 50654)...
[**] Verified received block. Mine next!
[*] Receive block broadcast by ('127.0.0.1', 50655)...
[**] Verified received block. Mine next!
[*] Receive block broadcast by ('127.0.0.1', 50656)...
[**] Verified received block. Mine next!
[*] Receive block broadcast by ('127.0.0.1', 50657)...
[**] Verified received block. Mine next!
[*] Receive block broadcast by ('127.0.0.1', 50658)...
[**] Verified received block. Mine next!
[*] Receive block broadcast by ('127.0.0.1', 50659)...
[**] Verified received block. Mine next!
[*] Receive block broadcast by ('127.0.0.1', 50660)...
[**] Verified received block. Mine next!
Average block time:1.8s. High up the difficulty
Hash: 00000095848e280c71224f3ba34e045fb6dce267 @ diff 6; 40.25s
[*] Receive block broadcast by ('127.0.0.1', 50665)...
[**] Verified received block. Mine next!
Hash: 0000004f3ab504d0da59031590619a75d34d63cd @ diff 6; 1.10938s
[*] Receive block broadcast by ('127.0.0.1', 50668)...
[**] Verified received block. Mine next!
Hash: 000000da476a969488a4adcb7cfa5a812657ea12 @ diff 6; 12.84375s
Hash: 000000f264b46aa017bfe9bfe962939c9f5745b7 @ diff 6; 6.23438s
[*] Receive block broadcast by ('127.0.0.1', 50671)...
[**] Verified received block. Mine next!
```

## 現實中的網路

雖然我們透過 socket 來模擬現實網路的通訊，但與真正的網路還是有些差距，以下稍微敘述一下其中較大的差異與挑戰，我們之後會再有幾個章節專門介紹網路的相關資訊（特別是 P2P 的網路），在加入網路後，更多問題會接踵而來：網路延遲如何處理？共識如何決定、分岔等等的。

## 網路的延遲

在網路交換訊息的過程中延遲是不可避免的，也就是自廣播到接收會有一段時間落差、甚至資訊的遺失，這些落差與資訊遺失會造成礦工間的異議與區塊鏈的分岔，分岔的產生主要有兩種原因：

1. 沒有完整收到別人廣播的區塊，而繼續自己挖自己的導致跟其他節點脫節
2. 在區塊傳播過程中恰巧自己剛好挖到新區塊！

分岔產生後就像下圖一樣：

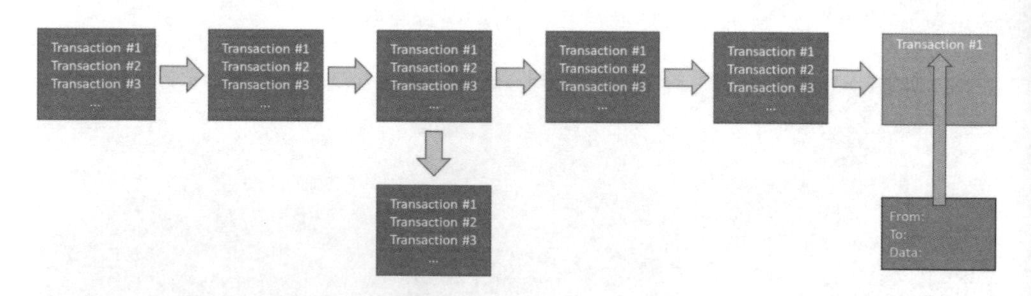


因此我們之後也會需要來探討如何融合礦工間的異議！

## 節點不全然可信 (reliable)

真實世界中的節點不全然是可信的，攻擊者可能會混入節點或帳戶的行列之中對外界發出錯誤的訊息，這種造假身份的攻擊方式又稱為女巫攻擊 (Sybil Attack)。為了避免假節點與帳戶混充，因此在每次廣播資訊前都必須有相對應的實力來證明，並且也需要求得節點間的共識，稍後我們在談論如何產生「共識」時會有更深入的介紹。

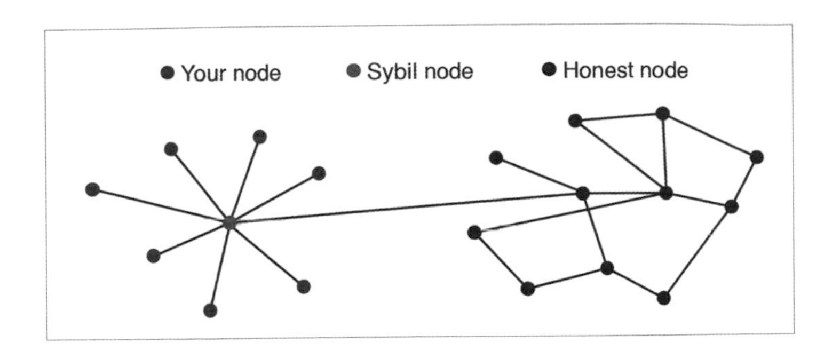


## 完成簡易的區塊鏈了！

到目前為止，我們第一部分：打造一個簡易的區塊鏈就完成了喔！但其實我們的區塊鏈還是有很多不足的地方，比方說無法處理以下這些事情：

- 預期外的輸入、例外處理
- 單獨驗證過去的某一筆交易
- 要求同步特定的區塊
- 在上面發行代幣
- 進行多重簽名等交易
- 分岔的處理

但至少我們透過一步步刻出一個簡單的區塊鏈來確定在這裡頭有三個必備的知識領域：

- 密碼學 (Hash 與非對稱式加密 )
- 挖礦演算法
- P2P 網路與共識

在簡單打造一個區塊鏈後，也需要把我們的基礎知識補足才能持續優化，因此接下來我們會逐步探討與研究這三個領域！本書的最後則會研究一下區塊鏈的發展方向與這幾年很夯的智能合約！

Chapter 03

# 密碼學初探

密碼學 (Cryptography) 一詞的英文來自兩個古希臘詞彙 kryptós（隱藏的）和 gráphein（書寫），因此古典密碼學主要著重在**資訊傳遞**與**保密**，隨著資訊的進步也衍伸出各種不同的加密形式以確保資料傳遞時的安全，比方說 Https 與 SSL 等，都是密碼學在網路技術上的應用以確保我們平時上網的資訊與足跡不至於洩漏。

在討論密碼學之前我們先從幾個最基本也容易混淆的名詞介紹起，分別是：

1. 編碼
2. 壓縮
3. 雜湊
4. 加密

區塊鏈使用到大量加密的技術，因此前面三個（編碼、壓縮、雜湊）我們只會簡單提到它們的功能與應用，到了加密才會實際下去研究演算法是如何被實作出來的。

# 3-1 名詞簡介

## 編碼

電腦是由電晶體所構成的，而對於電晶體只有兩種狀態：高電位與低電位，一般而言我們把高電位視作 1、低電位視作 0，因此電腦裡是只有 0 與 1 的存在，每個 0 或 1 就是一個獨立的 bit( 位元 )，8 個 0 或 1 組合起來便是一個 bytes( 位元組 )，除了 0 與 1 外其他一概不認。

但這樣會造成使用上非常地不便，於是我們就把 0 與 1 加以編碼，規定了每一組 0 跟 1 分別代表的字元，最有名的編碼表莫過於 Ascii 碼表，Ascii 碼表的編碼單位是位元組，每個不同的位元組都可以透過 Ascii 碼表轉換成一種字元，也因為位元組有 8 個位元，因此 Ascii 碼裡可以儲存 2 的 8 次方共 256 種字元，在電腦剛發明的時代拿來做資訊交換或排版的工具。

**The ASCII code**

American Standard Code for Information Interchange

ASCII control characters

| DEC | HEX | Simbolo ASCII | |
|---|---|---|---|
| 00 | 00h | NULL | (carácter nulo) |
| 01 | 01h | SOH | (inicio encabezado) |
| 02 | 02h | STX | (inicio texto) |
| 03 | 03h | ETX | (fin de texto) |
| 04 | 04h | EOT | (fin transmisión) |
| 05 | 05h | ENQ | (enquiry) |
| 06 | 06h | ACK | (acknowledgement) |
| 07 | 07h | BEL | (timbre) |
| 08 | 08h | BS | (retroceso) |
| 09 | 09h | HT | (tab horizontal) |
| 10 | 0Ah | LF | (salto de linea) |
| 11 | 0Bh | VT | (tab vertical) |
| 12 | 0Ch | FF | (form feed) |
| 13 | 0Dh | CR | (retorno de carro) |
| 14 | 0Eh | SO | (shift Out) |
| 15 | 0Fh | SI | (shift In) |
| 16 | 10h | DLE | (data link escape) |
| 17 | 11h | DC1 | (device control 1) |
| 18 | 12h | DC2 | (device control 2) |
| 19 | 13h | DC3 | (device control 3) |
| 20 | 14h | DC4 | (device control 4) |
| 21 | 15h | NAK | (negative acknowle.) |
| 22 | 16h | SYN | (synchronous idle) |
| 23 | 17h | ETB | (end of trans. block) |
| 24 | 18h | CAN | (cancel) |
| 25 | 19h | EM | (end of medium) |
| 26 | 1Ah | SUB | (substitute) |
| 27 | 1Bh | ESC | (escape) |
| 28 | 1Ch | FS | (file separator) |
| 29 | 1Dh | GS | (group separator) |
| 30 | 1Eh | RS | (record separator) |
| 31 | 1Fh | US | (unit separator) |
| 127 | 20h | DEL | (delete) |

ASCII printable characters

| DEC | HEX | Simbolo | DEC | HEX | Simbolo | DEC | HEX | Simbolo |
|---|---|---|---|---|---|---|---|---|
| 32 | 20h | espacio | 64 | 40h | @ | 96 | 60h | ` |
| 33 | 21h | ! | 65 | 41h | A | 97 | 61h | a |
| 34 | 22h | " | 66 | 42h | B | 98 | 62h | b |
| 35 | 23h | # | 67 | 43h | C | 99 | 63h | c |
| 36 | 24h | $ | 68 | 44h | D | 100 | 64h | d |
| 37 | 25h | % | 69 | 45h | E | 101 | 65h | e |
| 38 | 26h | & | 70 | 46h | F | 102 | 66h | f |
| 39 | 27h | ' | 71 | 47h | G | 103 | 67h | g |
| 40 | 28h | ( | 72 | 48h | H | 104 | 68h | h |
| 41 | 29h | ) | 73 | 49h | I | 105 | 69h | i |
| 42 | 2Ah | * | 74 | 4Ah | J | 106 | 6Ah | j |
| 43 | 2Bh | + | 75 | 4Bh | K | 107 | 6Bh | k |
| 44 | 2Ch | , | 76 | 4Ch | L | 108 | 6Ch | l |
| 45 | 2Dh | - | 77 | 4Dh | M | 109 | 6Dh | m |
| 46 | 2Eh | . | 78 | 4Eh | N | 110 | 6Eh | n |
| 47 | 2Fh | / | 79 | 4Fh | O | 111 | 6Fh | o |
| 48 | 30h | 0 | 80 | 50h | P | 112 | 70h | p |
| 49 | 31h | 1 | 81 | 51h | Q | 113 | 71h | q |
| 50 | 32h | 2 | 82 | 52h | R | 114 | 72h | r |
| 51 | 33h | 3 | 83 | 53h | S | 115 | 73h | s |
| 52 | 34h | 4 | 84 | 54h | T | 116 | 74h | t |
| 53 | 35h | 5 | 85 | 55h | U | 117 | 75h | u |
| 54 | 36h | 6 | 86 | 56h | V | 118 | 76h | v |
| 55 | 37h | 7 | 87 | 57h | W | 119 | 77h | w |
| 56 | 38h | 8 | 88 | 58h | X | 120 | 78h | x |
| 57 | 39h | 9 | 89 | 59h | Y | 121 | 79h | y |
| 58 | 3Ah | : | 90 | 5Ah | Z | 122 | 7Ah | z |
| 59 | 3Bh | ; | 91 | 5Bh | [ | 123 | 7Bh | { |
| 60 | 3Ch | < | 92 | 5Ch | \ | 124 | 7Ch | \| |
| 61 | 3Dh | = | 93 | 5Dh | ] | 125 | 7Dh | } |
| 62 | 3Eh | > | 94 | 5Eh | ^ | 126 | 7Eh | ~ |
| 63 | 3Fh | ? | 95 | 5Fh | _ | | | |

theASCIIcode.com.ar

Extended ASCII characters

| DEC | HEX | Simbolo | DEC | HEX | Simbolo | DEC | HEX | Simbolo | DEC | HEX | Simbolo |
|---|---|---|---|---|---|---|---|---|---|---|---|
| 128 | 80h | Ç | 160 | A0h | á | 192 | C0h | └ | 224 | E0h | Ó |
| 129 | 81h | ü | 161 | A1h | í | 193 | C1h | ┴ | 225 | E1h | ß |
| 130 | 82h | é | 162 | A2h | ó | 194 | C2h | ┬ | 226 | E2h | Ô |
| 131 | 83h | â | 163 | A3h | ú | 195 | C3h | ├ | 227 | E3h | Ò |
| 132 | 84h | ä | 164 | A4h | ñ | 196 | C4h | ─ | 228 | E4h | õ |
| 133 | 85h | à | 165 | A5h | Ñ | 197 | C5h | ┼ | 229 | E5h | Õ |
| 134 | 86h | å | 166 | A6h | ª | 198 | C6h | ã | 230 | E6h | µ |
| 135 | 87h | ç | 167 | A7h | º | 199 | C7h | Ã | 231 | E7h | þ |
| 136 | 88h | ê | 168 | A8h | ¿ | 200 | C8h | ╚ | 232 | E8h | Þ |
| 137 | 89h | ë | 169 | A9h | ® | 201 | C9h | ╔ | 233 | E9h | Ú |
| 138 | 8Ah | è | 170 | AAh | ¬ | 202 | CAh | ╩ | 234 | EAh | Û |
| 139 | 8Bh | ï | 171 | ABh | ½ | 203 | CBh | ╦ | 235 | EBh | Ù |
| 140 | 8Ch | î | 172 | ACh | ¼ | 204 | CCh | ╠ | 236 | ECh | ý |
| 141 | 8Dh | ì | 173 | ADh | ¡ | 205 | CDh | ═ | 237 | EDh | Ý |
| 142 | 8Eh | Ä | 174 | AEh | « | 206 | CEh | ╬ | 238 | EEh | ¯ |
| 143 | 8Fh | Å | 175 | AFh | » | 207 | CFh | ¤ | 239 | EFh | ´ |
| 144 | 90h | É | 176 | B0h | ░ | 208 | D0h | ð | 240 | F0h | |
| 145 | 91h | æ | 177 | B1h | ▒ | 209 | D1h | Ð | 241 | F1h | ± |
| 146 | 92h | Æ | 178 | B2h | ▓ | 210 | D2h | Ê | 242 | F2h | ‗ |
| 147 | 93h | ô | 179 | B3h | │ | 211 | D3h | Ë | 243 | F3h | ¾ |
| 148 | 94h | ö | 180 | B4h | ┤ | 212 | D4h | È | 244 | F4h | ¶ |
| 149 | 95h | ò | 181 | B5h | Á | 213 | D5h | ı | 245 | F5h | § |
| 150 | 96h | û | 182 | B6h | Â | 214 | D6h | Í | 246 | F6h | ÷ |
| 151 | 97h | ù | 183 | B7h | À | 215 | D7h | Î | 247 | F7h | ¸ |
| 152 | 98h | ÿ | 184 | B8h | © | 216 | D8h | Ï | 248 | F8h | ° |
| 153 | 99h | Ö | 185 | B9h | ╣ | 217 | D9h | ┘ | 249 | F9h | ¨ |
| 154 | 9Ah | Ü | 186 | BAh | ║ | 218 | DAh | ┌ | 250 | FAh | · |
| 155 | 9Bh | ø | 187 | BBh | ╗ | 219 | DBh | █ | 251 | FBh | ¹ |
| 156 | 9Ch | £ | 188 | BCh | ╝ | 220 | DCh | ▄ | 252 | FCh | ³ |
| 157 | 9Dh | Ø | 189 | BDh | ¢ | 221 | DDh | ¦ | 253 | FDh | ² |
| 158 | 9Eh | × | 190 | BEh | ¥ | 222 | DEh | Ì | 254 | FEh | ■ |
| 159 | 9Fh | ƒ | 191 | BFh | ┐ | 223 | DFh | ▀ | 255 | FFh | |

▲ 圖片來源：commons wikimedia

比方說我們要跟對方說 Hi，透過這張表，我們會把大寫 H 轉換成 72、小寫 i 轉換成 105，同時這兩個的位元組分別是 01001000(H)、01101001(i)，實際上我們電腦傳給對方電腦的是 01001000、01101001 這兩個位元組。

| 字元 | 編碼 | Bytes |
|---|---|---|
| H | 72 | 01001000 |
| i | 105 | 01101001 |

所以編碼又可以看做是資料間的轉換。而且因為編碼通常兩邊、甚至第三方都有同一張表格，彼此也都知道轉換方式，編碼的目的往往是**希望資料能夠被順利傳遞與解讀**，為了傳遞效率的考量，通常編碼的研究著重在如何讓編碼所耗去的資料空間較小與避免轉碼出錯上。

## 亂碼

如果傳遞資訊方編碼 (Encode) 與接收資訊方解碼 (Decode) 使用的表格不同，就會造成亂碼的情形。在過去網路還不發達的年代，使用者上網往往只會瀏覽自己國家內的網站，也因此過去的編碼只需要考慮本國的文字與符號，無需考慮各式千奇百怪的國外文字，但目前國際間的交流日益頻繁，瀏覽國外網站已經變成是一件很稀鬆平常的事情，為了解決不同國家間編碼的問題，UTF-8(8-bit Unicode Transformation Format) 便孕育而生。

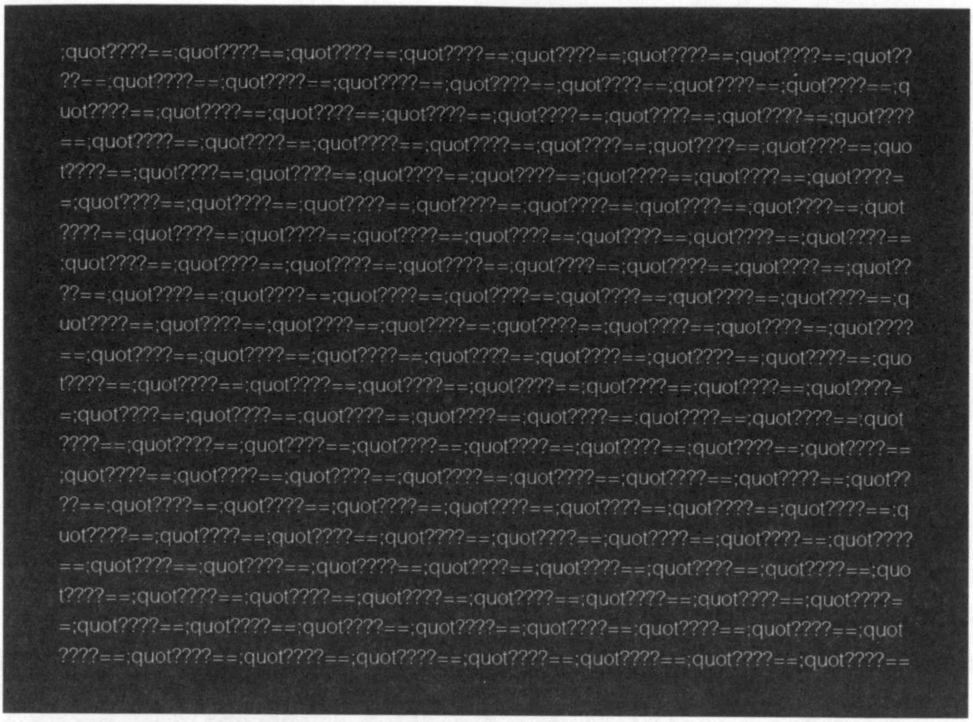

```
;quot????==;quot????==;quot????==;quot????==;quot????==;quot????==;quot????==;quot??
??==;quot????==;quot????==;quot????==;quot????==;quot????==;quot????==;quot????==;q
uot????==;quot????==;quot????==;quot????==;quot????==;quot????==;quot????==;quot????
==;quot????==;quot????==;quot????==;quot????==;quot????==;quot????==;quot????==;quo
t????==;quot????==;quot????==;quot????==;quot????==;quot????==;quot????==;quot????=
=;quot????==;quot????==;quot????==;quot????==;quot????==;quot????==;quot????==;quot
????==;quot????==;quot????==;quot????==;quot????==;quot????==;quot????==;quot????==
;quot????==;quot????==;quot????==;quot????==;quot????==;quot????==;quot????==;quot??
??==;quot????==;quot????==;quot????==;quot????==;quot????==;quot????==;quot????==;q
uot????==;quot????==;quot????==;quot????==;quot????==;quot????==;quot????==;quot????
==;quot????==;quot????==;quot????==;quot????==;quot????==;quot????==;quot????==;quo
t????==;quot????==;quot????==;quot????==;quot????==;quot????==;quot????==;quot????=
=;quot????==;quot????==;quot????==;quot????==;quot????==;quot????==;quot????==;quot
????==;quot????==;quot????==;quot????==;quot????==;quot????==;quot????==;quot????==
;quot????==;quot????==;quot????==;quot????==;quot????==;quot????==;quot????==;quot??
??==;quot????==;quot????==;quot????==;quot????==;quot????==;quot????==;quot????==;q
uot????==;quot????==;quot????==;quot????==;quot????==;quot????==;quot????==;quot????
==;quot????==;quot????==;quot????==;quot????==;quot????==;quot????==;quot????==;quo
t????==;quot????==;quot????==;quot????==;quot????==;quot????==;quot????==;quot????=
=;quot????==;quot????==;quot????==;quot????==;quot????==;quot????==;quot????==;quot
????==;quot????==;quot????==;quot????==;quot????==;quot????==;quot????==;quot????==
```

## Big5 與 UTF-8

UTF-8 的出現解決了過去瀏覽外國網站時常常有亂碼出現的問題，它把世界上所有語言與各種奇形怪狀的符號通通編碼進去，並且相容於傳統的 Ascii 碼，因此逐漸變成主流，也因為編入的字體多很多，因此 UTF-8 使用的空間較大（一至四個位元組），相較於 Ascii 碼表只需要一個位元組就可以完成多上許多。

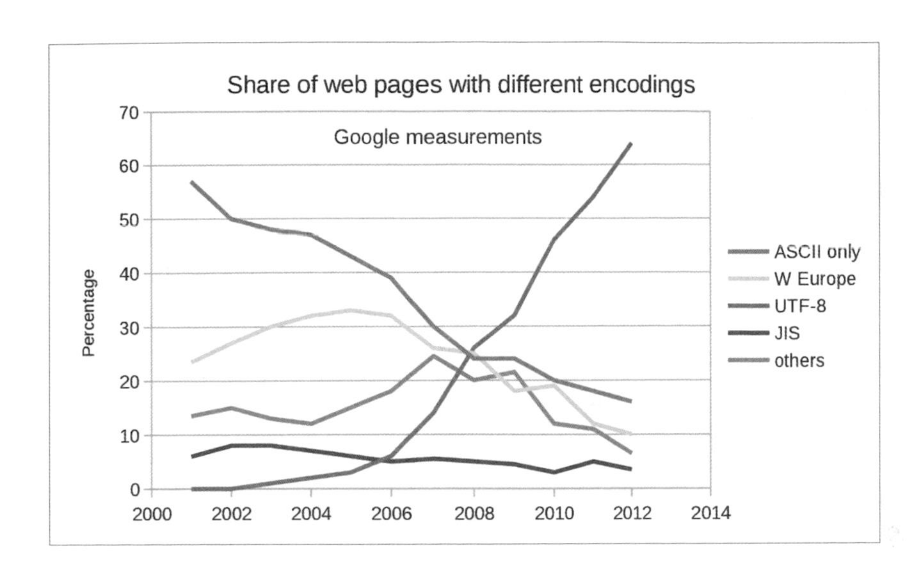


上圖[1] 是各種編碼方式的佔比，到目前為止已經有超過 90% 的網頁使用 UTF-8 編碼。

而有些中文字的編碼是使用 Big5 編碼，讓每個中文字使用 2bytes，這也是為什麼部分的簡體中文網頁、軟體打開後會產生亂碼的原因：網頁軟體製作時用 Big5 編碼，使用者使用時卻用 UTF-8 解碼。

## 編碼的其他應用

除了文字的轉換外，常見的 jpg、mp4 等圖片影音轉檔等也都是常見編碼的應用，透過把資料編碼達到**資訊傳遞**的效果。

## 壓縮

壓縮的目的是將原始的檔案資料經過數學演算法重新計算、編排或編碼後，達到所需儲存空間減少的功能，最知名的壓縮軟體莫過於大家都用過但從沒付過

1 https://zh.wikipedia.org/wiki/UTF-8#/media/File:Utf8webgrowth.svg

錢的 WINRAR，就像斯斯有兩種一樣，壓縮演算法也可以大概分類成兩種：失真壓縮與無失真壓縮。

## 無失真壓縮

無失真壓縮代表資料即便經過壓縮後，也可以**解壓縮回跟原本完全一模一樣**的資料。通常適用在**文字或數據**的傳遞上，畢竟這樣的資料是不允許任何小瑕疵或更動的，但也因為必須保持資料的一致性，壓縮率通常會比較低，所以如果壓縮一份普通的純文字檔，通常會發現壓縮率不甚理想。

## 失真壓縮

失真壓縮指的是資料經過壓縮後**無法解壓縮回原本的資料**，會有部分的失真或偏移，通常應用在**影像或是聲音**的壓縮上，因為這類的資料極便產生了微小的偏移，對大部分人的觀賞還是不會產生很大的影響（專業的玩家使用的就是無失真壓縮了）。失真壓縮的好處是可以根據需要的品質與空間大小輸出成相對應大小的檔案，這在網頁的瀏覽體驗非常重要，網頁的資源通常 80% 以上都是圖片，原始碼或文字格式占用的空間不大，因此圖片的壓縮對於網頁的瀏覽速度非常重要。

## 霍夫曼 (Hoffman) 編碼

那為什麼我們可以像縮小燈一樣把這些檔案變小？實際又該怎麼實作呢？

這裡我們介紹最知名、最入門的壓縮演算法—**霍夫曼 (Huffman) 編碼**。

霍夫曼 (Huffman) 編碼的概念就是把最常見、出現頻率最高的資料用最小的空間去轉存或重新編碼。

比方來說我們現在有段文字需要壓縮，這段文字如下：

> ABCADBDDDADBDA

如果我們任意編碼成下面格式：

> A：00、B、01、C：10、D：11

那麼我們總共需要 28 bits 的儲存空間，你可能會有一個疑問為什麼不能用一個位元去編碼呢？像是：

> A：0、B、1、C：00、D：01

因為這樣的話如果你收到 01，那麼根本不知道要解成 A(0)B(1)、或是 D(01)！所以我們在編碼的過程也必須考慮是否能順利解碼，以剛剛的編碼格式為例，因為每兩個位元都是一組編碼，所以我們可以兩兩一組很順利的把編碼解出來。

那霍夫曼編碼是怎麼做的？

首先我們先計算每個文字出現的頻率：A → 4 次、B → 3 次、C → 1 次、D → 6 次，因為 D 產生最多次、我們透過二元樹編給它：

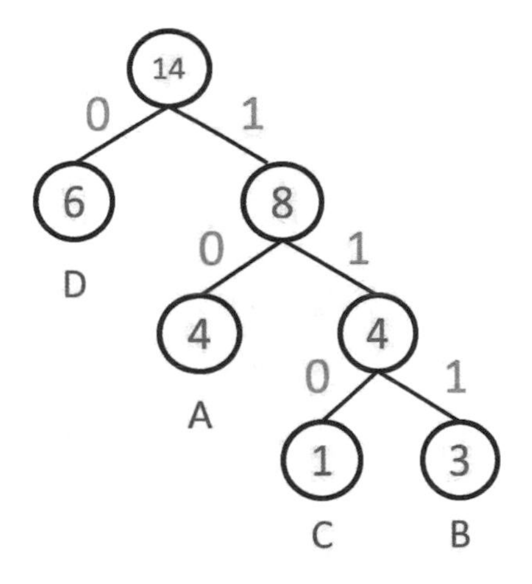


> D：0、A：10、C：110、B、111

於是原本的資料就可以壓縮成：

> 10111110100111000100111010

壓縮後的資料僅需要 26 bits 便可以儲存了！

到這裡你也可以想想看甚麼類型的檔案容易被壓縮呢？當然就是重複度高的資料，但若是隨機散布、無規則可循的檔案（像影像或影片）就難以再次壓縮了！

你也可以發現霍夫曼是透過改善編碼的方式來達到壓縮資料的目的，採取的作法是一個個字詞單一去處理，直到後來已經慢慢被算術編碼所取代，算術編碼是直接把整個輸入的訊息編碼視為一個數，不過就不在本書的範圍內了。

## 雜湊

我們之前提到了四個名詞，並且已經解釋完編碼與壓縮：

1. 編碼
2. 壓縮
3. 雜湊
4. 加密

在正式進入密碼學之前我們接著介紹：**雜湊 (Hash)**

我們在打造區塊鏈時有稍微介紹一下雜湊值：

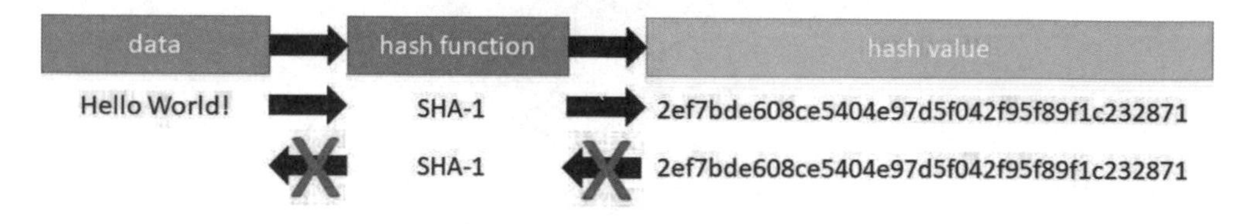


簡而言之雜湊值可以把**任意長度的輸入轉換成固定長度的輸出，而且無法被逆轉換**，跟剛剛我們提到的編碼做比較：編碼可以轉換回原本的詞彙，但是雜湊不行，**雜湊值的轉換是單向的！**

## 雜湊在區塊鏈上的功能

### ▨ 工作量證明 (Proof of Work，POW)

回憶一下我們之前是這樣挖掘新區塊的：透過不斷修改 nonce 值後重新計算 hash 數，直到我們找出來的 hash 數符合當下的難度為止。

```
while new_block.hash[0: self.difficulty] != '0' * self.difficulty:
    new_block.nonce += 1
    new_block.hash = self.get_hash(new_block, new_block.nonce)
```

利用雜湊函數的單向性，讓礦工只能不停地去產生新的輸入 **(nonce)** 後，期望能夠找到一個符合的解；並無法透過已知的難度去反推符合的 nonce 值。

### ▨ 驗證區塊

因為雜湊函式單向轉換的特性，我們可以把區塊雜湊值生成的其中一個參數仰賴於前一個區塊，像鎖鏈般把所有區塊結合在一起 ( 回憶一下之前出現過的下圖 )，這樣只要其中某一個區塊被攻擊或竄改，透過計算雜湊值來驗證，我們就可以輕易揪出是哪個區塊被攻擊了！而且因為工作量證明 (POW) 的機制，如果攻擊者想要重新計算雜湊值來讓驗證可以通過，攻擊者需要耗費龐大的運算資源才能做到。

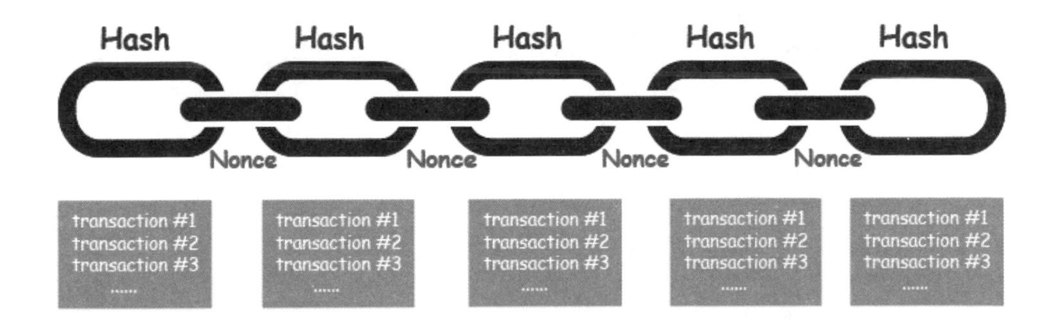


回憶一下我們之前這樣驗證鏈上的資料是否有被竄改過：

```
def verify_blockchain(self):
    previous_hash = ''
```

```
    for idx,block in enumerate(self.chain):
        if self.get_hash(block, block.nonce) != block.hash:
            print("Error:Hash not matched!")
            return False
        elif previous_hash != block.previous_hash and idx:
            print("Error:Hash not matched to previous_hash")
            return False
        previous_hash = block.hash
    print("Hash correct!")
    return True
```

### ▨ 驗證單筆交易

為了驗證單筆交易的真偽，我們可以把該筆交易的明細也透過雜湊函數轉換成一個雜湊值，接著只要向節點索取區塊內的交易雜湊值便可以驗證該筆交易的真偽，而不需要向節點同步所有資料。關於如何改進單筆交易的驗證效率，我們之後提到 Merkle Tree 時會更進一步地說明 Bitcoin 的交易驗證機制。

## ▌雜湊的其他功能

除了區塊鏈之外，在電腦科學的領域中也會大量使用到雜湊函數。

## ▨ 確保下載的資料沒有被竄改

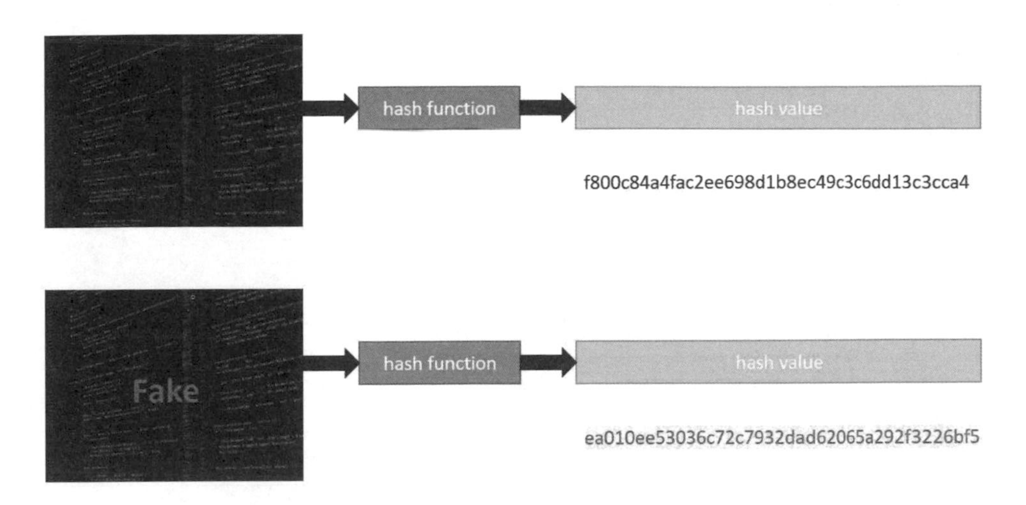


網路上我們常常會互傳檔案，或是直接從網站上把安裝檔或資料下載下來，於是有心人士可以故意把惡意軟體包裝成正常軟體供人在網路上流傳，為了避免這類事情發生，開發者可以把軟體或檔案事先利用雜湊函數轉換成雜湊值：

```
f800c84a4fac2ee698d1b8ec49c3c6dd13c3cca4
```

如此一來如果有人造假軟體在其他地方流傳，它所提供的檔案算出來的雜湊值就會是不同的雜湊值，像是：

```
ea010ee53036c72c7932dad62065a292f3226bf5
```

於是就可以很輕易的被發現這個檔案是被造假過，並非原始檔案。例如你可以到 Ubuntu 的下載頁面[2]，會發現許多 MD5、SHA 開頭的檔案：

2 https://releases.ubuntu.com/bionic/

| | | | |
|---|---|---|---|
| Parent Directory | | - | |
| MD5SUMS | 2019-08-08 12:19 | 138 | |
| MD5SUMS-metalink | 2019-08-08 12:19 | 148 | |
| MD5SUMS-metalink.gpg | 2019-08-08 12:19 | 916 | |
| MD5SUMS.gpg | 2019-08-08 12:19 | 916 | |
| SHA1SUMS | 2019-08-08 12:19 | 154 | |
| SHA1SUMS.gpg | 2019-08-08 12:19 | 916 | |
| SHA256SUMS | 2019-08-08 12:19 | 202 | |
| SHA256SUMS.gpg | 2019-08-08 12:19 | 916 | |
| ubuntu-18.04.3-desktop-amd64.iso | 2019-08-05 19:29 | 1.9G | Desktop image for 64-bit PC (AMD64) computers (standard download) |

要檢測 / 驗證的話，可以到 HashMyFiles[3] 下載檢測器檢查。

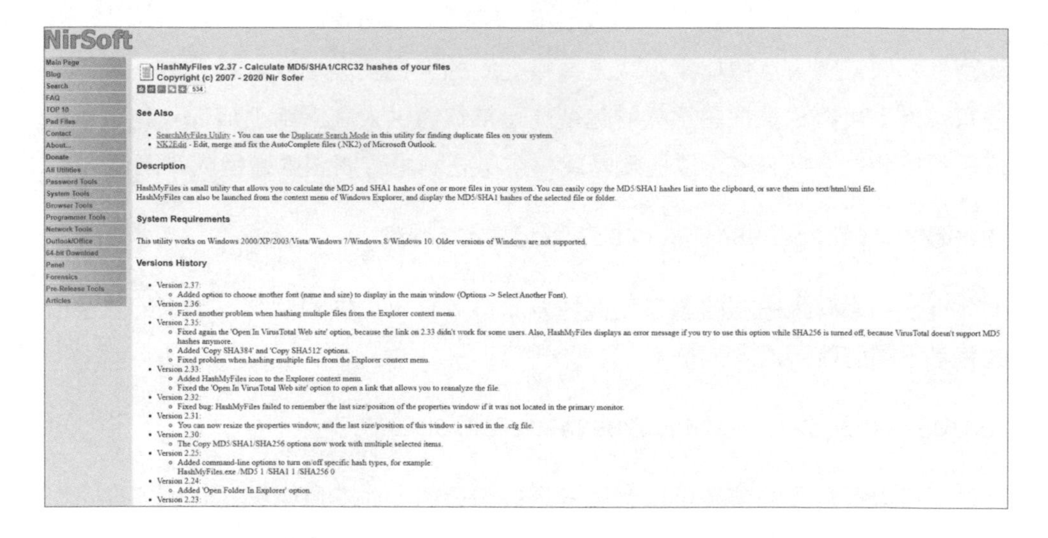


## ▨ 保護原始資料

平時登入網站所使用的帳號密碼都應該要被網站管理者好好保存，其中一個必備的條件是：密碼的儲存永遠不該是明文儲存，如果以明文儲存的話一旦資料

3 http://www.nirsoft.net/utils/hash_my_files.html

庫被竊取則所有使用者的密碼都會被看光光，然後通常 .... 大部分使用者在各個網站使用的密碼都是一樣的，所以一旦資料庫被竊取，駭客便可以輕鬆地拿著竊取到的帳號跟密碼到各個網站去登入了。

比方說我們的密碼如果是 a1Sna6!g2，那麼**網站的資料庫永遠不應該直接儲存明文** a1Sna6!g2 而是儲存透過雜湊函數像是 SHA-256 轉換出的雜湊值，像是

*7e5a1428400e9c5576ef9ff7538ee6257ebecaede29d5e0bd48237f5ef05cd1d*

把這段文字儲存進資料庫裏頭，即便資料庫被竊取，駭客手上也只能拿到這段加密後的文字，也無法得知原本的密碼是多少。你可能會有個疑問，那麼我要怎麼驗證使用者輸入的密碼就是當初的密碼呢？

其實我們只要再次把使用者登入當下輸入的密碼再轉換一次雜湊值，如果轉出來的雜湊值一樣，幾乎就可以代表使用者輸入的是正確的密碼了（還記得不同輸入值，輸出成同一個雜湊值的機率近似於零嗎？）！

不過因為通常雜湊值都會遠遠比使用者的密碼還長，所以網路上也有很多利用常見的文字或密碼轉換出雜湊值後再記錄下來的資料庫，又稱為彩虹表

(Rainbow Table)，例如你可以在這個網站[4]輸入 MD5 的值，它會幫你找是否有相對應的原始資料存在。

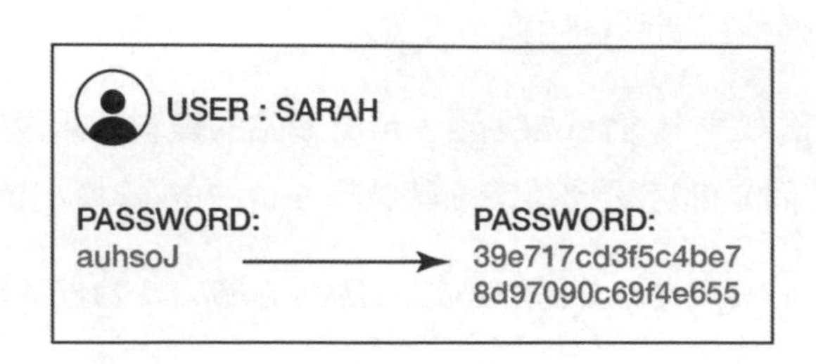


如果你在剛剛那個網站輸入下面這個 MD5 密文：

*827ccb0eea8a706c4c34a16891f84e7b*

你會發現轉出來是 12345，因為 12345 太多人用啦！所以本身密碼的複雜度也是相當重要！另一個小技巧是加鹽：

密碼學中的加鹽 (salt) 指的是在把使用者的密碼轉換成密文前多做一些小改變，比如說我們在使用者輸入的密碼前後各加上 !a!，變成 !a!12345!a! 再丟進去算雜湊，算出來的雜湊值就會完全不一樣了！變成：

5b839893d2ad60d14de1102151f0381d

就可以發現即便使用者用一個很簡單的密碼，經過我們的加鹽之後，在同個網站又解不出來了，於是使用者的密碼又多一層保障！

---

4 http://www.nirsoft.net/utils/hash_my_files.html

## 雜湊表 (Hash Table)

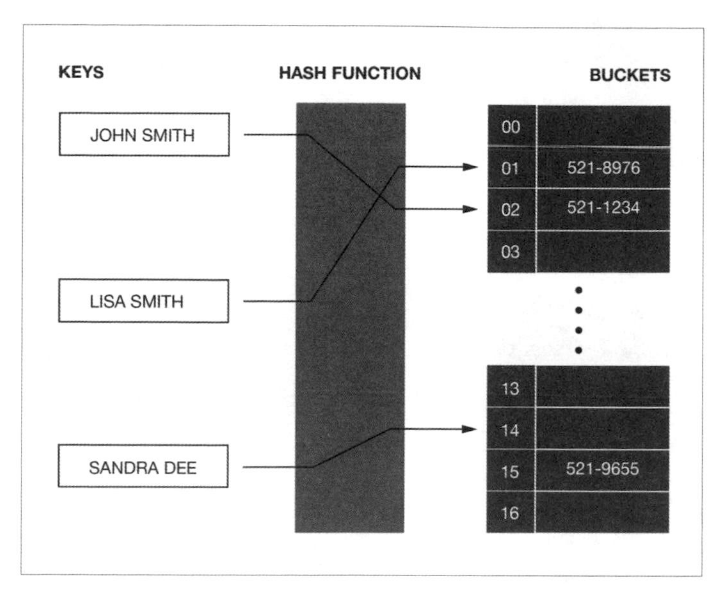


如果你有學過資料結構跟演算法的話，應該會對雜湊表有點印象，打個比方來說，Facebook 上頭假設有 100 億個帳號（畢竟現在網軍或分身氾濫），如果帳號密碼是用陣列儲存，那麼我們每次登入都要從第一個帳號往下找直到找到我們帳號對應到的密碼為止，平均要找 50 億次，很明顯的效率不佳。

而雜湊函數可以幫助你直接把使用者的帳號轉換成一個數字，這個數字就代表它在陣列中的索引值，因此就不需要一個個往下找了！

## 自製一個簡單的雜湊函數

我們簡單製作一個雜湊函數，這裡我們雜湊函數的定義與步驟是：

1. 雜湊值從 512 開始
2. 雜湊值乘上逐個字元的 ascii 碼
3. 雜湊值加上 3
4. 雜湊值除以 1024 取餘數

5. 重複步驟 2~4 直到每個字元都處理完
6. 雜湊值乘上字串長度
7. 雜湊值除以 1024 取餘數

```
def hash(input):
    hash_number = 512
    for char in input:
        hash_number *= ord(char)
        hash_number += 3
        hash_number %= 1024
    hash_number *= len(input)
    hash_number %= 1024
    return hash_number

if __name__ == "__main__":
    print(hash("Hello World!"))
    print(hash("Bill Gates"))
    print(hash("100000000"))
```

於是三種字串的輸入 "Hello World!"、"Bill Gates"、"100000000"，分別會得到雜湊值 280、610、43 了！而且雜湊值 280、610、43 並沒有辦法反推回原本的輸入！

## 加密

**加密 (Encrypt)** 的目的是我們想要讓**只有特定第三方能夠讀取**我們的訊息，以上面這個圖為例，我們在發送訊息前將我們的原始訊息 **( 明文，Plaintext)**

加密 (Encrypt) 成 K1，那麼即便傳遞訊息的過程中信使被攔截，攔截者看到的也只是一段加密過後的文字 **( 密文，Ciphertext)**，從而確保了資訊的安全。

如果我們想要取得原始的資料，那麼只需要透過**金鑰 (Key)** 解密便可以了！

網路時代的資訊安全是奠基在密碼學之上的，我們每天在網路上傳遞各式各樣的訊息，私人傳遞的訊息自然不希望被第三者瀏覽、登入的密碼更是萬萬不可被中間人截取到、操作網路 atm 進行提匯款的時候更要再三確認使用者的身分，因此如何避免資訊被截取、破譯與偽造是現今網路時代的一大課題，我們首先來看加密法的大原則：

## Kerckhoffs's principle( 柯克霍夫原則 )

Auguste Kerckhoffs 在 19 世紀提出幾個加密系統需要有的原則：

- 敵人知道加密方法的細節後仍然可以保持機密，因為敵人是否知道我們加密的方法是未知的。
- 加密用的密鑰必須容易溝通和記憶，而且可以輕易改變或調整。
- 必須可以用在通訊上。
- 無須他人的協助，一個人便可以使用。
- 即便加密演算法被洩漏，只要金鑰沒有外洩，加密後的密文仍然是安全的。

在任何的狀態下，都必須假定加密方法已經被敵人取得，否則一旦日後發現加密方式已經被敵人知悉，更換任何金鑰都是徒勞。不只有 Auguste Kerckhoffs 提倡這件事，著名的密碼學學者 Claude Shannon 與 Bruce Schneie 也都有類似的想法。

"The enemy knows the system" - Claude Shannon

"Security through obscurity." - Bruce Schneie

# 3-2 古典加密

在進入現代的加密法之前，我們來看看幾種古典的加密法來了解加密是如何實作的，雖說目前這幾種加密法都可以輕易地被電腦破譯，但其實大部分的現代加密法背後的精神跟原理都是源自於古典加密法。

## Caesar 加密

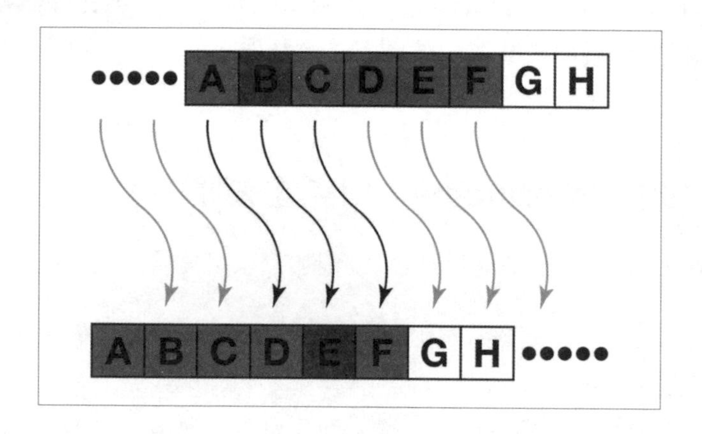


Caesar 加密據傳聞是歷史上鼎鼎大名的那個凱薩所發明的，它的方法簡單而暴力，就是把每個字母偏移幾個作為替換，比方說往右偏移三個，也就是 A 都改成 D、B 都改成 E、C 都改成 F.... 作為替代文字，簡單而硬漢（？）的方式讓它可以很快地被加解密，但缺點也很明顯：英文字母不就那 26 個，要暴力解出來也只需要嘗試 25 次就可以解出來了。不過考量到那個時代識字的人原本就不多，這種加密法勉強可行。

我們最開頭把 Hi 轉換成 Kl 其實也是 Caesar 加密法！

下面是 Caesar 加密的簡單 Python 實作，先取得字母的次序後，再平移，這裡我們定義加密是把 ascii 碼增加、解密則是把 ascii 碼減少：

```
def txt_shift(txt, shift):
    result = ""
```

```
    for idx in range(0, len(txt)):
        char = txt[idx]
        if char.isalpha():
            if char.isupper():
                order = ord(char) -65 + shift
                order %= 26
                order += 65
            elif char.islower():
                order = ord(char) -97 + shift
                order %= 26
                order += 97
            char = chr(order)
        result += char
    return result

def caesar_encryption(txt, shift):
    return txt_shift(txt, shift)

def caesar_decryption(txt, shift):
    return txt_shift(txt, -1 * shift)

plain_txt = "Hello!"
shift_amount = 10

print(f"原始明文: {plain_txt}")
cipher_txt = caesar_encryption(plain_txt, shift_amount)
print(f"加密密文: {cipher_txt}")
decryption_cipher_txt = caesar_decryption(cipher_txt, shift_amount)
print(f"解密結果: {decryption_cipher_txt}")
```

就可以得到加解密的結果如下：

```
原始明文：Hello!
加密密文：Rovvy!
解密結果：Hello!
```

但 Caesar 加密法被洩漏後即便不知道偏移個數，但只要嘗試 25 次就可以破譯，很明顯的 Caesar 加密不符合 Kerckhoffs's principle。

## Monoalphabetic 加密

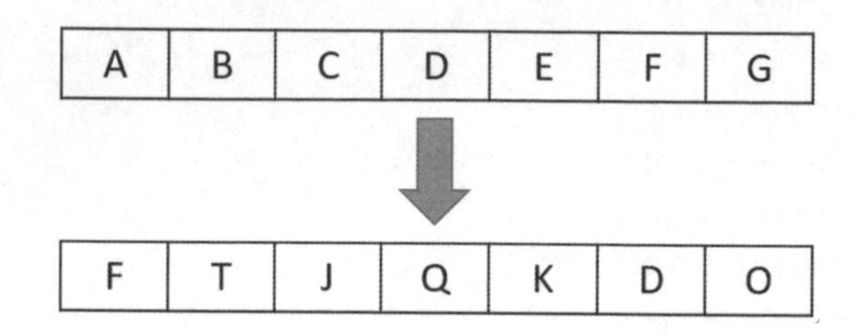


Caesar 加密實在太容易被破解了，簡單改進 Caesar 加密的方法就是不要固定偏移幾個字元，而是另外開一張表做隨機的對應，比方說我們開一個新的對應表格：A → F、B → T、C → J 代替，我們的表格總共會有 26! 種可能。

下面是 Monoalphabetic 加密的簡單實作，先透過隨機數取得字母的代換表後，加密時再根據代換表把原始明文的字母替換掉，解密的時候則需要把該代換表反轉過來：

```
from random import sample

def txt_shift(txt, shift):
    result = ""
    for idx in range(0, len(txt)):
        char = txt[idx]
        if char.isalpha():
            order = ord(char)
            if char.isupper():
                order -= 65
                order = shift[order]
                order += 65
            elif char.islower():
                order -= 97
                order = shift[order]
```

```
                order += 97
            char = chr(order)
        result += char
    return result

def mono_encryption(txt, shift):
    return txt_shift(txt, shift)

def mono_decryption(txt, shift):
    inverse_shift = [0] * 26
    for idx, value in enumerate(shift):
        inverse_shift[value] = idx
    return txt_shift(txt, inverse_shift)

plain_txt = "Hello!"
shift_list = sample(range(0,26), 26)

print(f"原始明文: {plain_txt}")
print(f"Monoalphabet: {shift_list}")
cipher_txt = mono_encryption(plain_txt, shift_list)
print(f"加密密文: {cipher_txt}")
decryption_cipher_txt = mono_decryption(cipher_txt, shift_list)
print(f"解密結果: {decryption_cipher_txt}")
```

就可以得到以下的執行結果：

原始明文：Hello!

Monoalphabet: [23, 8, 24, 0, 1, 4, 5, 22, 10, 12, 19, 7, 6, 20, 3, 14, 2, 21, 15, 17, 9, 16, 13, 18, 11, 25]

加密密文：Wbhhd!

解密結果：Hello!

看起來似乎萬無一失了，但實際上不是的。

事情不會那麼順利的，人類的語言是有強烈規則性，每個字母的使用頻率並不均等，比方說母音 a、e、i、o、u 的使用頻率就是硬生生比別人高一大截，如果發現有五個字母的使用頻率異常高，那麼就可以猜測他們是 a、e、i、o、u 其中之一而後逐步破譯，接著搭配下圖所統計出來的字頻表便可以從中比對。

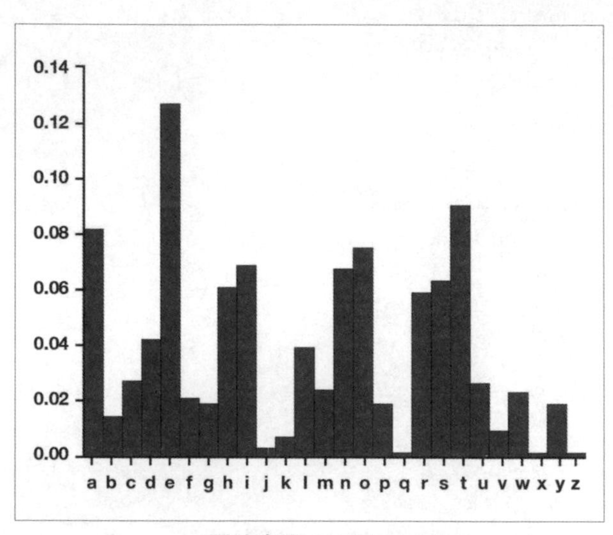


▲ 圖片來源：Wikipedia[5]

雖然嘗試的次數多了些，但在搭配語言學與不斷嘗試的前提下仍然可以破譯，Monoalphabetic 加密也不符合 Kerckhoffs's principle。

## Vigenère Cipher a.k.a. Polyalphabetic 加密

**Vigenère Cipher** 是 Monoalphabetic 加密一種威力加強版，既然 Monoalphabetic 加密只有一張表，那用很多張表來加密總行了吧？Vigenère Cipher 便是產生很多張表格，並且彼此抽換，而 **Vigenère Cipher 的金鑰指的就是目前這個字應該要用哪一張表格破譯**，如果有 ABCD 四種 Monoalphabetic 表格，比較簡單的作法就是第一個字母用 A 表格、第二個

5 https://en.wikipedia.org/wiki/Frequency_analysis

字母用 B 表格、第三個字母用 C 表格、第四個字母用 D 表格、第五個字母用 A 表格 ....

但其實這個加密法利用語言本身重複的機率其實還是有辦法破譯。

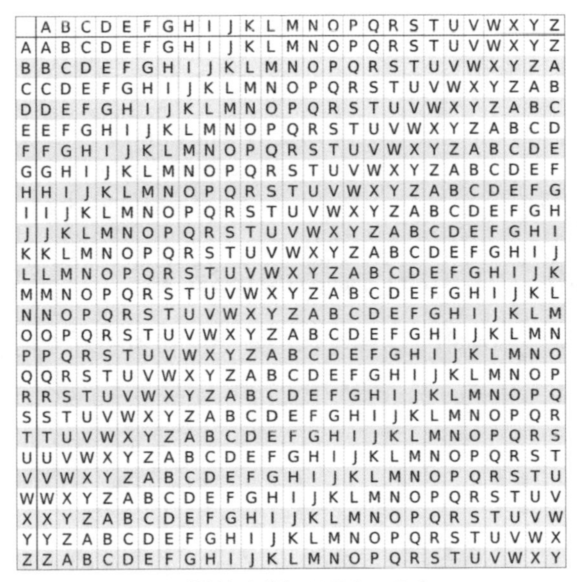

| | A | B | C | D | E | F | G | H | I | J | K | L | M | N | O | P | Q | R | S | T | U | V | W | X | Y | Z |
|---|---|---|---|---|---|---|---|---|---|---|---|---|---|---|---|---|---|---|---|---|---|---|---|---|---|---|
| A | A | B | C | D | E | F | G | H | I | J | K | L | M | N | O | P | Q | R | S | T | U | V | W | X | Y | Z |
| B | B | C | D | E | F | G | H | I | J | K | L | M | N | O | P | Q | R | S | T | U | V | W | X | Y | Z | A |
| C | C | D | E | F | G | H | I | J | K | L | M | N | O | P | Q | R | S | T | U | V | W | X | Y | Z | A | B |
| D | D | E | F | G | H | I | J | K | L | M | N | O | P | Q | R | S | T | U | V | W | X | Y | Z | A | B | C |
| E | E | F | G | H | I | J | K | L | M | N | O | P | Q | R | S | T | U | V | W | X | Y | Z | A | B | C | D |
| F | F | G | H | I | J | K | L | M | N | O | P | Q | R | S | T | U | V | W | X | Y | Z | A | B | C | D | E |
| G | G | H | I | J | K | L | M | N | O | P | Q | R | S | T | U | V | W | X | Y | Z | A | B | C | D | E | F |
| H | H | I | J | K | L | M | N | O | P | Q | R | S | T | U | V | W | X | Y | Z | A | B | C | D | E | F | G |
| I | I | J | K | L | M | N | O | P | Q | R | S | T | U | V | W | X | Y | Z | A | B | C | D | E | F | G | H |
| J | J | K | L | M | N | O | P | Q | R | S | T | U | V | W | X | Y | Z | A | B | C | D | E | F | G | H | I |
| K | K | L | M | N | O | P | Q | R | S | T | U | V | W | X | Y | Z | A | B | C | D | E | F | G | H | I | J |
| L | L | M | N | O | P | Q | R | S | T | U | V | W | X | Y | Z | A | B | C | D | E | F | G | H | I | J | K |
| M | M | N | O | P | Q | R | S | T | U | V | W | X | Y | Z | A | B | C | D | E | F | G | H | I | J | K | L |
| N | N | O | P | Q | R | S | T | U | V | W | X | Y | Z | A | B | C | D | E | F | G | H | I | J | K | L | M |
| O | O | P | Q | R | S | T | U | V | W | X | Y | Z | A | B | C | D | E | F | G | H | I | J | K | L | M | N |
| P | P | Q | R | S | T | U | V | W | X | Y | Z | A | B | C | D | E | F | G | H | I | J | K | L | M | N | O |
| Q | Q | R | S | T | U | V | W | X | Y | Z | A | B | C | D | E | F | G | H | I | J | K | L | M | N | O | P |
| R | R | S | T | U | V | W | X | Y | Z | A | B | C | D | E | F | G | H | I | J | K | L | M | N | O | P | Q |
| S | S | T | U | V | W | X | Y | Z | A | B | C | D | E | F | G | H | I | J | K | L | M | N | O | P | Q | R |
| T | T | U | V | W | X | Y | Z | A | B | C | D | E | F | G | H | I | J | K | L | M | N | O | P | Q | R | S |
| U | U | V | W | X | Y | Z | A | B | C | D | E | F | G | H | I | J | K | L | M | N | O | P | Q | R | S | T |
| V | V | W | X | Y | Z | A | B | C | D | E | F | G | H | I | J | K | L | M | N | O | P | Q | R | S | T | U |
| W | W | X | Y | Z | A | B | C | D | E | F | G | H | I | J | K | L | M | N | O | P | Q | R | S | T | U | V |
| X | X | Y | Z | A | B | C | D | E | F | G | H | I | J | K | L | M | N | O | P | Q | R | S | T | U | V | W |
| Y | Y | Z | A | B | C | D | E | F | G | H | I | J | K | L | M | N | O | P | Q | R | S | T | U | V | W | X |
| Z | Z | A | B | C | D | E | F | G | H | I | J | K | L | M | N | O | P | Q | R | S | T | U | V | W | X | Y |

▲ 圖片來源：Wikipedia[6]

## One-Time Pad( 一次性密碼本 )

One-Time Pad 的作法跟 Caesar 加密類似，但具體鑰**偏移幾個字是隨機決定**的。比方說我們產生一個隨機偏移表：

24 7 21 5 18 ....

這張表就是 One-Time Pad 的金鑰，代表第一個字元我們要往後偏移 24 個、第二個字元我們要往後偏移 7 個、第三個字元我們要往後偏移 21 個、第四個字元我們要往後偏移 5 個、第五個字元我們要往後偏移 18 個 ....

6 https://en.wikipedia.org/wiki/Vigen%C3%A8re_cipher

如果產生的隨機金鑰長度跟訊息一樣，也就是每一個字元有自己的偏移與獨特的 Monoalphabetic 表格的話，理論上這 One-Time Pad 會因為密文與明文沒有任何統計上的關係而無法被任何數學或運算破解，你應該也可以發現經過 One-Time Pad 加密後的密文，明文可能是任何文字（例如密文是 ABC，但因為每個字母的偏移量是隨機的，因此它有可能是 car、cat、dog 都有可能），因此也是**唯一一種理論上無法被破解的密碼**。但問題反而會在要如何安全、隨機地產生 One-Time Pad、如何保護 One-Time Pad 的金鑰在傳送的過程中不會被幹走是主要的問題。

### Rail-Fence Ciphers( 柵欄加密法 )

柵欄加密法指的是我們把明文根據某種排列方式或圖形排列後再重新寫出。舉例來說我們把 Hello World 分成上下兩行：

利用簡單的重新排序，就可以得到加密之後的密文：HWeolrllod，同時字序的結構也因此被打散了！

我們已經先把幾個古典加密的方法帶過去，下一節來研究現代一點的密碼學！

## 3-3 現代加密— XOR 與 SPN 加密

### 稍微現代一點的加密

奠定現代密碼學的兩大基柱分別是**取代 - 重排網路**與**費斯妥密碼**：

- 取代 - 重排網路 (Substitution-Permutation Network)
- 費斯妥密碼 (Feistel Cipher)

這兩者可說是現在密碼學的扛霸子，幾乎所有現代密碼學的演算法裡或多或少都可以看到他們的足跡，而之後要介紹的區塊加密法 (block cipher) 則利用了這兩者的精神加以延伸，雖然感覺我們跟區塊鏈離得越來越遠，但實際上區塊鏈就是區塊加密法 (block cipher) 的一種變體，所以要了解區塊鏈裏頭的各種名詞，不可不從加密開始。

## XOR Cipher

在講到現代加密的 **Substitution-Permutation Network** 與 **Feistel Cipher** 前，不可不提到兩者都會用到的 XOR 加密，XOR 加密法利用的就是任何一段文字被另一段文字 XOR 運算兩次後會得到原本的文字，這種加密法的好處就是因為只有 XOR 運算，容易運算、運算快速、電路上容易實現、成本也小，下面的公式描述了這個現象，我們可以把裏頭的 A 看作是要傳遞的明文、B 是加解密用的金鑰、C 是加密後的密文：

$A \oplus B=C$

$C \oplus B=A$

用實際例子來看的話就是下面這張圖，每次加密我們都會隨機產生一個金鑰，再利用金鑰與原始文字作 XOR 運算得到加密後的密文。傳遞之後接收端可以再讓密文與金鑰作另一次 XOR 運算得到原本的明文。

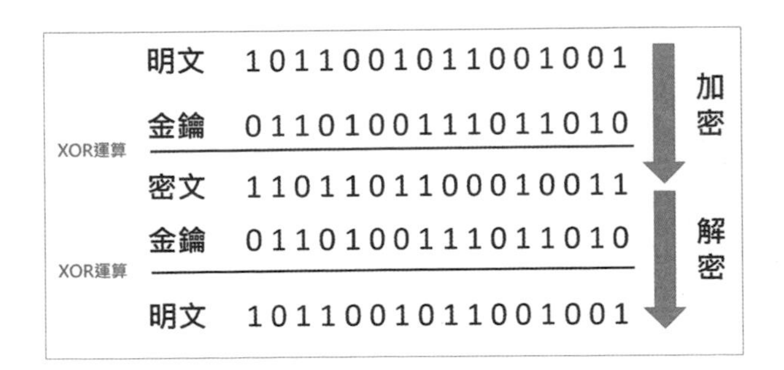

在這裡金鑰可以粗分成兩種：

1. 金鑰長度小於訊息
2. 金鑰長度與訊息等長

如果金鑰長度小於訊息長度，代表我們會重複利用該筆金鑰作 XOR 運算，這時候利用字頻的分析就可以破解 XOR 加密，但如果金鑰與訊息等長，那其實就跟我們之前提到的 **One-Time Pad** 一樣，理論上是不可被破解的。

下面是 XOR 加密法的簡單實作：這裡我們為了之後顯示位元組的方便，先準備兩個函式可以把原始字串轉換成位元組 0 或 1 構成的字串。

```
def string_to_bytes(input):
    input = bytearray(input, 'utf-8')
    result = ""
    for byte in input:
        for i in range(7, -1, -1):
            result += str((byte >> i) & 1)
    return result

def bytes_to_string(input):
    result = ""
    for idx in range(0, int(len(input)/8)):
        binary = input[8*idx:8*(idx+1)]
        result += chr(int(binary, 2))
    return result
```

接著產生金鑰，金鑰的產生由簡單的 0 跟 1 所構成，根據需要的長度產生。接著便可以進行 XOR 的運算，如果兩個輸入不同，則輸出 1，兩個輸入值相同則輸出 0。

最後就可以用 XOR 來加解密了！注意這裡因為金鑰的長度有可能小於訊息長度，所以一旦處理到超出金鑰的長度，就從金鑰的頭開始重新使用金鑰。

```python
import random

def generate_key(length):
    key = ""
    for i in range(0, length):
        key += str(random.randint(0, 1))
    return key

def xor_operation(text, key):
    if text == key:
        return "0"
    else:
        return "1"

def xor_en_decrypt(text, key):
    result = ""
    len_txt = len(text)
    len_key = len(key)
    for idx in range(0, len_txt):
        if idx >= len_key:
            key_idx = idx % len_key
        else:
            key_idx = idx
        xor_result = xor_operation(text[idx], key[key_idx])
        result += xor_result
    return result
```

最後就可以來實作看看啦，先隨意給定一個我們想加密的訊息，接著根據訊息長度產生金鑰，再讓訊息與金鑰進行 XOR 運算便可以得到密文。要解密的話也是一樣，讓密文與金鑰作 XOR 運算，就可以得到原本的密文。

```python
if __name__ == "__main__":
    message = "XOR Cipher!"
    print(f"Origin message: {message}")
    message = string_to_bytes(message)
```

```
    print(f"Message in binary: {message}")

    key = generate_key(len(message))
    print(f"Key: {key}")

    encryption = xor_en_decrypt(message, key)
    print(f"Encryption: {encryption}")

    decryption = xor_en_decrypt(encryption, key)
    print(f"Decryption: {decryption}")

    text = bytes_to_string(decryption)
    print(f"Text: {text}")
```

實際運行結果如下：

```
Origin message: XOR Cipher!
Message in binary: 0101100001001111010100100010000001000011011010010111000001101000011001010111001000100001
Key: 010011111010011000000000001101011111101001110001011100111111100001111110110010110110011110
Encryption: 00010111111101001010100100100101110110111100010111001011110001001100111100101111110111111
Decryption: 0101100001001111010100100010000001000011011010010111000001101000011001010111001000100001
Text: XOR Cipher!
```

## Substitution-Permutation Network(SPN)

SPN 是 Claude Shannon 在 1949 提出，Claude Shannon 認為一個好的加密方法必須有這兩種特色：

- Diffusion：將密文中有可能出現的統計結構消除，同時明文的一點小改變會讓密文產生很大的變化
- Confusion：複雜化密文與金鑰間的關係

我們過去提到的 One-Time Pad 有這兩個特色，所以 **One-Time Pad** 也是唯一在金鑰安全的狀態下無法被解密的加密方法。至於為什麼要 **Diffusion** 與 **Confusion** 呢？

Diffusion 是為了避免密文可以透過詞頻等分析被解出來，就像是方才我們提到的 Monoalphabetic，即便 Monoalphabetic 在金鑰的複雜度上幾不可能被破譯，但是詞頻的統計結構可以逐步解開我們的轉換表，為了避免攻擊者可以透過語言中會出現的統計結構來破譯，所以在密文中出現的統計結構必須被消除。同時為了避免傳遞兩段類似文字的情形中被猜出加密方式與密鑰，也期望即便明文只有一些小變動也會使密文產生很大的變化。

Confusion 則是為了讓密文看起來更像隨機、無法被讀取，同時在金鑰洩漏的狀況下能夠有多一層保障，只要密文與金鑰間夠複雜，攻擊者只能不斷嘗試各種加密方式來破解。

Diffusion 跟 Confusion 兩者都是為了避免攻擊者在知道密文與明文的狀態下可以解出加密方式與金鑰，這種情形又可以稱之為 known-plaintext attack。

下面是一個基本的 SPN 算法，其中主要有代換、置換和輪金鑰混合三個步驟，在這裡我們先簡介一下代換、置換：

- 代換：把明文的字母用另一個字母替換，方才提到的 Monoalphabetic 就是代換法的應用。
- 置換：調動字母的順序，我方才提到的 Rail-Fence Ciphers 就是置換法的應用。

SPN 的想法其實很好理解，既然單次的代換與置換都很容易被破譯，那麼代換跟置換都用總行了吧？單輪不夠的話，那重複加密很多輪，那如何解密呢？其實一樣解密很多輪就可以把最原始的明文解出來。

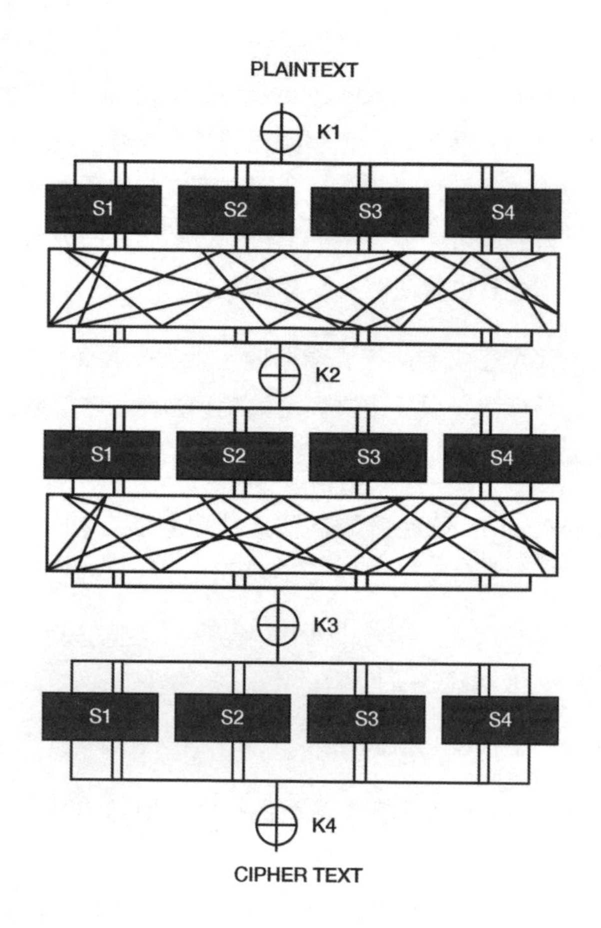


## SPN 演算法實作

SPN 演算法每次輸入的明文長度是固定的，為了簡化與方便後續的運算與表達，我們這裡把輸入 SPN 算法的位元數固定設定在 16 個位元。流程大概跟上圖顯示的一樣：

明文→ XOR Cipher( → S-boxes → P-boxes → XOR Cipher)*n →密文

其中 ( → S-boxes → P-boxes → XOR Cipher)*n 代表的是我們要重複做幾輪加密

## XOR Cipher

在 **XOR Cipher** 這裡我們可以直接把之前寫好的函式拿過來使用。分別處理：產生金鑰、XOR 運算、XOR 加解密。只是因為 SPN 會做多組的 XOR Cipher，所以 SPN 金鑰的產生方式是透過一組最初始的金鑰產生另外 ( 回合數 +1) 組 16bits 的金鑰。

```
def generate_key(key, rounds):
    key += key
    keys = []
    for idx in range(rounds):
        key_this_round = key[4*idx+4:4*idx+20]
        keys.append(key_this_round)
    return keys

def xor_operation(text, key):
    if text == key:
        return "0"
    else:
        return "1"

def xor_en_decrypt(text, key):
    result = ""
    len_txt = len(text)
    len_key = len(key)
    for idx in range(0, len_txt):
        if idx >= len_key:
            key_idx = idx % len_key
        else:
            key_idx = idx
        xor_result = xor_operation(text[idx], key[key_idx])
        result += xor_result
    return result
```

## S-boxes( 替換盒 )

替換盒這裡我們可以先產生一個隨機數列 **s_box**，這個數列裏頭有 0-15 隨機散布而且不重複，它看起來會長成這樣：

s_box = [4, 6, 15, 12, 5, 1, 3, 11, 14, 13, 0, 7, 9, 10, 8, 2]

這個數列的意思是：1 用 5 替換掉、2 用 7 替換掉、3 用 16 替換掉 ....( 記得索引值從 0 開始 )，於是我們就可以進行替換了！實作方法如下：

```
def substitution(input, s_box):
    output = ""
    for idx in range(4):
        data = input[4*idx:4*(idx+1)]
        number = int(data, 2)
        number_substitution = s_box[number]
        # Convert to binary string
        # ex: 9 -> "1001"
        binary_number = ""
        for i in range(3, -1, -1):
            binary_number += str((number_substitution >> i) & 1)

        output += binary_number
    return output
```

## P-boxes( 排列盒 )

排列盒這裡我們跟 s_box 用同樣方法產生一個隨機數列 **p_box**：

p_box = [13, 3, 12, 1, 9, 8, 15, 4, 6, 5, 10, 14, 2, 0, 11, 7]

這代表：第 1 個 bit 要移動到第 14 個 bit、第 2 個 bit 要移動到第 4 個 bit、第 3 個 bit 要移動到第 13 個 bit.... 實作方法如下

```
def permutation(input, p_box):
    output = list("0" * 16)
```

```
    for idx, value in enumerate(p_box):
        output[value] = input[idx]
    return "".join(output)
```

## 加密：重複 XOR Cipher → S-boxes → P-boxes 的步驟

加密的過程中就不斷重複 XOR Cipher → S-boxes → P-boxes 的過程，每次進入 XOR-Cipher 的金鑰都不一樣，但每次 s_box、p_box 的參數都相同，注意這裡會因為 XOR 的步驟會因為頭尾都作而比 s_box 與 p_box 多進行一次。

```
def spn_encrypt(text, rounds, key, s_box, p_box):
    output = text
    for idx in range(rounds):
        output = xor_en_decrypt(output, key[idx])
        output = substitution(output, s_box)
        output = permutation(output, p_box)
    output = xor_en_decrypt(output, key[rounds])
    return output
```

## 解密：把加密的過程倒置過來

解密時有兩點需要注意：xor_cipher 使用的 key 必須倒置、s_box 與 p_box 的參數也必須互換（原本如果是 1 替換成 4，現在必須把 4 替換回 1），把加密的過程反過來作就可以解密了！

```
def spn_decrypt(text, rounds, key, s_box, p_box):
    output = text
    s_box_inverse = [0]*16
    p_box_inverse = [0]*16
    for idx in range(16):
        s_box_inverse[s_box[idx]] = idx
        p_box_inverse[p_box[idx]] = idx
    for idx in range(rounds):
        output = xor_en_decrypt(output, key[rounds-idx])
        output = permutation(output, p_box_inverse)
```

```
        output = substitution(output, s_box_inverse)
    output = xor_en_decrypt(output, key[0])
    return output
```

## 測試一下加解密

到這裡就可以測試我們的代換－置換網路是否可以正常運作了！

```
if __name__ == '__main__':
    rounds = 3
    key = "1011101000111110"
    keys = generate_key(key, rounds + 1)
    print(f"初始金鑰： {key}")
    print(f"產生金鑰： {keys}")

    s_box = random.sample(range(0, 16), 16)
    print(f"s_box： {s_box}")
    p_box = random.sample(range(0, 16), 16)
    print(f"p_box： {p_box}")

    message = "1001001110100101"
    print(f"原始明文： {message}")
    encryption = spn_encrypt(message, rounds, keys, s_box, p_box)
    print(f"加密密文： {encryption}")
    decryption = spn_decrypt(encryption, rounds, keys, s_box, p_box)
    print(f"原始明文： {decryption}")
```

```
初始金鑰： 1011101000111110
產生金鑰： ['1010001111101011', '0011111010111010', '1110101110100011', '1011101000111110']
s_box： [6, 5, 3, 7, 12, 15, 1, 2, 4, 9, 14, 0, 8, 11, 13, 10]
p_box： [7, 14, 5, 15, 6, 0, 9, 2, 3, 8, 13, 11, 4, 1, 10, 12]
原始明文： 1001001110100101
加密密文： 0010000011101100
原始明文： 1001001110100101
```

## SPN 有滿足 Diffusion 跟 Confusion 嗎？

首先回憶一下 Diffusion 跟 Confusion 這兩個詞代表的意思：

- Diffusion：將密文中有可能出現的統計結構消除，同時明文的一點小改變會讓密文產生很大的變化
- Confusion：複雜化密文與金鑰間的關係

首先是 Diffusion，想像一下如果我們僅改變輸入明文的其中一個 bit，則這個 bit 會被餵到 s-box 做替換，使跟這個 bit 同一組的數個 bits 通通被換掉，而後被傳入 p-box 做重新排序，等於所有的 bit 都有機會被更動到，而後又進到下一輪開始的 s-box，如果其中只有一個位元被更動，那麼輸出的位元仍然會有相當大的變化！光說沒證據，那麼我們簡單用上面的程式碼做個實驗：

原始明文：1001001110100101
加密密文：0010000011101100
原始明文：1001001110100111
加密密文：1101110001110000

這裡我們對明文只做了一個 bit 的更動：1001001110100101 → 1001001110100111，但密文卻從

0010000011101100 → 1101110001110000

整整改變了 10 個 bits ！

Confusion 的理由跟 Diffusion 類似，因為裏頭的位元通通被替換與重新排序了，密文與金鑰間的關係對外界來說自然是幾不可考了！

## SPN 與區塊鏈

到這裡我們可以發現 SPN 每次能夠加密的長度都是固定的！而且 SPN 透過多輪重複的加密來大幅提升破譯難度，這兩種特色也會在稍後區塊加密中的介紹被提及，屆時就可以發現區塊鏈並不是一夕之間被發明出來的新技術，背後是由許多傳統的技術積累而構成的！

## Feistel Cipher

Feistel 在 1973 所提出 Feistel Cipher，幾乎被應用在所有區塊加密的演算法上（區塊加密是甚麼以下會再說明），Feistel Cipher 跟先前提到的 Substitution Permutation Network 的精神很類似：用各種算法算很多輪來打散密文與明文間的關係，下圖是 Feistel Cipher 的演算法流程：

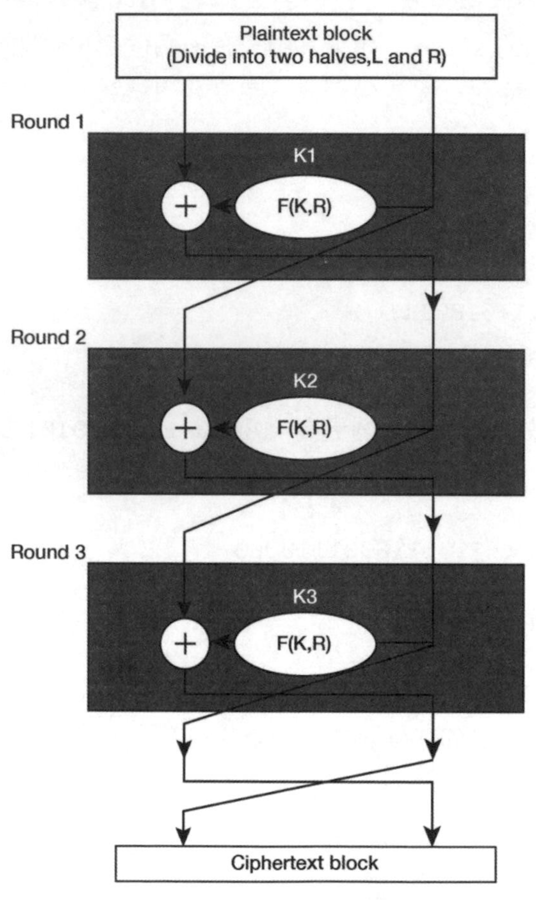


▲ 圖片來源：tutorialspoint

Feistel Cipher 首先會跟 SPN 一樣利用一把原始金鑰生成（回合數）個金鑰，隨後把明文切割成左右兩部分 ($L_0$ 與 $R_0$)，接著在每一回合中，依序在第

N 回合中對左右兩部分做：

1. 把右邊 ($R_N$) 的的部分跟第 N 把金鑰作 F 函數的轉換 ($R_{N'}$)
2. 第一步驟轉換出來的結果 ($R_{N'}$) 再和這一回合的左邊做 XOR 運算便是新產生的右邊 ($R_{(N+1)}=L_N \oplus R_{N'}$)
3. 接著再把此輪的右邊的原始資料直接當作下一輪的左邊 ($L_{(N+1)}=R_N$)

與 SPN 相同，加解密都是利用相同的編碼方法，因此密文解密的過程即是把加密的過程反過來即可。

要注意的是 F 函數應該要有取代的功能 ( 因為左右兩邊交換的過程中其實已經有置換，但沒有取代，取代應該要在 F 函數中被實做出來 )，此外，F 函數的設計也會影響到攻擊的難度，F 函數越複雜，由密文拆解出明文就會越困難。

如果 F 函數用的是跟 SPN 同樣的 s_box 呢？這樣的話就很像我們剛剛提到的 SPN 網路，但 SPN 網路在實務上比較容易被平行運算，在 GPU 或 ASIC 的運算上能夠很輕易的實現，但在嵌入式或是智慧卡上頭 SPN 就不太適用了。另外用 s_box 當作 F 函數其實就是我們之後會提到的 Data Encryption Standard(DES)。

## 串流加密 vs 區塊加密

我們到目前為止提到的加密法都是對稱式加密，對稱式加密指的是加解密用的是同一把金鑰，而對稱式加密裏頭又可以分成：串流加密 (stream cipher) 與區塊加密 (block cipher)。

## 串流加密

串流加密是透過固定的算法與金鑰，對明文的位元逐一做加解密，也就是同一套模式從第一個字元運算到最後一個字元，好處是運算速度快，可以隨時隨著資料的輸入而加密，通常運用在通訊上。

## 區塊加密

區塊加密則不然，區塊加密有**固定長度的輸入**，也就是區塊加密每次只能加密固定長度的資料，如果要加密的資料超出區塊加密法能夠加密的上限，就把原始資料切割成許多子資料後再分別加密；如果資料長度不足則需要補齊到區塊加密法能接收的長度。我們介紹的 `SPN` 或是 `Feistel Cipher` 因為都有固定長度的輸入，因此兩者都屬於區塊加密。

目前主流的加密方法都是區塊加密了，因此我們接下來對幾種區塊加密的方法做個簡介：

## Electronic codebook(ECB)

在 `Electronic codebook(ECB)` 的模式中會根據區塊加密法每次能夠加密的資料大小把資料切割成許多獨立的區塊，每個區塊再獨立地被加解密，下面是它的流程圖。

加密：

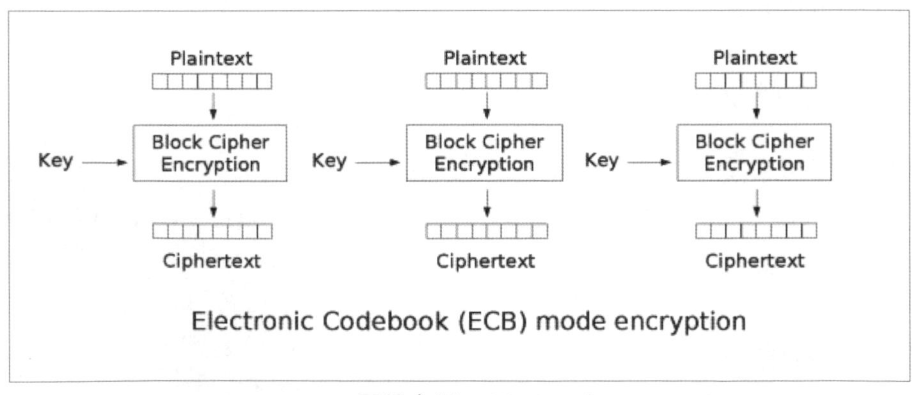


▲ 圖片來源：Wikipedia[7]

7 https://en.wikipedia.org/wiki/Block_cipher_mode_of_operation#ECB

解密：

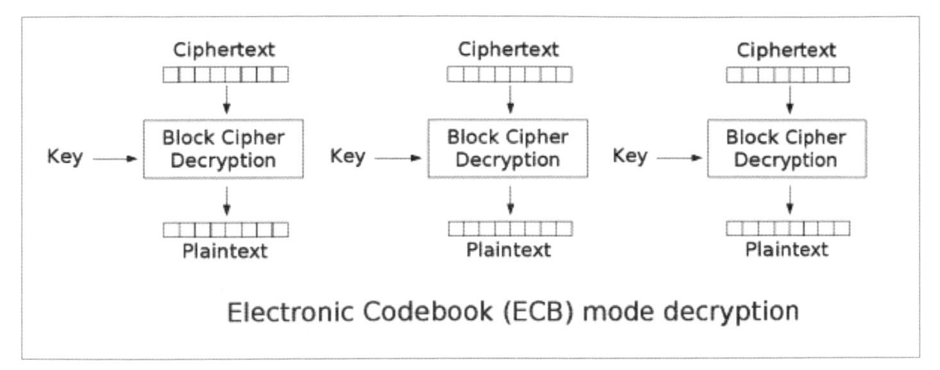


▲ 圖片來源：Wikipedia

但 ECB 的缺陷就是包含同樣資訊的區塊會被加密成同樣的密文，使得 Diffusion 不足（無法保障密文與明文間的複雜）。

## 重放攻擊

另外一個 ECB 模式的缺陷就是容易被**重放攻擊**（應念二聲ㄔㄨㄥˊ，重複的重），意即每一個區塊都有獨立的訊息，即使攻擊者不知道加密方式與金鑰，只要攻擊者知道區塊的功能後也只需要重複傳遞該區塊，接收端便會誤認接收了多次相同的訊息，比方說其中一個區塊是匯款給他人，那麼攻擊者可以透過不斷傳遞該區塊的方式把使用者的餘額給提領光。

## Cipher-block chaining(CBC)

ECB 模式的問題在於當我們紀錄連續資料時，容易被重放攻擊，同時也很難逐一驗證每個區塊資訊是否有被竄改過，因此 Cipher-block chaining(CBC) 便應運而生，在 CBC 模式中，每區塊的明文會先跟前一個密文區塊進行 XOR 運算後再加密。因為此時每個區塊的加密都會使用到前面所有區塊的參數，因此只要中間其中一個區塊被更改過，那麼便會輕易地被發現，下圖是它概要的加解密流程。

加密：

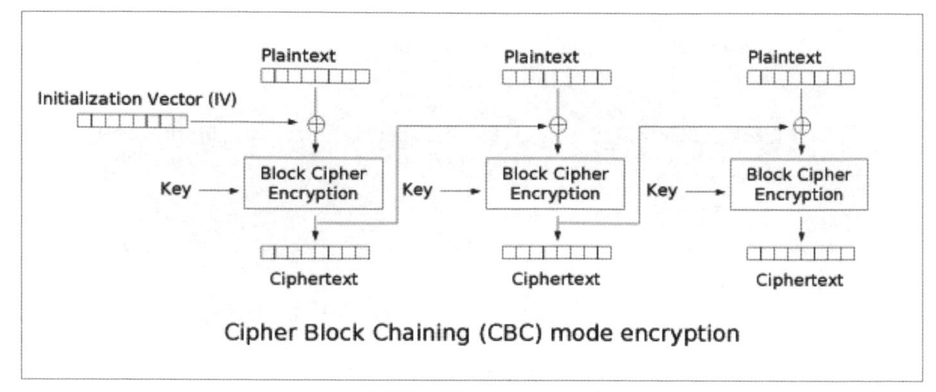


▲ 圖片來源：Wikipedia[8]

解密：

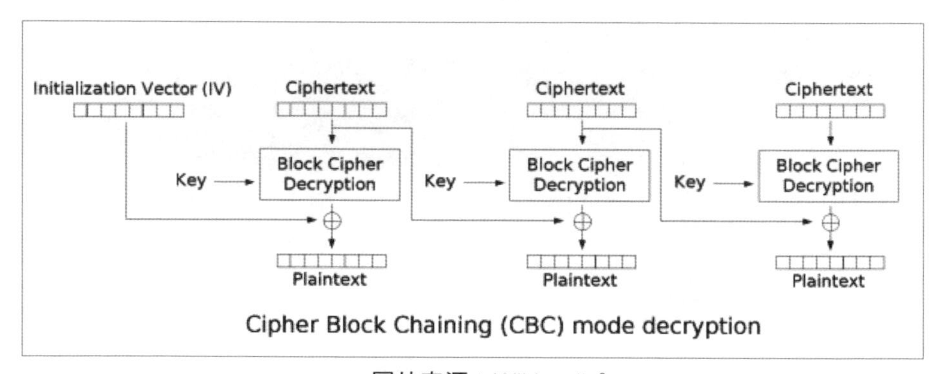


▲ 圖片來源：Wikipedia[9]

到這裡你也可以發現：**CBC 加密其實就是 Blockchain 的前身**，這也給我們一個線索，既然中本聰知道 CBC 加密，那麼中本聰自己應該就是從事密碼學相關領域的工作！

8 https://en.wikipedia.org/wiki/Block_cipher_mode_of_operation#ECB

9 https://en.wikipedia.org/wiki/Block_cipher_mode_of_operation#ECB

## 區塊鏈上的重放攻擊

但在區塊鏈上也有所謂的重放攻擊，因為主鏈硬分岔之後的加密演算法、私鑰、公鑰通通都相同，所以攻擊者可以重現在另一條鏈上的交易（因為簽署或密文都可以在另外一條鏈找到，找到後就可以在其他鏈上發起同樣的交易）。

避免重放攻擊的方法就是讓分岔後的每條鏈有自己獨立的 ID，這樣就可以讓交易只在特定 ID 的鏈上能夠被廣播。

到這裡你應該也可以發現，**了解區塊鏈之前必先了解密碼學**。

## 現代加密標準

這節的最後我們來簡單聊聊現代幾種加密的標準，這些加密標準共同構築了我們網路通訊的安全。

## Data Encryption Standard(DES)

DES 使用 7 個 8 位元大小的位元組共 56 位元作為金鑰內容，也屬於區塊式密碼 (block cipher)，每次的輸入能夠加密 64 位元的明文，加密過程共有 16 輪，每輪都使用演算法從金鑰產生不同的子金鑰 (subkey) 來加密，也在 1977 年被美國國家標準局制定為標準，下面是 DES 加密的大概流程。

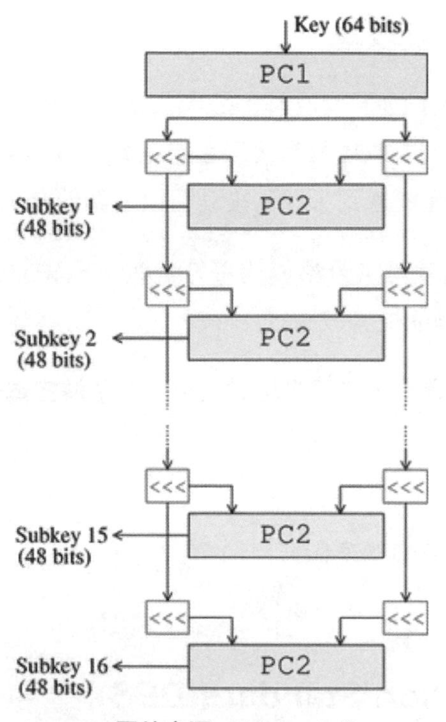


▲ 圖片來源：Wikipedia[10]

## Triple DES(3DES)

但隨著電腦硬體的飛速進步，早在 1997 年 6 月，Rocke Verser、Matt Curtin、Justin Dolske 團隊就能透過暴力運算所有金鑰的 $2^{56}$ 種可能來破解 DES 加密，1999 年甚至有人能夠在一天內的時間就破解 DES 加密。DES 此時非常需要一個替代方案來取代，但新方案的出現需要經過密碼學者的驗證與研究，因此產生新演算法的標準耗時而緩不濟急，所以這時候的過渡方案便是透過重複利用三次的 DES 加密、同時也把金鑰長度變成三倍，藉此暫時避免對 DES 的攻擊。

10 https://zh.wikipedia.org/wiki/ 資料加密標準

## Advanced Encryption Standard 加密 (AES)

因為過往的標準 DES 已無法提供足夠的安全性，國家標準暨技術研究院 (National INstitute of Standards and Technology，NIST) 在 1997 年 9 月 12 日向密碼學界徵求能夠替代 DES 的加密演算法，經過 3 年的驗證以後，Rijndael 演算法最後入選成為進階加密標準 (Advanced Encryption Standard，AES)。

也因為 AES 採用 Rijndael 演算法，所以 AES 有兩個意義：標準或演算法。如果 AES 指的是演算法時，那麼 AES 演算法就是 Rijndael 演算法。

## Rijndael 演算法

Rijndael 演算法由比利時學者 Joan Daemen 和 Vincent Rijmen 提出，因此 Rijndael 演算法的名稱就來自於兩位學者名字的融合，其特色是基於前幾節提到的**代換 - 置換網路 (Substitution-permutation network，SPN)** 的加密演算法。也就是原始的明文會透過多次的加密與轉換後生成密文，大部分的加密演算法也都會透過重複多輪的加密與轉換來增加加密的安全性。

## 編碼、壓縮、雜湊、加密的比較

終於把加密的內涵與幾個重要算法講解完畢，現在讓我們簡單複習一下這四種詞彙代表的意涵：

- 編碼：**雙向轉換**資料的儲存形式或內容，以方便電腦儲存或處理。
- 壓縮：轉換後使資料的**儲存空間變小**，也可以解開回原先的檔案，但可能伴隨資料的減損。
- 雜湊：**單向**把不定長度的輸入變成固定長度的輸出。
- 加密：可以雙向轉換，但**只有特定的對象有辦法反向解開**而得到原本的資料。

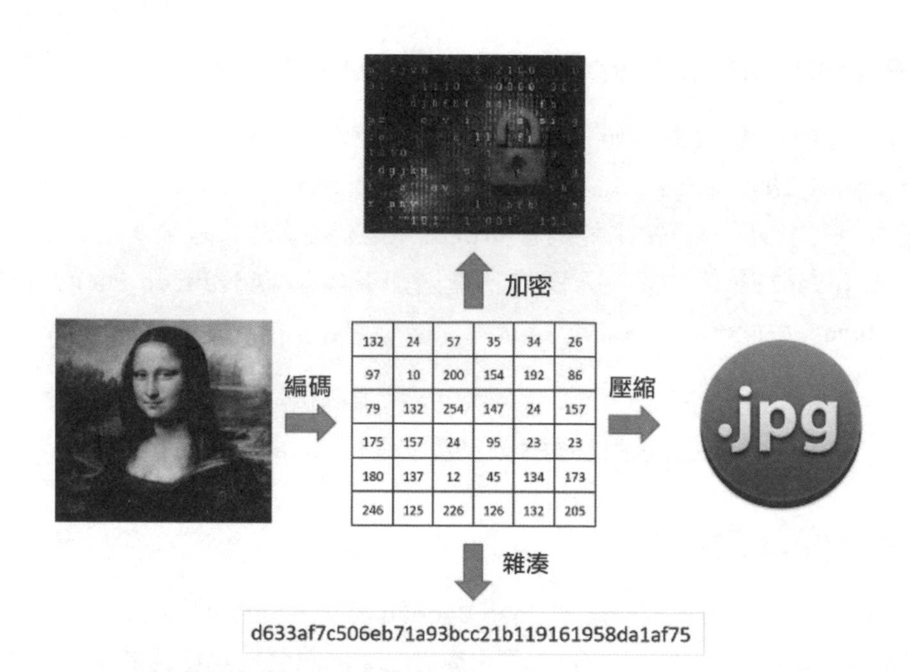


| 132 | 24 | 57 | 35 | 34 | 26 |
|---|---|---|---|---|---|
| 97 | 10 | 200 | 154 | 192 | 86 |
| 79 | 132 | 254 | 147 | 24 | 157 |
| 175 | 157 | 24 | 95 | 23 | 23 |
| 180 | 137 | 12 | 45 | 134 | 173 |
| 246 | 125 | 226 | 126 | 132 | 205 |

## 3-4 Merkle Tree

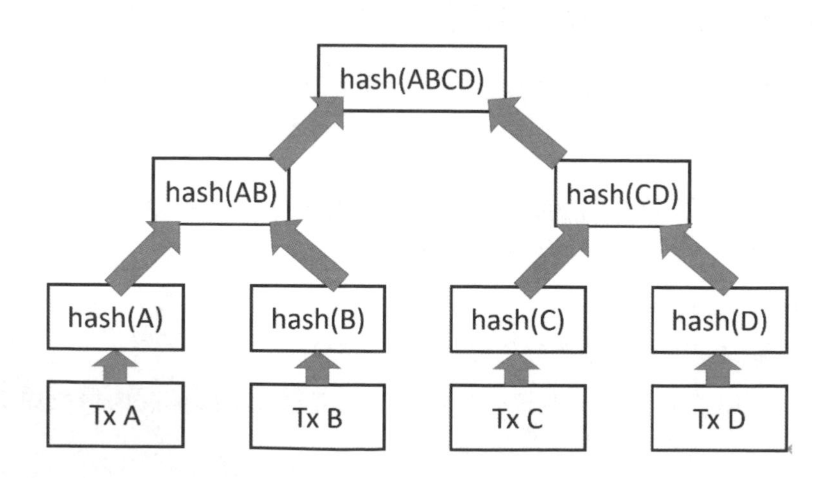

我們在密碼學的開頭已經講解過雜湊的原理以及應用，而現在要談到的 **Merkle Tree** 其實是演算法裏頭的一種二元樹，透過兩兩計算雜湊值的方法來驗證資料的正確性跟完整性。以上圖為例，上面的 Merkle Tree 最底層可以看做是 Bitcoin 的每一筆交易，每一筆交易可以分別計算出雜湊值，接著再兩兩一對分別計算兩雜湊值的雜湊值，直到最後只剩下一個雜湊值 hash(ABCD)，這時候的雜湊值 hash(ABCD) 我們稱它為 **Merkle Root**。

## 為什麼不直接連接 (concatenation) 所有交易再 Hash ？

在之前實作區塊鏈中，定義了我們的雜湊值是由四種不同的狀態透過雜湊函數 sha-1 計算而得（其實 sha-1 已經被破譯了，實務上盡量避免用 sha-1）：

1. 前一個區塊的雜湊值
2. 區塊最初的時間
3. 把所有的交易訊息連接成一個字串
4. nonce 值（複習一下：礦工在找的就是這個 nonce 值）

```
def transaction_to_string(self, transaction):
    transaction_dict = {
        'sender': str(transaction.sender),
        'receiver': str(transaction.receiver),
        'amounts': transaction.amounts,
        'fee': transaction.fee,
        'message': transaction.message
    }
    return str(transaction_dict)

def get_transactions_string(self, block):
    transaction_str = ''
    for transaction in block.transactions:
        transaction_str += self.transaction_to_string(transaction)
    return transaction_str
```

```python
def get_hash(self, block, nonce):
    s = hashlib.sha1()
    s.update(
        (
            block.previous_hash
            + str(block.timestamp)
            + self.get_transactions_string(block)
            + str(nonce)
        ).encode("utf-8")
    )
    h = s.hexdigest()
    return h
```

這是很簡單也很容易理解的算法：只要這個區塊中的任何一個交易被修改過，由交易紀錄連接起來的字串就會跟著改變，那麼最後算出來的雜湊值也必定會發生改變，從而讓我們得知裏頭的資料並不可信。

但如果我們的確這樣做的話，我們要如何驗證一筆交易是否真的存在呢？這時候只能照著自己設計的演算法需求把該區塊的所有交易通通都收集起來，然後再連接、再跟其他參數計算雜湊值看有沒有吻合，也就是**為了驗證一筆交易，必須把同一區塊內的所有交易紀錄都下載下來**。

## Merkle Tree 如何驗證交易

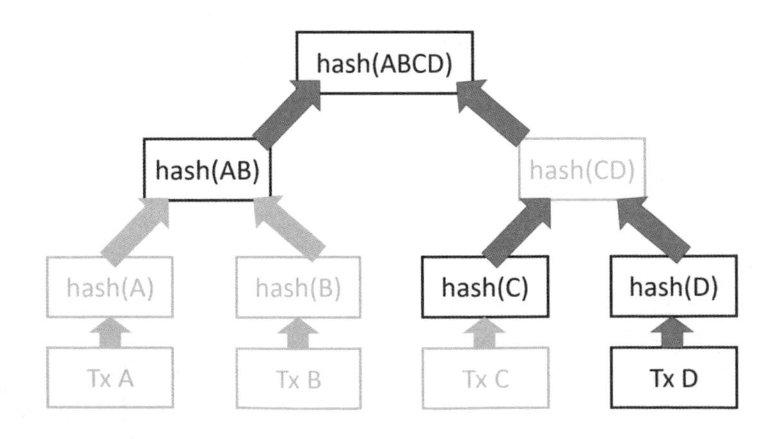

但有了 Merkle Tree 就不一樣了，以上圖為例，假設我們想要確認 Tx D 是否存在這個區塊中，那我們只需要下載這個區塊的 Hash(C)、Hash(AB)、跟 Hash(ABCD) 三個值 ( 順待一提，這裡的 Hash(ABCD) 就是這個區塊的 Merkle Root)，驗證的方法就是：

1. 計算 Tx D 的雜湊值 Hash(D)
2. 計算 Hash(D) 與 Hash(C) 的雜湊值 Hash(CD)
3. 計算 Hash(AB) 與 Hash(CD) 的雜湊值 Hash(ABCD)
4. 確認我們計算出來的 Hah(ABCD) 跟區塊裡的 Merkle Root 或 Hash(ABCD) 有沒有一致
5. 一致→該筆交易的確存在該區塊內，不一致→該筆交易不存在於這個區塊

以 bitcoin 而言，實際上一個區塊平均會有 3-500 筆交易在裏頭，為了方便計算我們假定這個區塊中有 512 筆交易。也就是最下面代表交易的方框有 512 個點、再上一層有 256 個、再上一層有 128 個 ....，那麼透過 Merkle Tree，我們只需要取得 Merkle Root 跟另外 8 個雜湊值便可以驗證該筆交易是否為真。

**512 筆交易 vs 8 個雜湊值**，驗證交易時所需要的資料量整整少了 64 倍 ( 因為交易的大小會大於雜湊值大小，實際上會節省更多空間 )，這就是 Merkle Tree 的威力！

## Second preimage attack

但有沒有可能即便算出來的 Merkle Root 是一致的，但裏頭的 Transaction 不一樣呢？當然有可能，如果你有印象之前提到的生日碰撞，該問題是：給定一雜湊值 H，要找出經過雜湊函數轉後也是 H 的任一明文；而這裡的問題有點小小的不同：給定明文 ( 在這裡是交易 )M1 後，要找出另一個明文 M2 跟 M1 在特定的雜湊函數下擁有相同的雜湊值。

白話文就是我只要找到另外一個交易記錄同樣經過雜湊函數後可以吻合 Merkle Root 的話，我就可以騙過整個驗證系統，這就是密碼學上所稱的 **Second preimage attack**。

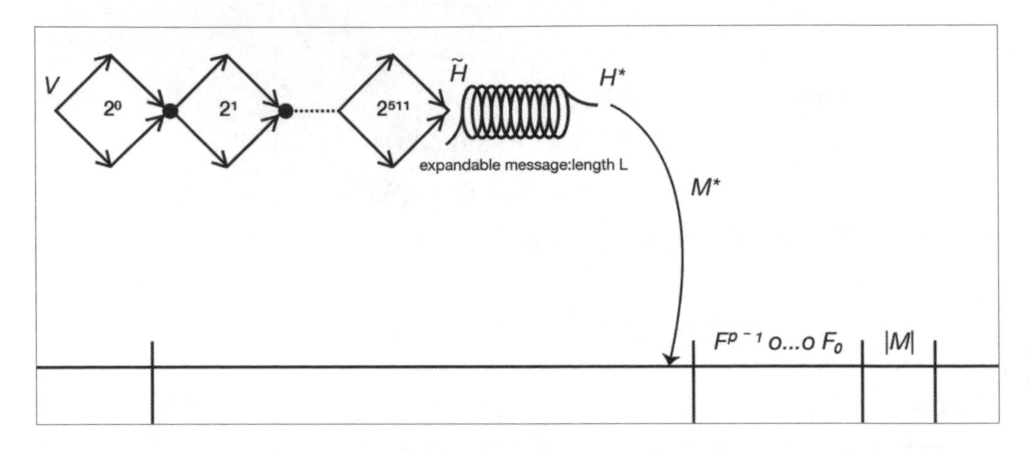


不過這個機率很小很小，小到幾乎可以忽略，因為 Bitcoin 使用的是 SHA-256 加密法，也就是說每次新產生的交易 M2 跟欲攻擊的交易 M1 有相同 Hash 值的機率只有 $2^{-256}$。

## Bitcoin 中的 Merkle Tree

下圖是應用在 Bitcoin 上的 Merkle Tree，最底層是每一筆交易，透過計算每筆交易的雜湊值後再兩兩運算可以得到 Merkle Tree 供以後驗證之用，大抵的過程跟上頭講解的是一樣的。

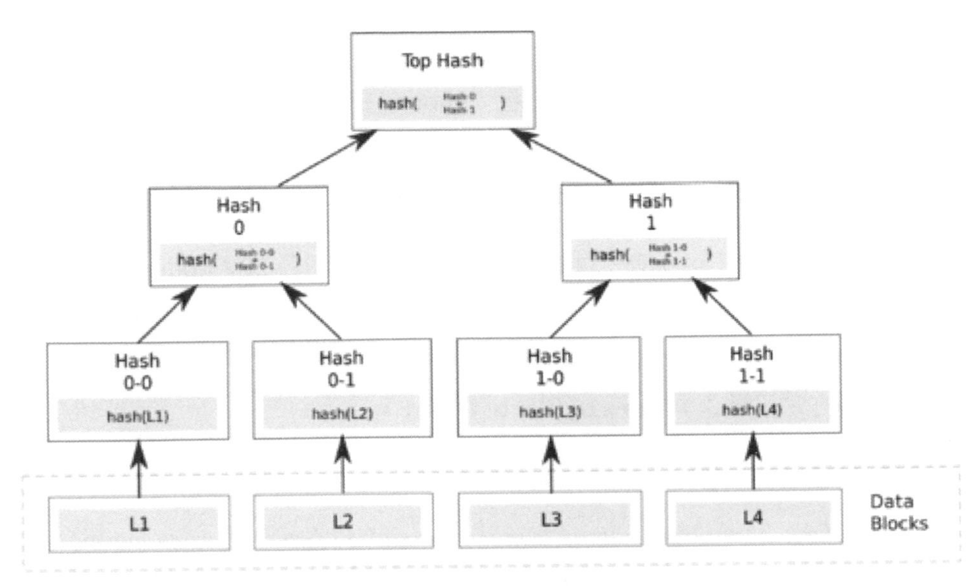


▲ 圖片來源：BitcoinWiki[11]

建立好 Merkle Tree 後就可以大幅減少驗證交易所需要的資訊量，也因此 Bitcoin 提供了兩種節點 **Full node** 與 **SPV(Simplified Payment Verification) node**。

## Full Node

Full Node 的話很好理解，就是儲存了自創世塊以來的所有的區塊與交易，如果你想要開一個 Full Node 的話，Bitcoin.org 有建議的硬體規格如下：

- 200 GB 的儲存空間，另外讀寫速度都要在 100MB/s 以上 .
- 2GB 以上的記憶體
- 上傳速度 400 Kbps 的網路

11 https://en.bitcoinwiki.org/wiki/Main_Page

可以發現最難的還是卡在 Full Node 為了儲存所有交易記錄所需要的空間要 200GB，這對筆記型電腦或個人 PC 來說或許不難，可是對於手機等行動裝置來說就有點太大了，不然你可以查看看 iPhone 在各個容量上的價錢 .....

### SPV(Simplified Payment Verification) Node

但有了 Merkle Tree 的協助，行動端的裝置可以只安裝 SPV Node，裏頭只有每個 Block 的 Header( 約 80 個 Bytes)，一但我們需要檢查交易紀錄是否存在於某個區塊中，就去訪問 Full Node 並且索取該區塊的 Merkle Tree 以供驗證，這個方法又稱之為 **Merkle Path Proof**。

下面是中本聰在白皮書中所留的一段話

*A block header with no transactions would be about 80 bytes. If we suppose blocks are generated every 10 minutes, 80 bytes * 6 * 24 * 365 = 4.2MB per year. With computer systems typically selling with 2GB of RAM as of 2008, and Moore's Law predicting current growth of 1.2GB per year, storage should not be a problem even if the block headers must be kept in memory.*

簡單翻譯就是：並非所有裝置都有足夠的資源當 full node，但如果某些輕型裝置只有驗證或發送交易需求的話，那麼它並不需要儲存自創世塊以來全部區塊的交易資料，只需要儲存每個區塊的標頭，這樣即使一年過去了，你的手機也只會增加 4.2MB 的資料！

## 3-5 非對稱加密與數位簽章

### 對稱與非對稱加密

在密碼學的領域裡，加密方法可以根據加密、解密是否用同一把金鑰來區分，如果加解密用的是同一把鑰匙，那麼它便是**對稱式加密**，你也可以發現到目前為止我們所提到的 `Caesar`、`Monoalphabetic`、`Vigenère Cipher`、`One-Time Pad`、`Rail-Fence Ciphers`、`XOR Cipher`、`SPN`、`Feistel Cipher` 都是對稱式加密！如果加密、解密時用的金鑰不同則稱為**非對稱加密**，因為非對稱式加密的算法通常較為複雜，背後也會牽扯到一些數學理論才有辦法實作，所以我們延後到這裡才做說明。

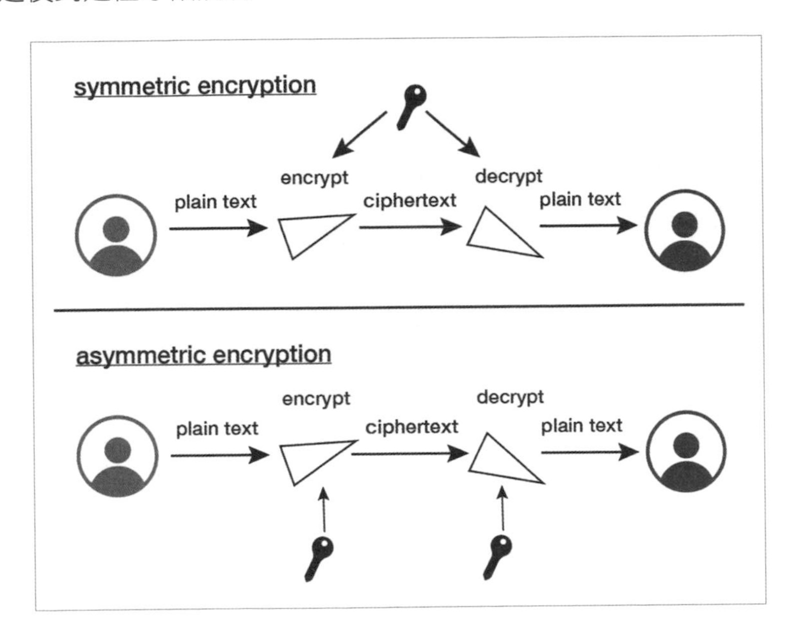


## 對稱式加密

我們之前所有提到的加密演算法裏，都是利用同一把金鑰就可以做到加密與解密（解密其實就是把加密算法反過來做）。這麼做的好處就是相對容易運算、計算量小、所需時間也少。

安全性方面，利用 **`One-Time Pad`** 也是唯一一種理論上完全無法被解密的加密算法。但這樣做有甚麼問題跟缺陷呢？

即便演算法本身的安全性無虞，但金鑰呢？你必須先把金鑰傳遞給對方，對方才有辦法解密，但你能夠確保金鑰的傳遞過程是安全的嗎？

為了確保金鑰傳遞的安全是不是要再讓金鑰加密一次、又為了確保金鑰的金鑰是安全的，是不是又要把金鑰的金鑰又加密一次變成金鑰的金鑰的金鑰......（而且你真的確定你有個安全的好方法能夠傳遞金鑰不被外洩，你就用那個方法傳遞明文不就好了......）

所以對稱式加密的癥結點在於：**對稱式加密是安全的，但傳遞過程不是**。

## 非對稱式加密

為了解決對稱式加密在金鑰傳遞時的難處，非對稱式加密每次都會產生兩把鑰匙：公鑰與私鑰。

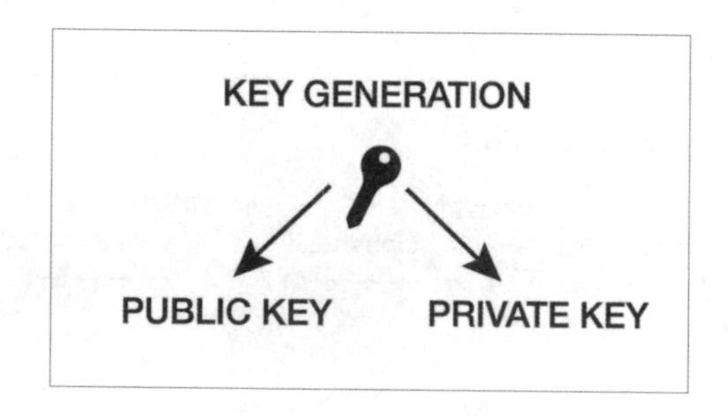


兩把鑰匙的差別在於：**私鑰有可能可以產出公鑰、公鑰必定無法產出私鑰**。

其中私鑰到底能不能推導出公鑰視演算法而定，像稍後會提到的 RSA 加密法所產出的公私鑰是等價的，並無法互相運算出，但橢圓加密法產出的私鑰卻可以輕易推導出公鑰。

所以產生的兩把鑰匙中，私鑰會放在身上、公鑰才會在外流通或傳遞，如此一來就可以避免金鑰在傳遞過程中被竊聽的風險（因為私鑰從頭到尾都在自己身上）。另外因為兩把鑰匙在加密、解密上彼此可通用，因此又衍伸出兩種主要用法：

1. 公鑰加密、私鑰解密
2. 私鑰加密、公鑰解密

公鑰加密、私鑰解密的應用場景就像我們之前提過的：傳私密訊息給別人；利用別人的公鑰加密後，就可以確保只有持有私鑰的本人有辦法解開。

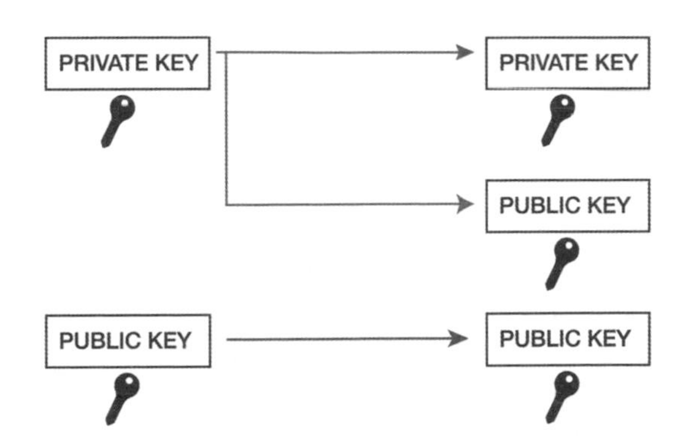


私鑰加密、公鑰解密便是俗稱的數位簽章（Word、Excel 裏頭有喔！），透過數位簽章我們可以確認該訊息的確是由私鑰的持有人發出的，在區塊鏈裡頭我們沒有身份證、護照等證件足以驗證身分，因此為了確認該筆交易的確是由帳戶持有人本人發起的，每筆交易都必須經過**數位簽章**的確認。

你在區塊鏈瀏覽器上看到的一連串像亂碼般的錢包地址，就是透過非對稱加密產出的**公鑰**，而每把公鑰都有相對應的**私鑰**，在必要的時候我們可以利用私鑰對訊息或交易做簽署，讓礦工透過公鑰解密以確認這筆訊息或交易的確是由我們本人發出來的。

回憶一下我們之前所寫的程式碼，在發起交易前都必須先用私鑰簽署以證明是本人，送上鏈前礦工會根據公鑰是否能解密來確認該筆交易是否的確是由私鑰持有者發出。

```
def sign_transaction(self, transaction, private_key):
    private_key_pkcs = rsa.PrivateKey.load_pkcs1(private_key)
    transaction_str = self.transaction_to_string(transaction)
    signature = rsa.sign(transaction_str.encode('utf-8'), private_key_pkcs, 'SHA-1')
    return signature

def add_transaction(self, transaction, signature):
    public_key = '-----BEGIN RSA PUBLIC KEY-----\n'
    public_key += transaction.sender
    public_key += '\n-----END RSA PUBLIC KEY-----\n'
    public_key_pkcs = rsa.PublicKey.load_pkcs1(public_key.encode('utf-8'))
    transaction_str = self.transaction_to_string(transaction)
    if transaction.fee + transaction.amounts > self.get_balance(transaction.sender):
        print("Balance not enough!")
        return False
    try:
        # 驗證發送者
        rsa.verify(transaction_str.encode('utf-8'), signature, public_key_pkcs)
        print("Authorized successfully!")
        self.pending_transactions.append(transaction)
        return True
    except Exception:
        print("RSA Verified wrong!")
```

下面就如何產生非對稱式加密的兩大方法（RSA、ECC）做個簡單探討：

## RSA 加密

**RSA(Rivest-Shamir-Adleman) 加密法**是 1977 年由 Ron Rivest、Adi Shamir、Leonard Adleman 共同提出（RSA 取名自三個人名字加總），背後原

理是透過一個非常大的質數難以被分解，同時兩個大質數相乘後要拆解回原本的兩質數非常困難。

## RSA 公私鑰的產生

在了解 RSA 加密如何產生公私鑰前，必須先了解數學上的兩個名詞：**歐拉函數**與**模反元素**。

- 歐拉函數 $\varphi(N)$：指≦ N 的整數中，跟 N 互質的個數。如果 N 是由兩質數 p、q 構成的，則可以滿足：

$$\varphi(N)=\varphi(p*q)=(p-1)(q-1)$$

- 模反元素：整數 a 對同餘整數 N 的模反元素 b 會滿足以下公式：

$$ab \equiv 1 \pmod N$$

≡在數學裡是同餘的意思，可以理解成 ab 跟 1 除以 N 的餘數會一樣(也就是 1)。因此整數 a 對同餘整數 N 的模反元素 b 又可以理解成對 a 找到另一個整數 b，使 a*b 除以 N 的餘數為 1。

公私鑰的產生步驟如下：

1. 選擇兩個大而且相異的質數：p 與 q，計算 N=p*q
2. 根據歐拉函數，求 $r=\varphi(N)=\varphi(p*q)=(p-1)(q-1)$
3. 選一個小於 r 的整數 e，使 e 與 r 互質。
4. 求 e 對 r 的模反元素 d，也就是 $ed \equiv 1 \pmod r$
5. 銷毀 p、q

這時候產生的 (N、e) 與 (N、d) 就分別是 RSA 加密的兩把鑰匙

在這裡為了方便舉例我們用一個很小的數來理解：

1. 使 p=13、q=17，N=pq=221
2. r=(p-1)(q-1)=12*16=192

3. 選一個小於 192(r) 的整數 187(e)，使 187(e) 與 192(r) 互質。
4. 求 187(e) 對 192(r) 的模反元素：115(d)
5. 銷毀 p、q

產生的 (221、187) 與 (221、115) 就分別是這次 RSA 加密的公私鑰。( 模反元素可以透過這裡[12] 線上運算，integer 填 e、modulus 填 r)，現在我們得到 (221、187) 為公鑰、(221、115) 為私鑰

**公私鑰產生步驟**

1. 選擇兩個大而且相異的質數：p與q，計算N=p*q
2. 根據歐拉函數，求r=φ(N)=φ(p*q)=(p-1)(q-1)
3. 選一個小於r的整數e，使e與r互質。
4. 求e對r的模反元素d，也就是ed ≡ 1 (mod r)
5. 銷毀p、q

**實際例子**

1. 使p=13、q=17，N=pq=221
2. r=(p-1)(q-1)=12*16=192
3. 選一個小於192(r)的整數187(e)，使187(e)與192(r)互質。
4. 求187(e)對192(r)的模反元素：115(d)
5. 銷毀p、q

**221(N)、187(e)→公鑰**
**221(N)、115(d)→私鑰**

## RSA 加密

加密的過程中，先把要加密的訊息編碼成為一個 <N 而且 >0 的整數，如果訊息太長就切割，接著利用下面式子把 n 加密成密文 cipher

$$\text{cipher} \equiv n^e \text{mod}(N)$$

如果透過公鑰 (221、187) 加密 100 這個數，就會得到 cipher ≡ $100^{187}$ mod(221)，cipher( 密文 ) 就是 9。

12 https://planetcalc.com/3311/

## RSA 解密

解密的過程其實就是用另一把鑰匙反過來運算

$$n \equiv cipher^{d} mod(N)$$

如果透過另一把私鑰 (221、115) 解密 9 這個數，就會得到 $n \equiv 9^{115} mod(221)$，n 就是 100，原始明文就被解出來了！所以只有在兩把鑰匙相互對應的狀況下可以互相解密，這裡示範的是公鑰加密、私鑰解密，也就是傳私訊給對方，但又確保了只有對方收的到。

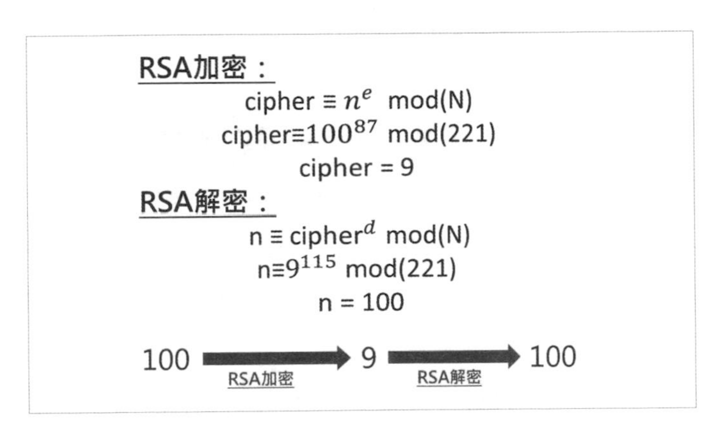


## 要如何攻擊 RSA ？

如果攻擊者想要攻擊 RSA 的話，他想透過竊得的密文 cipher 與竊取到的整數 N(221) 與公鑰 e(187) 破解另一把私鑰 d(115)，他只能透過下面這個公式：

$$de \equiv 1 \bmod(r)$$

因為 r=(p-1)*(q-1) 也就是代換成：

$$de \equiv 1 \bmod((p-1)*(q-1))$$

為了破解私鑰，攻擊者必須先求出 p 與 q 的值。還記得 N=pq 嗎？但因為 N 是一個非常大的數，也是由 p 與這 q 兩個非常大的質數相乘而得，這導致了 N 要運算回 p 與 q 非常困難，因此利用**兩個大質數相乘後很難拆解回原本的兩質數來保證了 RSA 的安全性**，所以 N 的大小也決定了加密被破解的難易度。

這裡我們就不對 RSA 加密法的正確性做嚴謹的證明了。

**攻擊RSA加密**

1. 利用N(221)與e(187)破解私鑰d(115)

$$de \equiv 1 \bmod(r)$$

2. 因r=(p-1)*(q-1)，代換成：

$$de \equiv 1 \bmod((p-1)*(q-1))$$

3. 必須求出p與q的值

$$N=pq$$

But：N由p與q兩個非常大的質數相乘而得
→運算回p與q非常困難

## 橢圓公式 (Elliptic Curve Cryptography，ECC)

計算完 RSA 後我們可以得知：非對稱加密是透過數學運算上的不可逆來打造安全性的，同時私鑰可以很容易的產生公鑰、公鑰卻無法反推回私鑰。同樣具有這個特性的還有數學上的橢圓公式 (`Elliptic Curve`)，而且相較於 RSA，ECC 可以使用更少的位元數達到比 RSA 更強的安全性，同時在加解密的速度上也比 RSA 快上許多，在寸土寸金的區塊鏈上這個特性就更加重要，因此目前幾個主流的公鏈像是 `Bitcoin` 或 `Ethereum` 裡產生公私鑰的非對稱加密主要都是透過橢圓公式來達成了。

## 橢圓公式概論

**橢圓公式**跟我們之前學的橢圓是不一樣的，典型橢圓公式的定義如下：

$$y^2 = ax^3 + bx^2 + cx + d$$

你可以在這個網站[13]上畫出橢圓公式的圖形，比方說

$$y^2 = x^3 + 2x^2 - 5x + 1$$

13 https://www.desmos.com/calculator

就可以畫成：

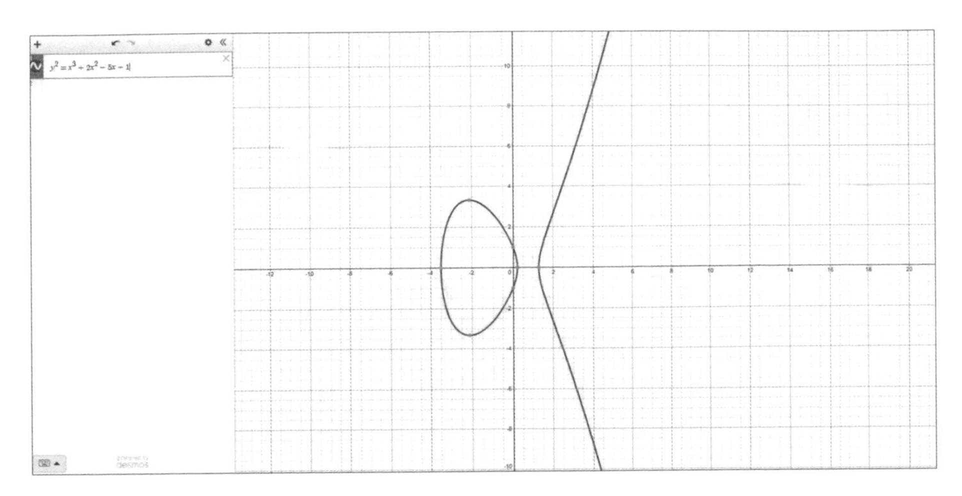

## 橢圓公式的加法定理

這裡我們只看會用到的加法，詳細的數學運算與推導有興趣可以參考這裡 [14]。橢圓曲線上加法 P+Q=R 的定義是連接兩點 P、Q 的直線，可以得到與該直線相交的曲線另外一點 R'，把 R' 的 Y 座標取負號得到的點就是 R。

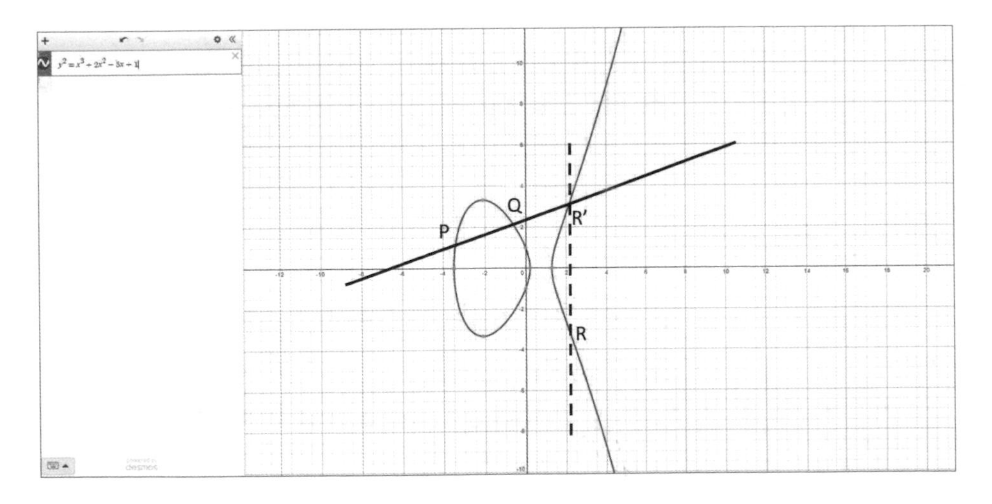


14 https://www.cnblogs.com/Kalafinaian/p/7392505.html

如果 P=Q 的情形下，P 就代表橢圓切線上的切點，可以得到另外一點 2P。同樣的 2P 可以繼續進行 2P+P=3P 來計算 3P 的座標。

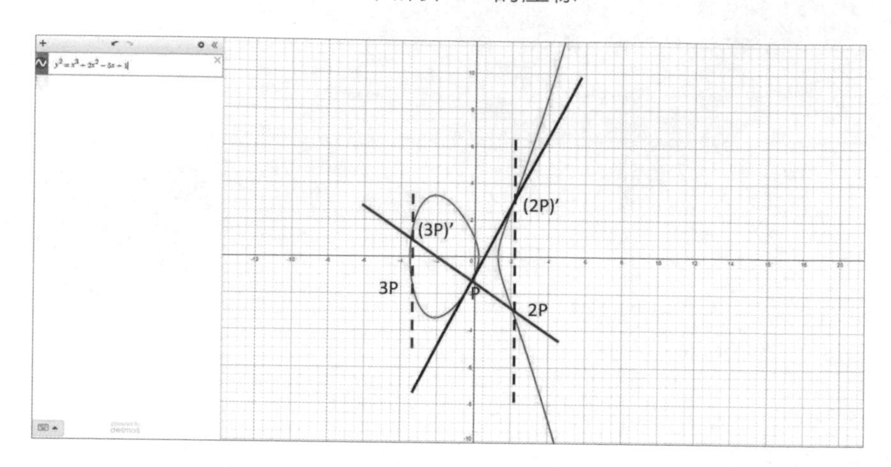


## 橢圓公式的離散

在電腦科學中，資料的點不若幾何上的連續而是離散的，因此我們在離散化的橢圓公式中加入取餘數與同餘的概念，詳細的數學運算與推導有興趣同樣可以參考這裡 [15]。

這裡另外定義一個名詞 " 階 "，指的是如果存在一個整數 n，可以使 np 出現在無窮遠處或無法交出第三點，則 n 為 p 的 " 階 "，但如果 n 不存在就稱 p 是無限階。

## 橢圓公式的不可逆

如果我們有個式子為 nP=Q，P 跟 Q 跟上面的定義一樣都是橢圓曲線上的點，N 是 P 的階，同時 n<N( 代表 nP 必定可以交出 Q，P 不為無限階 )，如果給定 n 與 P，透過加法運算 nP 可以很快地取得 Q。但如果反過來給的是 Q 與 P，要計算 n 相當困難 ( 實際上的 p 與 N 都會很大 )。

15 https://www.cnblogs.com/Kalafinaian/p/7392505.html

所以對應這時候的 P，n 其實就是私鑰、Q 點就是公鑰，要從私鑰解出公鑰非常容易，但要從公鑰反推私鑰就很困難了！

# 3-6 零知識證明

## 沒有隱私的交易

打開 Ethereum 區塊瀏覽器任意點一個地址，你會發現該錢包地址內所有的交易紀錄、收款、匯款的明細通通被攤在陽光下，因為區塊鏈上的帳本人人都可以擁有，舉凡所有的交易、金流全部都公開透明，要了解一個地址的使用情形非常容易：只要點開區塊鏈瀏覽器就可以了。

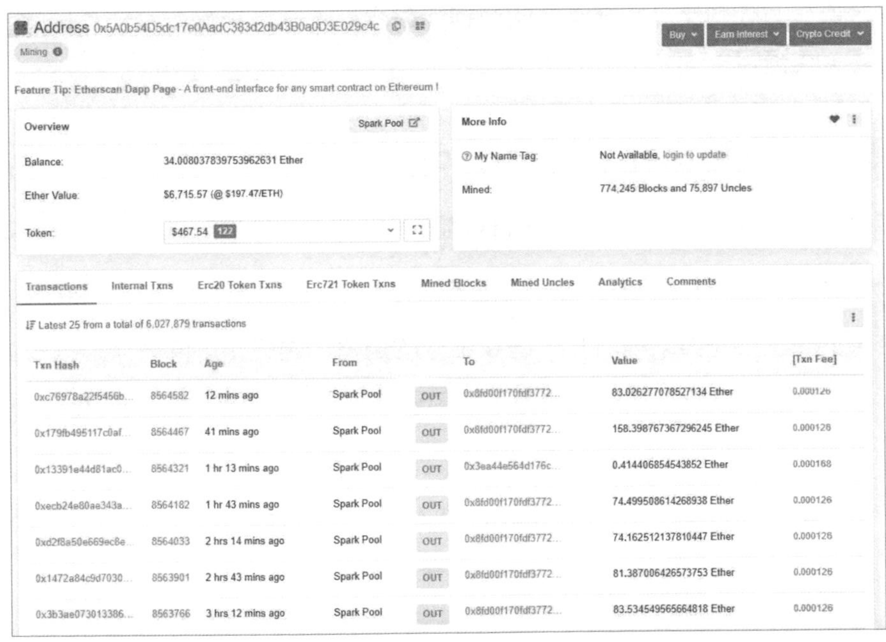

▲ 圖片擷取自：Etherscan[16]

16 https://etherscan.io/

但問題來了，如果這是一間公司的錢包地址，那麼這間公司的所有收入與支出都會攤在對手的眼皮底下，也就是說這間公司的營業額、客單價、消費人數、成本結構等機密資訊都可以輕易地被任何人取得。換算成個人的例子就是：如果你的錢包地址外流，那麼你在何時向誰支付了多少錢、你的戶頭裡還剩多少錢通通可以透過查詢區塊鏈得知。

即使區塊鏈的特色之一就是公開透明、無法竄改，但很明顯的，某些交易或資訊我們還是不希望外界知道。如果不希望外界知道的話，交易明細也必須對礦工保密，但如果連礦工都不知道發起人與收款人是誰、款項多少，那他恐怕也無法幫我們確認餘額是否足夠、是否為本人簽發，這樣不就沒辦法發起交易了嗎？

有沒有辦法在礦工不知道交易細節的狀況下仍然可以讓礦工驗證交易？方法是有的，在沒有任何交易相關資訊的前提下說服礦工這筆交易是合法合規的，這就是**零知識證明**。

## 零知識證明 (Zero-Knowledge Proofs)

零知識證明的定義是：**不提供任何有關訊息的資料，仍然可以說服對方該筆訊息是正確的。**

最普遍的舉例就是如果前面有一個 U 字型的通道，通道正中間有一道上鎖的鐵門，那你如何在不出示任何有關鑰匙的資訊下說服驗證者你手上有鑰匙？

在這裡有個簡單的方法：不論驗證者要你從 A 出口或 B 出口出來你都可以做到，便可以說服驗證者你手上有鑰匙了（即便他連鑰匙或開門的動作都沒看到）！

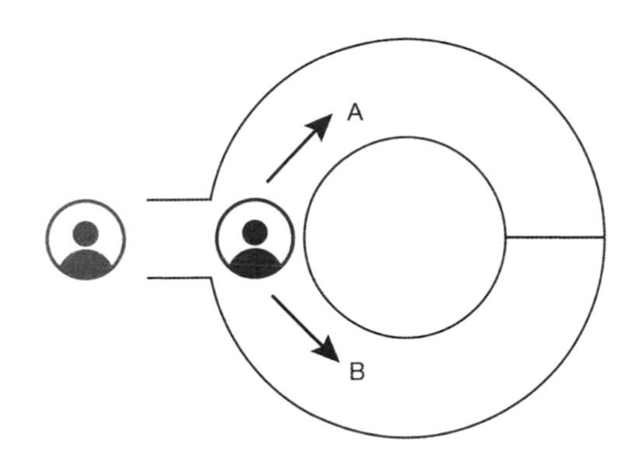


零知識證明在區塊鏈上的應用就是在沒有出示任何交易明細的情形下，說服礦工我們有權力動用這筆錢並發起匯款，也就是交易的紀錄就被隱藏起來，藉此保障了隱私。

## 同態隱藏 (Homomorphic Hidings)

**同態隱藏**是零知識證明的核心，滿足同態隱藏的函式 f(x) 有三個定義：

1. 透過 f(x) 很難反推出 x
2. 不同的 x 會導致不同的 f(x)
3. 如果知道 f(x) 與 f(y) 的值，就可以算出 f(x+y)

為了幫助理解，我們可以想像成 x 與 y 是我們需要保密的兩筆資訊，但同時我們又需要向外界證明我們手上有這兩筆資料。因此我們可以透過滿足同態隱藏的函式 f 傳遞加密過後的 f(x) 與 f(y) 給對方，對方可以計算 f(x+y) 的值來知道我們手上這兩筆資料的和的確是 x+y，但又無法確知 x 與 y 的值。最後結果就是我們在沒有洩漏 x 與 y 的狀況下說服對方認可我們手上 x 與 y 的和的確是 x+y。

x ➡ f(x) ↘ f(x+y)
y ➡ f(y) ↗

比方說我們現在有兩個數 123、321 想要隱藏，但又想要說服別人我們手上這兩個數的和是 444 的話，我們可以透過計算 f(123) 與 f(321) 的值給對方後，讓對方透過 f(123) 與 f(321) 去計算 f(x+y) 的值是否為 f(444)，如果是的話就可以說服對方了。

同時同態隱藏的定義之一便是透過 f(x) 很難反推 x，因此即便我們把 f(123) 與 f(321) 給出去，對方也很難反推出 123 與 321 的值。另外也因為不同的 x 會導致不同的 f(x)，如果 f(x+y) 算出來的確是 f(444)，就可以肯定 x、y 的和的確就是 444 而且沒有其他可能。

但一般的加減乘除無法滿足同態隱藏，因此計算上必須導入取餘數的概念，有興趣看完整推導的話可以參考這裡[17]。

## zk-SNARKs

第一個利用零知識證明來做到交易匿蹤性的是 ZEC，其中的演算法便是 **zk-SNARKs**，但因為 ZEC 的新區塊獎勵會有大約 20% 進入基金會的口袋以支持運作，部分支持者不滿這種行為於是分岔出了 ZCL，因此兩者的加密法與架構都是一致的。

順帶一提，我覺得 ZEC 的行為是很合理的、ZCL 倒有點小題大作，研究與開發不可能只靠熱情就能持續，還是要有銀彈支撐。

zk-SNARKs 是 **zero knowledge Succinct Non-interactive ARgument of Knowledge** 的縮寫（實在有夠長），這幾個詞分別代表了：

- Succinct：簡潔，用很少的資料量可以完成整個溝通與驗證。
- Non-interactive：只需要很少甚至不需要與原始發送者溝通即可驗證訊息。
- Argument：只在計算上是安全的，遇到計算能力極強的攻擊者會失效。

17 https://electriccoin.co/blog/snark-explain/

## 犯罪者的溫床

保障了交易雙方隱私的同時，也往往成為犯罪者洗錢的溫床，為了避免洗錢也有許多國家希望能夠禁止匿蹤幣在交易所的流通，雖然你可能會有疑問，之前盛行的勒索軟體為什麼不直接勒索匿蹤貨幣就好？

原因是匿蹤幣的流通量都比較小眾，相對使用的門檻也高一點，攻擊者如果要受害者去買一個他不知道要怎麼買、怎麼用的東西往往太強人所難 ...

## 幾種匿蹤性貨幣

接下來我們簡單介紹一下目前幾種主流的匿蹤貨幣：

### ▨ ZEC

ZEC 最有名的就是它的錢包地址也可以分成兩種：**透明地址**與**隱私地址**，因此對應到四種交易種類，因為匿蹤需要耗費更多的運算資源與運算時間，因此 ZEC 透過手續費的機制讓使用者選擇要透明的交易（手續費較少）或是隱私的交易（手續費較多），這四種交易形式分別如下圖。

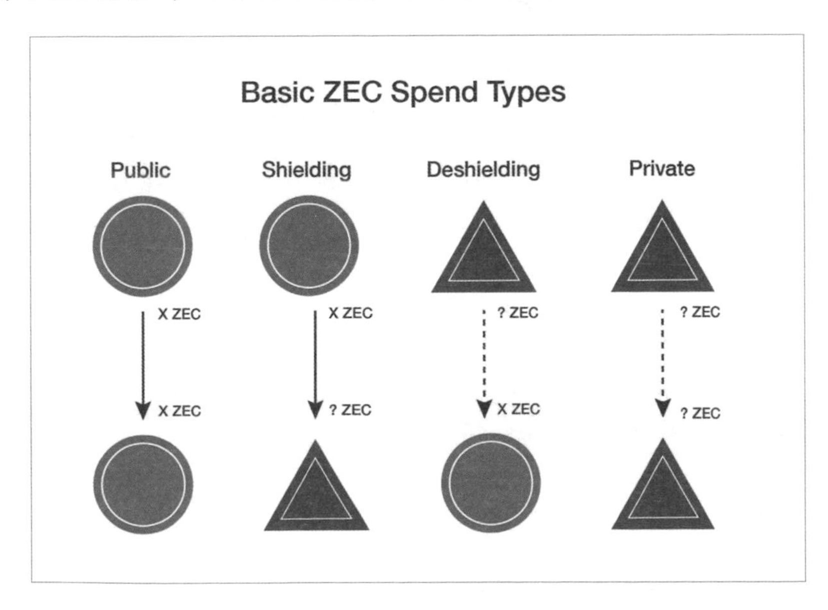

交易時的方式共區分成以下四種：

- Public: 匯款、收款雙方都是透明的。
- Shielding: 收款方式保密。
- Deshielding: 匯款方是保密。
- Private: 匯款、收款雙方都是保密的。

你可以到 ZEC 的區塊瀏覽器[18] 找找看是否能夠找到我們上面提到的這四種交易 ( 實際上有匿蹤的交易很少，大家為了省手續費基本上都用 Public)。

### Monero(XMR)

XMR 主要使用了三個技術來保障隱私：

1. Ring Signature
2. Ring Confidential Transactions
3. Stealth Address

XMR 的有趣之處在於你可以利用私鑰為每一次的收款產出**一次性的地址** ( 有點類似劃撥的概念 )，透過生成無限多地址的能力，讓外界無從猜測哪些地址是屬於哪些人的。

### Dash

Dash 的匿蹤性是靠著把要發送給別人的錢通通參在一起，比方說現在 A 要匯款給 B、C 要匯款給 D，為了隱私就先把 AB 要匯的錢**混在一起 (mix)** 再從中撥款給 C 與 D，於是外界就區分不出來 A 或 C 的款項原本是要匯給誰了！

你可能會有疑問，那如果 A 與 B 的金額不一樣，那不就穿幫了嗎。事實不然，Dash 會把交易金額切割成夠細夠小的單位，再讓這些小單位的 Dash 去做混合 (mix)，而這些負責混合的節點又稱為 master node。

---

18 https://electriccoin.co/blog/snark-explain/

你可以到 `Dash` 的官方文件[19] 上看看怎麼成為 `Dash` 的 `master node`，並賺取每年大概 `6%` 的 `Dash`，但在成為 `master node` 前你要先準備 `1000 Dash`( 以現在幣值計算需要快三百萬台幣 `....`)

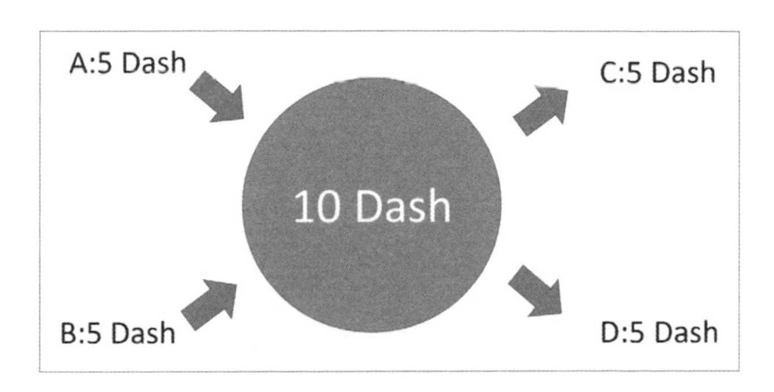


下面這張表格是各種匿蹤幣的比較，你也可以發現因為 `Dash` 有 `master node` 的機制，在分類上並不是去中心化 `(decentralized)` 的。

comparsion of anonymous cryptos

| | private | fungible | decentralized |
|---|---|---|---|
| MONERO | ✓ | ✓ | ✓ |
| ₿ | ✗ | ✗ | ✓ |
| Zcash | ? | ? | ✗ |
| Dash Digital Cash | ✗ | ✗ | ✗ |
| VERGE | ✗ | ✗ | ✓ |

19 https://electriccoin.co/blog/snark-explain/

# 關於挖礦的兩三事

## 4-1 原理應用與礦池

### 挖礦

在結束充滿數學又落落長的密碼學初探後，我們先進到比較應用的挖礦稍微喘口氣，先回憶一下我們在前幾章裡的簡易區塊鏈中是這樣挖掘新區塊的：

不停計算 nonce 值，直到我們能夠找到一個符合當下難度的 nonce。

這個過程中如果擁有越強的運算力 (or 越多的機台)，找到解的機會就越大、獲得的區塊獎勵也會越豐厚。

但這樣會有個問題：如果挖礦的人越來越多，那麼單人 / 單機挖到區塊的機率也會越來越低，也無法匹敵擁有巨型運算能力的專業戶，那麼區塊鏈圈的大家該如何應對這種情形呢？

```
while new_block.hash[0: self.difficulty] != '0' * self.difficulty:
    new_block.nonce += 1
    new_block.hash = self.get_hash(new_block, new_block.nonce)
```

## 原生的挖礦

實際上區塊鏈在使用者 clone 並同步完主節點的資料與程式碼後通常裏頭都會內建挖礦的指令，比方說你可以透過用來安裝或同步節點的 geth 來挖礦，而 Bitcoin 原本跑節點的程式中也有提供使用 CPU 挖礦的功能，但因為 CPU 挖礦在 SHA-256 已經毫無競爭力，所以其原生的挖礦程式已經被移除掉。

## 挖礦方式演變

既然挖礦有利潤，就會有人想要改進原本的挖礦效能與方式，於是坊間各種優化、加速挖礦演算法的軟體與方式也逐漸有人在開發，這裡我們簡單說明一下挖礦方式的演進。

### ▨ Solo Mining

最古早的挖礦是以單機為單位的，也就是每台電腦獨自營運與挖礦，在初期 Bitcoin 礦工稀少的狀況下大家都是用 Solo Mining 起家的。Solo Mining 的定義是不依靠任何外力幫助或是參與任何集體挖礦的計畫（像是底下提到的礦池），所以通常自身也會營運一個節點以供新區塊的廣播之用，也因為沒有任何外力幫助，Solo Mining 挖到區塊所產生的獎勵也不需要另外跟別人均分。

### ▨ Proxy 挖礦

但隨著挖礦的人越來越多，如果你手上還是只有一台機器，那恐怕挖到天荒地老也無法挖出新區塊，以 Bitcoin 為例每年大約出產五萬多個新區塊，如果你的算力不到全網算力的五萬分之一，那恐怕你挖一年也挖不出任何東西。

於是第一個解決方案就是 Proxy(代理伺服器)：

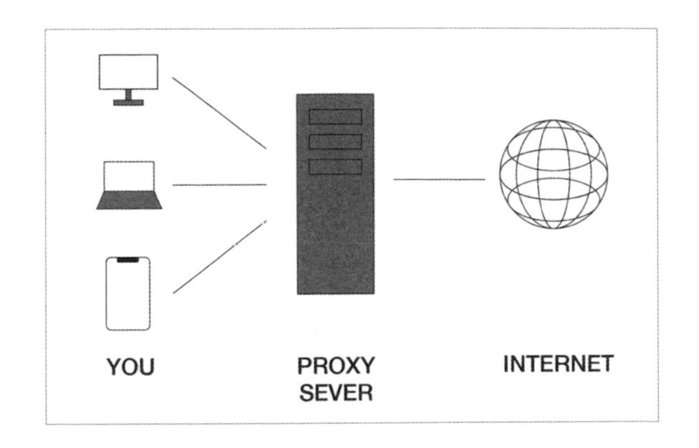


Proxy 的原理就是眾多機台共用一台 Server 來轉發封包，這樣對外界而言，就好像所有的資訊都是從這台 Proxy Server 出來，也就是可以讓多人使用同一個 Proxy Server 達到把許多機器合而為一一起挖礦的效果。

## ▨ 礦池挖礦

隨著挖礦的人越來越多，開放式、可以自由加入的挖礦方式：礦池也就出現，目前以礦池為單位的挖礦方式已經成為主流，礦池可以分配工作給所有參與人，再把所有機器的工作成果加總起來（下圖），並同時記錄所有機器的貢獻度，再依據貢獻程度分配挖礦的收益。

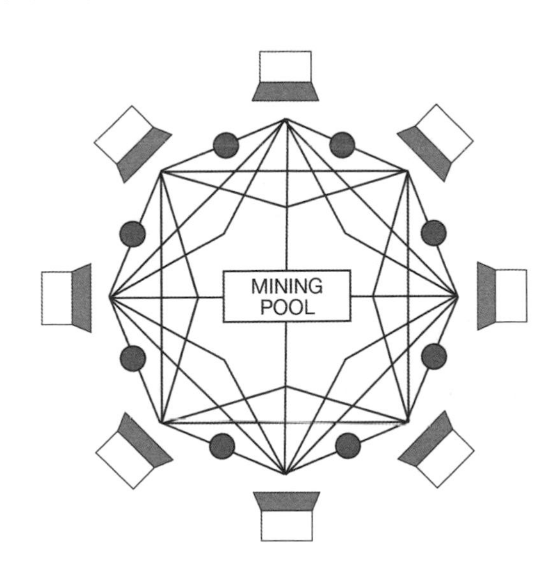

但這樣的方式也引起了一些批評與爭議，目前主要的區塊產出通通都是由礦池負責，下圖是今年 Ethereum 各大礦池挖出新區塊的比例：

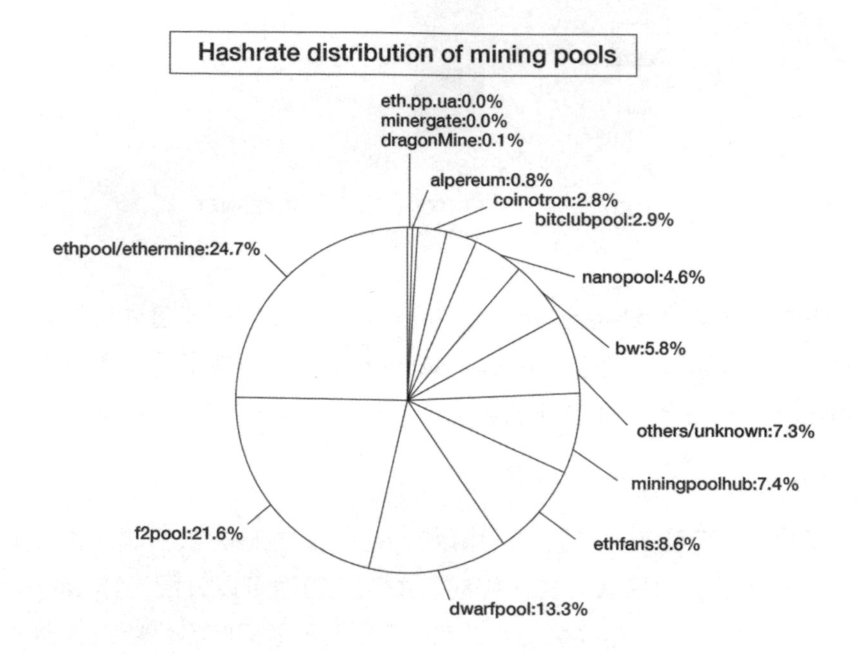


前三大礦池 (Eth-Pool、F2Pool、Dwarf Pool) 就佔據了超過 50% 的算力，原先以去中心化為號招的區塊鏈，卻因為礦池似乎又變成極度中心化了？

### ▨ Stratum 的出現

在礦池的出現並且一步步成為主流方式的背景裡，Stratum 的出現功不可沒，Stratum 讓想要參與挖礦的礦工不再需要營運一個完整的節點、也不需要去驗證或取得每筆交易的打包或驗證，只需要承擔礦池所分派計算雜湊值的工作即可，極大的減少了礦工們參與挖礦的門檻。

在 Bitcoin Org 裏頭有這一段話敘述了 Stratum 的功用：

*Unlike getblocktemplate, miners using Stratum cannot inspect or add transactions to the block they're currently mining. Also unlike getblocktemplate, the Stratum protocol uses a two-way TCP socket directly, so miners don't need to use HTTP longpoll to ensure they receive immediate updates from mining pools when a new block is broadcast to the peer-to-peer network.*

### ▨ 自己建礦池

網路上目前已經有開放原始碼的礦池[1]，也因此要建立一個礦池的門檻非常低，但相對而言建立礦池需要的是資安方面的人才，畢竟如果礦池被攻破，礦池所持有的虛擬貨幣與帳本都會暴露在攻擊者的掌控下，此外，因為挖礦通常都是 24 小時不停運作，如何維持礦池的穩定進行也是另外的議題。

### ▨ 建一個礦池需要有多少算力

建礦池不難，也要有人來挖呀！需要多少算力才可以支撐起一個礦池？

這個問題就會使用到一點高中數學的概念，假設你擁有全網算力的 $x(0 \leqq x \leqq 1)$，那麼每次出塊你率先挖到區塊的機會大約也是 x、沒有挖到的機會則是 1-x。

也就是在未來的連續 q 塊中都沒搶到的機率 p 會是：

$$p=(1-x)^q$$

根據出塊時間可以反推每天的總出塊數目，像 Ethereum 平均 15 秒出一塊、Bitcoin 平均 600 秒出一塊，推估 Ethereum 一天可以產生約 5760、區塊 Bitcoin 則是只有 144 個區塊，因此 Ethereum 每天至少出一塊的機率為：

$$1-(1-x)^{5760}$$

我在 Desmos[2] 裡把式子打出來，有興趣可以參考一下，你只需要調整出塊時間（秒）、希望多久出一塊（天），該網頁就會自動把你有多少算力時每天至少

1 https://github.com/sammy007/open-ethereum-pool

2 https://www.desmos.com/calculator/k1vv3qylvk

出一塊的機率圖形繪製出來，實際操作會看到下面這些圖 ( 橫軸代表持有算力是全網算力的 $10^{-n}$)，以 Ethereum 為例：

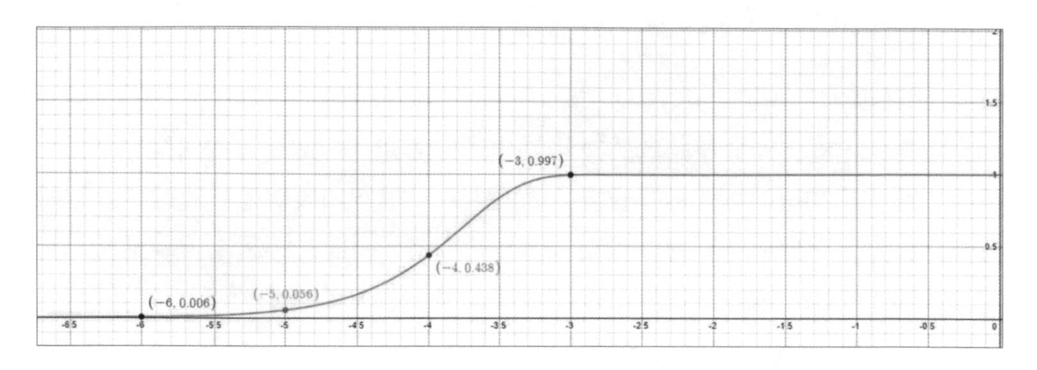


在機率 =0.99 的狀態下，n 大約為 -3.097，大約需要 0.08% 的全網算力。

以 Bitcoint 出塊時間 600 秒 /10 分鐘為例：

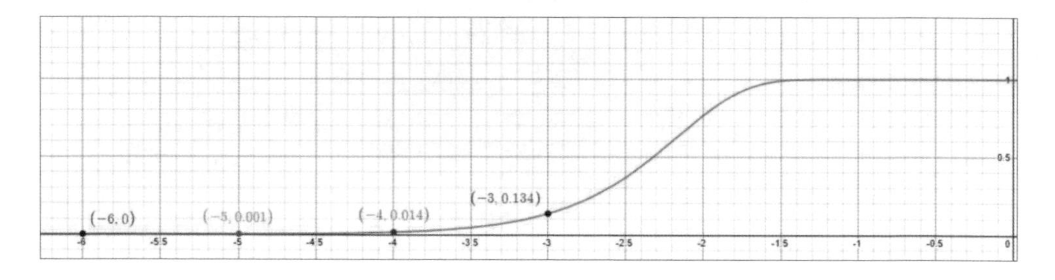


在機率 =0.99 的狀態下，n 大約為 -1.502，大約需要 3.15% 的全網算力。

那如果你同樣擁有 Bitcoin、Ethereum 各 0.1% 的全網算力，那麼 Bitcoin 每天至少挖到一塊的機率是 13.4%，然而對於 Ethereum，同樣情形下卻有 99.7% 的機率，幾乎能保證每天至少會挖到一塊。

因為礦工通常沒有甚麼耐心，也希望有固定的收益，在期望每天有 99% 機率會出一塊的前提下，建設礦池挖掘 Bitcoin 需要 3.15% 全網的算力、Ethereum 只需要全網 0.08% 的算力，相較起來 Ethereum 架設礦池所需要的算力門檻低上許多，這也是為什麼自架礦池在 Ethereum 比較盛行的原因。

ETH 的全網算力可以在這裡[3]查詢，但其實這裡的算力並不是真正的算力，區塊鏈並沒有辦法知道實際有多少機器在挖礦，你看到的全網算力是透過目前難度與平均出塊時間反推出來的。

## 挖礦硬體

談完挖礦從 Solo Mining → Proxy Ming → Pool Mining 的發展後，我們來談談單機的變化，也就是挖礦用的硬體。

### CPU 與 GPU

初始的挖礦都是在家用電腦上以 CPU 或 GPU 來進行（也沒別的選擇了），相較於 CPU，GPU 在計算雜湊上通常有著巨大的優勢，你可以到 Intel 的產品規格網站[4]上查看 Intel CPU 的核心數目，家用的處理器一般落在 4~6 個核心上，你也可以到這 Nvidia 官網[5]上看看 Nvidia 的 GPU 核心個數，通常 GPU 的核心數目會有數千個之多，處理器核心數目的差異可以到一千倍。

可以做個簡單的比喻，如果 CPU、GPU 是兩家不同的貨運行，CPU 擁有的就像是 4 台大貨車：車數少，但每台車的運量與速度非常強大，GPU 所擁有的就像是 4000 台腳踏車：車數多，但每台車的運量與速度不佳。

挖礦就好比要去城市內的各個巷弄裡搜索，直到找到寶藏為止，這時候 GPU 的數千台腳踏車在尋寶上就有了巨大的優勢。

3 https://www.desmos.com/calculator/k1vv3qylvk

4 https://ark.intel.com/content/www/tw/zh/ark.html#@Processors

5 https://www.nvidia.com/zh-tw/geforce/20-series/

## ▨ FPGA

FPGA 是 Field Programmable Gate Array 的縮寫，中文叫做 " 現場可程式化邏輯閘陣列 "，FPGA 的使用者可以根據實際的需要跟程式碼，把程式燒進去 FPGA 裏頭，也就是 FPGA 的電路邏輯閘是可以被改變的，透過直接改變邏輯閘能夠讓 FPGA 的運算效能勝過 CPU 與 GPU，但缺點就是異常昂貴的價格 ( 入門版的就要價十萬起跳，對比 CPU 與 GPU 通常不用一兩萬的價格 )。

也因為 FPGA 這個特性通常拿來做 IC 設計時的前導驗證，以確保實際投產時不會出錯 (IC、晶圓一旦投產就十億台幣起跳了，萬萬不能出任何差錯 )。

如果使用 FPGA 來挖礦，速度上會勝過 CPU 與 GPU，但同時算法又可以更改，也因此在分類上通常會把 FPGA 介於家用的 CPU、GPU 與等等會提到的 ASIC 中間。

## ▨ ASIC(Application-Specific Integrated Circuit)

一般的 CPU 架構是偏向複雜指令集 (CISC) 計算、GPU 架構偏向簡單指令集 (RISC)，會說「偏向」是因為 CPU 與 GPU 裡還是有架構的不同，並沒有一定，像常聽到的 ARM 架構 CPU 反而就偏向簡單指令集 (RISC)。

複雜指令集的處理核心可以想像成裏頭有許多複雜的基本語法，簡單指令集的處理核心裏頭是由多種簡單的基本語法構成，比方說複雜指令集裏頭已經有乘法的指令，同時該指令還可以幫助你做記憶體的讀取跟寫入，也就是乘法只需要一個指令集就可以完成；但簡單指令集就只能拆成讀取記憶體、乘法、寫入記憶體三個指令集完成。(CISC 與 RISC 兩者的更多差異可以參考這裡[6])，總之在 CPU、GPU 裏頭所有的運算都會被拆成基礎指令集去完成（不過 GPU 有部分運算會交給電路直接去實作）。

但 ASIC 不一樣，他把大部分的計算直接透過電路去完成，也就是在設計電路時就把電路直接設計成可進行該運算的模式，透過這種設計方式達到大幅度的效能增加與供耗減少，但也因為電路設計是根據某種特定的演算法，因此無法從事其他運算，只能說 ASIC 是 Born to mine. 為挖礦而生的硬體，也是特殊應用積體電路 (Application-Specific Integrated Circuit，ASIC) 名稱的由來。

對於 Bitcoin 挖礦而言，ASIC 的出現輾過了所有 CPU 與 GPU，讓 CPU 與 GPU 挖礦不再有效益，也導致了挖礦硬體極度中心化，因為 ASIC 的生產主要由幾家 ASIC 製造商（像是 Bitmain、Baikal、Halong Mining...... 等）所壟斷，生產礦機、經營礦池一條龍的產業讓比特大陸 (Bitmain) 一間公司甚至掌握了過半的算力。

為了對抗這種情形社群也有許多應對一包含開發不適合 ASIC 的演算法、或是更迭參數等，至於如何對抗 ASIC 則是我們下一節介紹的重點。

6 https://www.itread01.com/content/1549989571.html

# 4-2 抗 ASIC 演算法

## Bitcoin 被 ASIC 攻陷

對於 Bitcoin 而言，一個合規的 **nonce** 是這樣被尋找到的：透過不斷改變 **nonce** 的值再跟前一個區塊的 hash(**previous_hash**)、所有交易的 hash 值構成 merkle tree 的根 **merkle_root** 透過 SHA-256 函式計算雜湊值後確認是否合規，直到找到一個合規的 **found_hash** 為止（為了方便舉例，除了這三個輸入參數外的都先忽略）。

```
found_hash = sha256(previous_hash, merkle_root, nonce)
```

也因此運算的瓶頸就在 Bitcoin 所使用的 **SHA-256** 演算法，如果能夠在同一時間大量、重複的運算就可以在挖礦中取得極大的優勢，因此這種計算方式極度適合 ASIC，也導致了在 **ASIC** 進入挖礦市場後便迅速成為了 Bitcoin 的主流挖礦硬體，徹底把家用 CPU/GPU 從這場挖礦大戰中掃了出去。

▲ 圖片來源：Bitmain[7]

7 https://www.bitmain.com/

## 用 CPU 挖能挖多少？

或許你還是很難想像 ASIC 與家用 CPU/GPU 的效能差異，這裡頭[8] 列了幾個家用硬體的算力值，我把大約的算力值列在下頭給大家參考：

- CPU：100 Mh/s
- GPU：1000 Mh/s
- ASIC：100 Th/s

兩者間的實力整整差了**數十萬到數百萬倍**，也就是你用家用電腦挖一整年 Bitcoin 大概也只能挖 ....5 塊台幣的 Bitcoin。

註：Mh/s=$10^6$ hash/s ; Gh/s=$10^9$ hash/s；Th/s=$10^{12}$ hash/s

## ASIC 帶來極度中心化的疑慮

ASIC 除了帶來算力的增長外，同時也壟斷了挖礦的方式，在過去想要參與挖礦與記帳的用戶只需要使用原本的家用電腦便可以參與，但如果現在想要參與挖礦就必須至礦機製造商添購礦機，無形中拉高了一般人參與的門檻，同時讓挖礦變成一個極度中心與專業化的行業，也產生一旦礦機商在挖礦硬體植入後門，整個 Bitcoin 就會毀於一旦，這些都與原本的去中心化的精神越走越遠，於是乎對抗 ASIC 的呼聲也越來越大。

8 https://en.bitcoin.it/wiki/Non-specialized_hardware_comparison

▲ 圖片來源：Mining Centralization Scenarios[9]

## Ethereum 如何對抗 ASIC

挖礦的總出塊利潤是固定的，一有利潤就會有人想研製特別的硬體 (ASIC) 專門投入挖礦來取得比別人更大的優勢，為了對抗 ASIC 造成後續中心化與進入門檻提高的問題，**Ethereum** 從挖礦的演算法著手，設計出不適合 ASIC 運算的演算法來抵抗威脅。

## Dagger-Hashimoto 演算法

Ethereum 的挖礦演算法叫做 **Dagger-Hashimoto**，簡稱為 **Ethash**，是把 Thaddeus Dryja 發明的 **Hashimoto 演算法**加入 Ethereum 創始人 Vitalik Buterin 發明的 **Dagger 演算法**後融合而成，特色是挖礦的效率基本上和處理器效能無關，而跟記憶體的頻寬成正相關。

為什麼透過頻寬就可以對抗 ASIC 呢？因為 ASIC 的原理是透過處理器的設計與數目的堆疊來加大計算特定演算法的速度，因此設計的核心數目越多、製程越高階，處理速度就能夠輾壓家用的 CPU 與 GPU，但同時在這種設計下的記

9 https://medium.com/@jimmysong/mining-centralization-scenarios-b74102adbd36

憶體是共用的，也就是說即使計算能力得到了提升，記憶體的速度仍然留在原地。

但如果設計出一種以頻寬（傳遞資料的速度，不懂的話可以看這裡[10]）決定運算能力的算法，因為每塊記憶體的頻寬跟處理器的控制單元數目都是固定的，因此通常增加**記憶體的數目只能加大記憶體的容量，並沒有辦法加大頻寬。**

舉個例子來看，實際記憶體在運作時就像是一座小島上只有一個港口能靠岸，這時候在島上加蓋新房子的確能夠增加容納的人數（記憶體大小），但運輸的效能（運算能力）取決在港口數目而絲毫沒有改變。

要同時移動更多人（增加運算能力），增加房屋（記憶體數目或容量）是沒有用的，只能增加手上持有的小島（機器）數目，因此 ASIC 並沒有辦法佔到太多便宜。

但雙通道、四通道的技術就另當別論，而且雙通道或四通道並不適用在有向無環圖演算法。

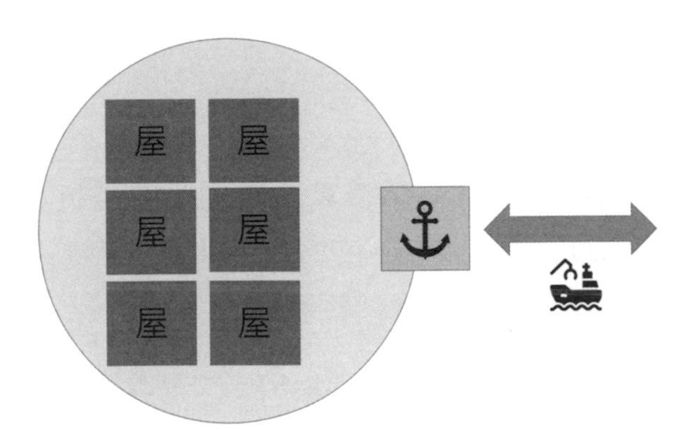


我們接著來簡單說明一下 Dagger-Hashimoto 演算法是如何實做出來的。

10 https://www.itsfun.com.tw/ 記憶體頻寬 /wiki-2351866-7387646

## 有向無環圖 (Directed Acyclic Graph，DAG)

在講解 Dagger-Hashimoto 演算法之前，來談一下有向無環圖 (Directed Acyclic Graph，DAG)，一個典型的有向無環圖的定義如下：

- 該圖形的每條邊都有方向性（有向）
- 從圖中的任意點出發，無論路徑為何都無法回到起點（無環）

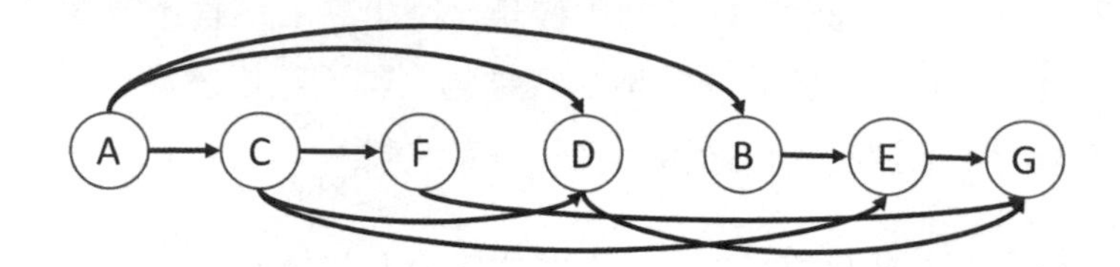


Ethash 的原理就是應用有向無環圖 (DAG)，它的設計是每 30000 個 Epoch(~5.2 天）就會生成一個稍大一點的 DAG，因此每過一個 Epoch 後為了產生新的 DAG 都會稍稍延遲，但因為 Ethash 的 DAG 只跟目前的區塊高度（數目）有關，為了避免等待，許多挖礦程式也會同時生成兩個 DAG 以免 Epoch 更新時的延遲。

## Hashimoto 演算法

Thaddeus Dryja 提出的 Hashimoto 演算法期望透過 I/O(輸入跟輸出）的頻寬來決定挖礦的能力以抵制 ASIC，它的雜湊算法步驟如下（這裡的⊕就是 XOR 運算、<< 與 >> 分別是位元左移與右移）：

1. 輸入前一個區塊的 hash(**previous_hash**)、交易明細組成的 Merkle Tree 的根 **merkle_root**、欲挖掘的 **nonce** 透過 **SHA-256** 生成一個初始的 **hash_initialize**(這一步就是 Bitcoin 產生 hash 的過程）。
2. 讓 i 從從 0 到 63，依序把 **hash_initialize** 右移 i 個位元
3. 位移後除以交易個數後取餘數就可以得到要取出交易 (**transaction**)
4. 取出該筆的交易 (**transaction**) 的交易序號 (**tx_id**) 後再左移 i 個位元

5. 讓取得到的 64 組位元彼此依序做 XOR 運算得到最後的交易序號 (**tx_id_final**)
6. 讓 **nonce** 左移 192 個位元
7. 再讓最後的交易序號 (**tx_id_final**) 與左移後的 **nonce** 做 XOR 運算得到最後的 **final_hash**
8. 確認 **final_hash** 是否合乎規定，不合的話就改變 **nonce** 後重新計算一次。

```
hash_initialize = sha256(previous_hash, merkle_root, nonce)
for i in range(0,64):
    shifted_hash = hash_initialize >> i
    transaction = shifted_hash % len(transactions)
    tx_id[i] = get_tx_id(transaction) << i
tx_id_final = tx_id[0] ⊕ tx_id[1] … ⊕ tx_id[63]
final_hash = tx_id_final ⊕ (nonce << 192)
```

可以發現這個過程不停在讀取區塊鏈上的歷史交易紀錄，也同時在做記憶體的左移與右移，因此記憶體的頻寬決定了 Hashimoto 演算法的運算速度。

## Dagger-Hashimoto

**Dagger-Hashimoto** 加入 Vitalik Buterin 發明的 **Dagger 演算法**，相較於 **Hashimoto**，**Dagger-Hashimoto** 用一個有向無環圖 (DAG) 替代掉交易紀錄，也就是讓對歷史交易紀錄的讀寫變成對 DAG 的讀寫。

簡單說明一下 **Dagger-Hashimoto** 中產生 DAG 的步驟：

1. 計算出 16MB 大小的 **cache**
2. 透過這 16MB 的 **cache** 生成 1GB 大小的 **DAG**
3. 每隔 30000 個 Epoch，因為硬體的進步就會讓 **cache** 跟 **DAG** 也長大一些

如下圖所示，因為 DAG 是有方向性而且連續的，其資料的讀寫無法被平行化處理，所以雙通道、四通道的技術很難應用在 Dagger-Hashimoto 算法之上。

比方說你的確可以把整個 DAG 切割成四個記憶體 (RAM) 儲存，但檢索時還是得從第一個 RAM 逐步檢索到最後一個 RAM，因此多通道的技術並不能直接適用於 DAG。

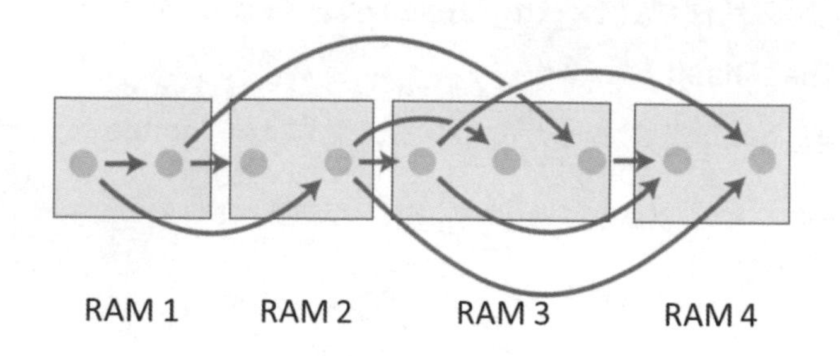


## 其他種抗 ASIC 演算法

### ▨ XMR 與 ASIC 開發商的戰爭

XMR( 門羅幣 ) 最初採用的是 CryptoNight 演算法，該演算法的特色是需要一個 2mb 的 cache( 快取記憶體 ) 支撐，也因為 CPU 的 cache 相較於 GPU 還是有優勢的，因此在 CryptoNight 的算法上 GPU 雖然還是相對有一些優勢，但兩者的差異不大。

但 CryptoNight 終究還是被礦機製造商攻破，開發出了算力高達 220Kh/s 的礦機，即便是與算力最高的顯示卡 VEGA 系列 ( 大概擁有 2Kh/s 的算力 ) 比較，也整整高出了超過一百倍 ( 更何況大部分顯卡都只有 400-700h/s) ！

為了應對這種狀況跟未來持續可能發生的威脅，XMR 決定每年會固定時間更改參數，徹底杜絕 ASIC( 還記得 ASIC 只能運算同算法同參數嗎？ )。

下面可以看到 XMR 改變算法與參數後，一堆 ASIC 被洗出去造成全網算力驟降的情形：

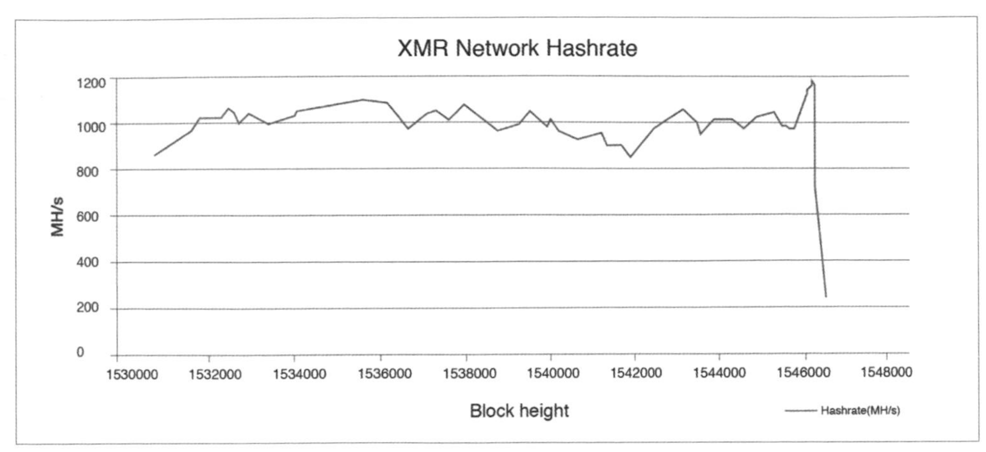


▲ 圖片來源：Reddit[11]

### X11、X13、X15、X17...

另一種對抗 ASIC 的路線就是混合各種不同的演算法，因為 ASIC 只能針對特定一種演算法做優化，於是根據現在的時間、區塊高度、交易紀錄等參數隨機決定要用哪一種算法，藉此來抵制無法隨意切換算法的 ASIC。

順帶一提，這裡的 11、13、15、17 分別代表了其中混合了幾種不同的挖礦演算法。

## 究竟有沒有必要對抗 ASIC ？

究竟有沒有對抗 ASIC 的必要一直是熱門的討論議題，兩派的論點大致如下：

- 支持對抗 ASIC：

1. ASIC 的出現讓一般人參與的門檻拉高
2. ASIC 讓礦機製造商把持多數算力，違背去中心化的精神

- 反對對抗 ASIC：

11 https://www.reddit.com/r/Monero/comments/8aoxhp/bye_bye_asics/

1. 固定更改演算法會有非常大的風險
2. 修改算法後都會造成一陣子算力的流失與低落（因為 ASIC 剔除後算力下降，但出塊難度尚未來的及調整過來，礦工無利可圖），此時缺乏算力的情形下非常容易被攻擊。
3. GPU 的礦場也有中心化的問題。
4. 剔除了 ASIC 只會讓製造商改用 FPGA 應對，但純對抗沒有辦法徹底解決問題。
5. ASIC 的出現是因為人性的貪婪，是必然而非偶然無法避免。

不管 ASIC 的出現是好是壞，礦工間的戰爭，還在持續著。

# 4-3 挖礦實戰

## 如何開始挖礦

這一節我們來簡單談一下如何挖礦，以及如果有興趣要挖礦的話該怎麼開始以及有哪些眉角需要注意！

## 選擇幣種 / 演算法

參與挖礦的第一步就是選擇想要挖的幣種，現在主流可以挖的幣有 BTC、ETH、ZEC、ZCL、XMR、DASH、DCR 等，雖說幣種繁多，但只要想挖的幣種使用的演算法是相同的，便可以隨意切換而且算力不會受到任何影響，所以用演算法區分會比較適當。其中又可以分成三種主流的挖礦方式：ASIC 挖礦、Nicehash 挖礦以及 GPU 挖礦。

## ASIC 挖礦

首先是 ASIC 挖礦，這類幣種代表礦機廠商已經開發出 ASIC，而且官方沒有要對抗的打算（修改演算法或參數），因此都已被 ASIC 攻陷，普通家用電腦或顯示卡已經沒有競爭的空間。而且 ASIC 買來也只有挖礦的用途，並無法挪作他用，所以一旦礦機商推陳出新，舊機台在效能無法與之競爭的情形下往往只能直接報廢。

如果是 ASIC 的話，你可以試試到 Asicminervalue[12] 這個網站查看每種機台的報酬率，沒意外的話報酬率都十分低。即便看起來每月利潤相當豐厚的幣種，也只是因為 ASIC 還沒真正大舉進入市面造成的假象，一旦礦機大舉上線開機，即會因為算力暴增導致收益直接崩盤，所以大部分的情況下都應該直接避免購買 ASIC，我身邊買 ASIC 的人通常賺錢的比例 .... 非常低。

| Model | Release | Hashrate | Power | Noise | Algo | Profitability |
|---|---|---|---|---|---|---|
| Bitmain Antminer Z15 | Jun 2020 | 420 ksol/s | 1510 w | 72 db | Equihash | $25.74 /day |
| Innosilicon A10 Pro ETH Miner (500Mh) | May 2020 | 500 Mh/s | 750 w | 75 db | EtHash | $10.50 /day |
| Innosilicon A10 ETHMaster (485Mh) | Sep 2018 | 485 Mh/s | 850 w | 75 db | EtHash | $9.84 /day |
| Innosilicon A10 ETHMaster (432Mh) | Sep 2018 | 432 Mh/s | 740 w | 75 db | EtHash | $8.81 /day |
| ASICminer Zeon 180K | Sep 2018 | 180 ksol/s | 2200 w | 47 db | Equihash | $6.56 /day |
| Bitmain Antminer Z11 | Apr 2019 | 135 ksol/s | 1418 w | 70 db | Equihash | $5.59 /day |
| Innosilicon A9++ ZMaster | May 2019 | 140 ksol/s | 1550 w | 75 db | Equihash | $5.57 /day |
| Innosilicon A9+ ZMaster | Jan 2019 | 120 ksol/s | 1550 w | 75 db | Equihash | $4.13 /day |
| Bitmain Antminer S19 Pro (110Th) | May 2020 | 110 Th/s | 3250 w | 75 db | SHA-256 | $3.45 /day |
| MicroBT Whatsminer M30S++ | Oct 2020 | 112 Th/s | 3472 w | 75 db | SHA-256 | $3.04 /day |
| Bitmain Antminer E3 (190Mh) | Jul 2018 | 190 Mh/s | 760 w | 76 db | EtHash | $2.62 /day |
| PandaMiner B3 Mute | Sep 2018 | 230 Mh/s | 1150 w | 60 db | 2 | $2.51 /day |
| Bitmain Antminer E3 (180Mh) | Jul 2018 | 180 Mh/s | 800 w | 75 db | EtHash | $2.25 /day |
| PandaMiner B3 Pro (8G) | Jun 2018 | 230 Mh/s | 1250 w | 70 db | 3 | $2.22 /day |
| PandaMiner B3 Pro | Apr 2018 | 230 Mh/s | 1250 w | 70 db | 3 | $2.22 /day |

12 https://www.reddit.com/r/Monero/comments/8aoxhp/bye_bye_asics/

## GPU 挖礦

另一種方式是透過家用的顯示卡來挖礦，這種挖礦方式的好處是假使不挖了，GPU 還是能夠拿來使用，這類幣種所採用的演算法便是我們之前提到的 Proof by bandwidth 或是利用多種演算法交錯來抵禦 ASIC，也因為尚未被 ASIC 大舉進攻，通常個體挖礦也還能夠保持一定的收益，你可以在 Whattomine[13] 裡查看每一張顯卡或算力的收益，比方說一張 AMD RX570 就可以在裏頭看到它的算力與利潤分別為多少，評估後再決定要不要下去。

| Name(Tag)<br>Algorithm | Block Time<br>Block Reward<br>Last Block | Difficulty<br>NetHash | Est. Rewards<br>Est. Rewards 24h | Exchange Rate | Market Cap<br>Volume | Rev. BTC<br>Rev. 24h | Rev. $<br>Profit | Profitability<br>Current \| 24h<br>3 days \| 7 days |
|---|---|---|---|---|---|---|---|---|
| Nicehash-Ethash<br>Ethash | BT: -<br>BR: -<br>LB: - | -<br>4.17 Th/s<br>-34.0% | 0.00004<br>0.00004 | 1.49857693<br>(Nicehash)<br>-3.7% | -<br>**9.80 BTC** | 0.00004<br>0.00004 | $0.43<br>**$0.14** | 102% \| 105%<br>**107%** \| 105% |
| EthereumClassic(ETC)<br>Ethash | BT: 12.76s<br>BR: 3.88 ⓘ<br>LB: 8,844,410 | **138,028,431M**<br>10.82 Th/s<br>3.4% | 0.0678<br>0.0701 | 0.00060190<br>(HitBTC)<br>0.5% | $679,486,198<br>**170.60 BTC** | 0.00004<br>0.00004 | $0.42<br>**$0.13** | 100% \| 102%<br>**104%** \| 101% |
| Ethereum(ETH)<br>Ethash | BT: 13.4s<br>BR: 2.00 ⓘ<br>LB: 8,605,012 | **2,489,698,530M**<br>185.84 Th/s<br>1.6% | 0.0019<br>0.0020 | 0.02109000<br>(BitForex)<br>0.8% | $22,585,866,571<br>**4,351.92 BTC** | 0.00004<br>0.00004 | $0.41<br>**$0.12** | **100%** \| 100%<br>100% \| 100% |
| EtherGem(EGEM)<br>Ethash | BT: 12.22s<br>BR: 3.84 ⓘ<br>LB: 3,550,497 | **343,563M**<br>28.11 Gh/s<br>-15.6% | 26.9161<br>22.7155 | 0.00000132<br>(Graviex)<br>-2.2% | $255,740<br>**0.95 BTC** | 0.00004<br>0.00003 | $0.30<br>**$0.01** | **87%** \| 72%<br>73% \| 77% |
| Ellaism(ELLA)<br>Ethash | BT: 13.1s<br>BR: 4.91 ⓘ<br>LB: 4,757,827 | **73,727M**<br>5.63 Gh/s<br>3.4% | 159.7435<br>165.1825 | 0.00000018<br>(Stex)<br>-2.8% | $34,608<br>**0.00 BTC** | 0.00003<br>0.00003 | $0.30<br>**$0.01** | 70% \| 72%<br>**72%** \| 71% |
| Ubiq(UBQ)<br>Ubqhash | BT: 1m 27s<br>BR: 6.00<br>LB: 962,272 | **5,193,516M**<br>59.70 Gh/s<br>-3.1% | 2.7836<br>2.6986 | 0.00001100<br>(Bittrex)<br>-0.4% | $4,653,751<br>**0.67 BTC** | 0.00003<br>0.00003 | $0.29<br>**$0.01** | **75%** \| 72%<br>70% \| 72% |
| Ether-1(ETHO)<br>Ethash | BT: 12.97s<br>BR: 4.50<br>LB: 3,180,160 | **342,368M**<br>26.41 Gh/s<br>6.2% | 31.6504<br>33.5979 | 0.00000086<br>(Stex)<br>1.2% | $304,299<br>**2.18 BTC** | 0.00003<br>0.00003 | $0.29<br>**-$0.00** | 67% \| 70%<br>74% \| **77%** |

## Nicehash 挖礦

13 https://www.reddit.com/r/Monero/comments/8aoxhp/bye_bye_asics/

另一種挖礦方式是持有硬體，但不直接參與特定的礦池挖礦，而是透過 Nicehash[14] 這個算力租賃平台把自身的算力售予別人，Nicehash 在接受到你的算力後，會直接結算 BTC 給你，對於想要直接獲取 BTC 的人實在方便許多，同時也提供了一種利用 GPU 來獲取 BTC 的方式。

Nicehash 背後的原理是它把「算力」當作是一種「商品」，任何人都能夠以 BTC 出價後購得別人的算力並且將購得的硬體算力導引至屬意的演算法跟礦池，實際使用時它會檢測你每一張顯示卡對於各個演算法下的效能，接著根據購買者對於每個演算法的出價決定我們的顯示卡究竟要採用哪個演算法。

Nicehash 的另一種使用方式是購買別人的算力，通常是礦池在剛始建立時缺乏算力而無法穩定出塊，這時候礦池主可以至 Nicehash 購買足量算力灌入自身礦池，有了穩定、足量的算力後才能夠吸引後續其他人加入，不過其中一種暗黑的用法就是被拿來租借後進行 51% 攻擊了（之後會再詳述）。

## Ethereum 的算力預估

目前主流的用戶參與挖礦都是在挖 Ethereum 了，因此下面的教學都是以 ETH 為主，這裡提供一個簡單的方式去粗略預估每種顯卡的算力：把顯卡的**記憶體頻寬除以 8000Bytes** 便是大概的算力值（h/s，每秒可以算幾個 hash）。原理就是我們剛剛說的：Dagger-Hashimoto 演算法是 Proof by bandwidth，因此根據顯卡的頻寬就能夠大概把算力估計出來。

以 RX570 為例，你可以在這裡[15] 看到 RX570 的頻寬大約是 224GB/s，除以 8000 Bytes 後便大約是 28 Mh/s，跟實際上超頻後的最大值 31Mh/s 相距不遠。

14 https://www.nicehash.com/

15 https://www.techpowerup.com/gpu-specs/radeon-rx-570.c2939

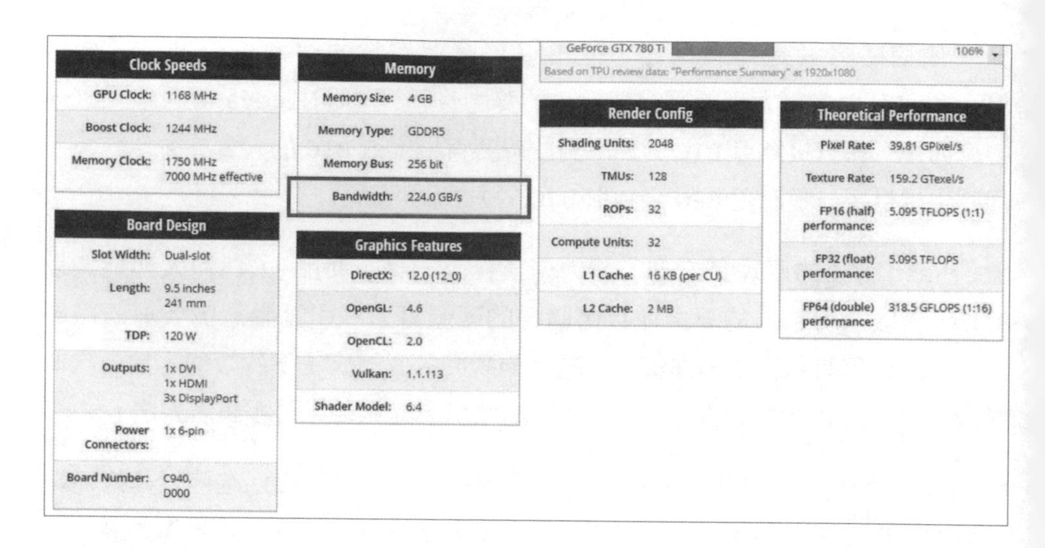


至於另一張家用神卡 1050ti 的記憶體頻寬約在 112GB/s 上下，換算出的算力大約 14Mh/s。

## 選擇硬體

選擇好欲挖掘的幣種與演算法後，接著就可以來選擇要添購的硬體，這裡我們以 Ethereum 為例，組成礦機的過程大致上跟組裝一台電腦一樣，但差異在同一台主機上我們會插上數張顯卡！

## CPU、RAM、SSD、網路

為了讓礦機能夠順利運行，一般電腦的零組件是不可少的，但又為了節省成本，因此在 CPU、RAM、SSD、網路選擇最基本 / 廉價的硬體即可，也就是通常只會搭配

- RAM：4GB
- SSD：128G 或 32 GB USB（建議不要用 HDD，不然等待重開機會讓你想死）
- CPU：G3930( 大部分人的選擇，便宜堪用，1000 左右便可以入手 )
- 網路：2Mbps

值得一提的是，現今的挖礦軟體幾乎都採用了我們提過的 Stratum 協定，因此一台礦機只需要幾 KB 的上下載速度便足夠了！

## 主機板

主機板的使用就一個要點：能夠接上 GPU 的 PCIE 插槽越多越好，因為主機零件 (CPU、RAM、SSD) 是有成本的，如果能夠在一台主機上插上越多的 GPU，就代表每張 GPU 需要攤提的主機成本越低也越有競爭力，主流八卡機是採用 B250H Gaming 這張主機板，但其實上面只有六個 PCIE 插槽，其餘兩個需要從 M.2 轉接。專業或想要挑戰的人可以選用 ASUS Mining Expert，上頭甚至有 19 個 PCIE 插槽！雖然說插槽數一多成本也下降，但隨之而來除錯上的困難與成本也是必須考慮的。

## 電源供應器 (PSU)

電源供應器 (PSU) 的使用只有兩個要點：務必足瓦、請使用金牌以上認證的 PSU。足瓦是為了保證供電是有餘裕的避免突波造成電器的損壞，如果單顆 PSU 的瓦數不足有時候會透過雙電源啟動線來提供足夠的供電 ( 如果你真的用了 19 張顯示卡在 Mining Expert 那張板子上，光靠一台電源供應器一定是推不動的 )。

金牌以上的電源供應器則是為了保證電源使用的效率，畢竟電費是開始挖礦後最大的開支，因此電源的轉換效率會直接決定日後的電費多寡。

補充說明一下：80PLUS 的認證依序可以分成：銅牌、銀牌、金牌、白金、鈦金，通常越往上電源轉換效率越好、越省電，但價格也會越高。

▲ 圖片來源：改裝軍團[16]

## GPU

在確保你的 GPU 有辦法提供想要的算力與性價比後（通常是 RX570、RX580、GTX 1060、GTX1070），GPU 的選用主要有兩點：保固期與記憶體廠牌，保固期決定了你的顯示卡能夠被使用多久，即便損壞你還是能夠跟原廠換一張新的過來，而記憶體的製造商主要有三大廠，一般而言：**三星 > 美光 > 海力士**。因為對於 Ethereum 的算法而言，記憶體的頻寬是重要的，而在實測上三星與美光能夠超頻並提供高一點的算力（其中三星又 > 美光），而海力士則幾乎不能超頻。

## 選擇作業系統

作業系統的選用除了常見的 Windows 與 Linux 外，目前也有許多開發出專門應用在挖礦上的作業系統，像是 Hiveos、ETHOS、SparkOS 等作業系統，如

16 https://www.armygroup.com.tw/shop/goods-3598.html

果主機是專門拿來挖礦、平常不會使用的話則強烈建議安裝挖礦專用的作業系統，我列舉了幾個好處如下：

1. 內建整合了驅動程式，不需另外安裝
2. 內建好 claymore、ethminer 等挖礦程式
3. 與顯卡的相容性高，少出問題
4. 可支援十幾張顯卡同時運作
5. 避免使用盜版引發的版權爭議、或是正版作業系統需要的費用
6. 可直接安裝在 usb 隨身碟，省下一個 SSD 的費用
7. 弄好一份後，隨身碟可以直接對拷，後續會很省事

另外一點是隨著時間過去，DAG 也會增加，AMD 預設的顯示卡架構會因為 DAG 的增加造成大幅度的算力下降，選擇挖礦的作業系統能夠幫助你輕鬆解決這個問題而不需要另外設定（一般 Windows 你安裝 AMD 的驅動後必須在驅動程式介面啟動運算模式以避免 DAG 增大帶來的負面影響）。

挖礦專用的作業系統更提供了隨時監看同一帳號下所有的主機、顯示卡，更方便礦工一次管理或升級整個礦場的機台軟體。

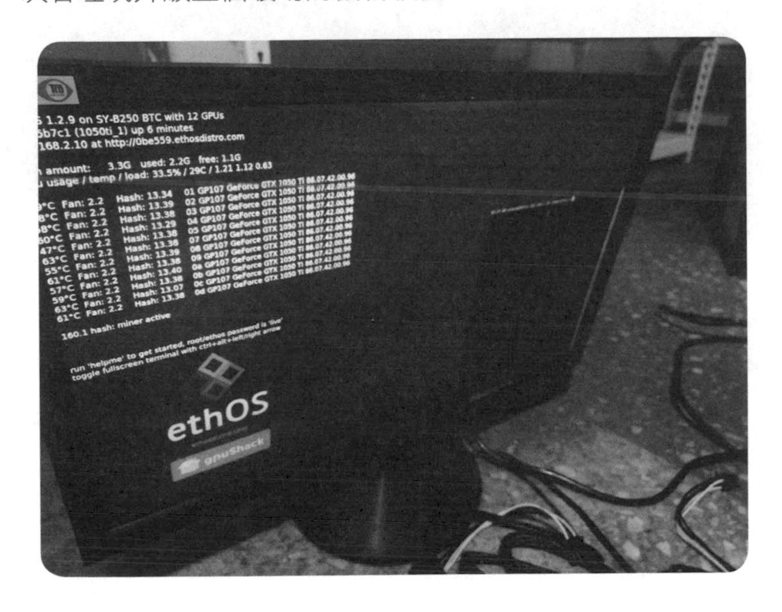

## 選擇挖礦軟體

Ethereum 主要的挖礦軟體有 Claymore、Ethminer、Phoenix Miner 等，其中臺灣最多人使用的就是 Claymore，即使它會抽取你 1% 不等的算力 ( 你可以指定不要讓 Claymore 抽 1%，但 Claymore 會讓你算力減少 2%)，但因為 Claymore 目前仍是主要公認效能最好的挖礦軟體 ( 沒有之一 )，因此還是最主流的挖礦軟體。你可以到 bitcoin talk[17] 下載最新的 Claymore 來使用。

## 實際畫面

這裡我用家裡的電腦 (Win10) 搭配 RX460 做示範，RX 460 擁有 112GB/s 的頻寬，理論上能夠跑到約 14Mh/s，但因為這裡我沒有超頻與優化，而只有看到 11~12Mh/s 的算力。也可以在畫面中看到 DAG 的載入，這就是我們所說的 Dagger-Hashimoto 演算法裏頭的 DAG ！

```
C:\WINDOWS\system32\cmd.exe
ETH: GPU0 0.000 Mh/s
ETH: 10/01/19-22:25:38 - New job from eu1.ethermine.org:4444
ETH - Total Speed: 0.000 Mh/s, Total Shares: 0, Rejected: 0, Time: 00:00
ETH: GPU0 0.000 Mh/s
ETH: 10/01/19-22:25:38 - New job from eu1.ethermine.org:4444
ETH - Total Speed: 0.000 Mh/s, Total Shares: 0, Rejected: 0, Time: 00:00
ETH: GPU0 0.000 Mh/s
ETH: 10/01/19-22:25:42 - New job from eu1.ethermine.org:4444
ETH - Total Speed: 0.000 Mh/s, Total Shares: 0, Rejected: 0, Time: 00:00
ETH: GPU0 0.000 Mh/s
ETH: 10/01/19-22:25:45 - New job from eu1.ethermine.org:4444
ETH - Total Speed: 0.000 Mh/s, Total Shares: 0, Rejected: 0, Time: 00:00
ETH: GPU0 0.000 Mh/s
ETH: 10/01/19-22:25:45 - New job from eu1.ethermine.org:4444
ETH - Total Speed: 0.000 Mh/s, Total Shares: 0, Rejected: 0, Time: 00:00
ETH: GPU0 0.000 Mh/s
GPU0 DAG creation time - 18333 ms
Setting DAG epoch #288 for GPU0 done


ETH: 10/01/19-22:25:49 - New job from eu1.ethermine.org:4444
ETH - Total Speed: 11.458 Mh/s, Total Shares: 0, Rejected: 0, Time: 00:00
ETH: GPU0 11.458 Mh/s
ETH: 10/01/19-22:25:51 - New job from eu1.ethermine.org:4444
ETH - Total Speed: 11.361 Mh/s, Total Shares: 0, Rejected: 0, Time: 00:00
ETH: GPU0 11.361 Mh/s
ETH: 10/01/19-22:25:51 - New job from eu1.ethermine.org:4444
ETH - Total Speed: 11.361 Mh/s, Total Shares: 0, Rejected: 0, Time: 00:00
ETH: GPU0 11.361 Mh/s
```

17 https://bitcointalk.org/index.php ？ topic=1433925.0

# 4-4 礦工間的戰爭

挖礦是有利潤的，但也因為區塊鏈的出塊與獎勵是固定的，挖礦對於所有參與的礦工實際上是一場零和遊戲。為了增加自己的收益，方法大致可以分為提高獲利、壓低成本兩種方式，下面就幾種常見增加收益的方法做個簡單說明。

## 壓低成本（電費）

電費的成本可以佔到總成本的 30-60% 不等（視硬體價格與幣價而定，因硬體價格與折舊費用相對低廉，往往電費可以佔到總成本的 60% 左右），並且因為挖礦所需的消費型 3C 硬體的價格往下殺價的空間不大，壓低成本的方式便最常從電費下手。

## 硬體調校

透過軟體與參數的調校可以稍微減少供耗，以 Ethereum 的 Dagger-Hashimoto 演算法為例，它需要記憶體的頻寬，但對於核心的計算能力反而不太要求，但核心往往是整張 GPU 中最耗電的部分，因此我們可以透過降低核心電壓頻率、拉高記憶體頻率的方式來達到提高算力的同時也減少供耗的效果。

## 契約用電與時間電價

除了調校 GPU 的參數外，也可以向台電申請時間電價或契約用電，（補充個小知識：台灣並沒有工業用電這種東西，只有契約用電！）。

時間電價是透過在離峰時間才啟動挖礦程式可以讓每度電的電費壓在 1.8 元以下，但因尖峰時間停機會導致整體開機的時間只有一半左右，通常是在幣價低到無法負擔 3 元以上的電費的時候才會考慮。

契約用電的成本則落在 2.5-2.8 元左右 / 度，比起家用最高級距動輒 5、6 元便宜許多。但申請前要注意台電的時間電價與契約電都有綁約一年的限制，而且契約電每月需要根據簽訂的容量繳交相對應的基本費（即便你一度電都沒用也得繳），所以契約電對於專業礦場較為適合、家用時間電價對於散戶較為友善。

(107年4月1日起適用)　　單位：元

<table>
<tr><th colspan="7">二段式時間電價</th></tr>
<tr><th colspan="5">分　類</th><th>夏月<br>(6/1-9/30)</th><th>非夏月<br>(夏月以外的時間)</th></tr>
<tr><td>基本電費</td><td colspan="3">按戶計收</td><td>每戶每月</td><td colspan="2">75.00</td></tr>
<tr><td rowspan="3">流動電費</td><td rowspan="2">週一<br>～<br>週五</td><td>尖峰<br>時間</td><td>07:30~22:30</td><td rowspan="2">每　度</td><td>4.44</td><td>4.23</td></tr>
<tr><td>離峰<br>時間</td><td>00:00~07:30<br>22:30~24:00</td><td>1.80</td><td>1.73</td></tr>
<tr><td colspan="3">每月總度數超過2000度之部分</td><td>每　度</td><td colspan="2">加0.96</td></tr>
</table>

▲ 資料來源：台電[18]

## 增加挖礦期望值

如果對區塊鏈或礦池的運作夠熟悉，也可以透過區塊廣播或打包的眉眉角角來獲取更大的利益。這裡要另外說明，因為挖礦對所有礦工而言是一場零和遊戲，在增加自己獲利的同時也會損害到其他人的利益，因此某些為了使自己的利益最大化的方式往往被認為是不道德的。

## 挖空塊

其中一個礦池的作弊方式便是**挖空塊**，還記得我們在之前寫的簡易區塊鏈中是這樣處理接收到的區塊的：

18 http://taipowerdsm.taipower.com.tw/

```
def receive_broadcast_block(self, block_data):
    last_block = self.chain[-1]
    # Check the hash of received block
    if block_data.previous_hash != last_block.hash:
        print("[**] Received block error: Previous hash not matched!")
        return False
    elif block_data.difficulty != self.difficulty:
        print("[**] Received block error: Difficulty not matched!")
        return False
    elif block_data.hash != self.get_hash(block_data, block_data.nonce):
        print(block_data.hash)
        print("[**] Received block error: Hash calculation not matched!")
        return False
    else:
        if block_data.hash[0: self.difficulty] == '0' * self.difficulty:
            for transaction in block_data.transactions:
                self.pending_transaction.remove(transaction)
            self.receive_verified_block = True
            self.chain.append(block_data)
            return True
        else:
            print(f"[**] Received block error: Hash not matched by diff!")
            return False
```

大抵而言可以把步驟簡化成：

1. 確認該區塊的雜湊值是否符合當下難度的規範
2. 如果符合就把該區塊內的交易 (**pending_transaction**) 自等待中的交易內移除
3. 結束目前的挖礦
4. 把新的交易放置入新的區塊中
5. 開始挖掘新區塊

但在這些步驟進行的過程中，礦池的算力是停擺的，但是礦機卻仍然在持續運行著。因此有些礦池會為了節省時間與能源，在尚未接收到整個區塊的廣播時就直接開始挖掘下一塊，但也因為如此礦池根本不知道這區塊內有哪些交易，也無法確認哪些等待中的交易 (**pending_transaction**) 是已經被打包進去 / 交易過的，所以在下一區塊的挖掘中礦池無法加入任何交易紀錄，所以即便礦池真的藉此最先挖掘出新區塊，裏頭也沒有任何交易，俗稱空區塊，他們接收到廣播的區塊後的處理方式如下。

1. 確認該區塊的雜湊值是否符合當下難度的規範
2. 不置入任何交易就開始挖掘新區塊

因為少了確認交易內容、打包新交易的過程，所以挖空塊能夠比正常挖礦者更快進入 nonce 值的計算階段，但此時的區塊卻沒有辦法驗證任何人的交易。所以有些人會覺得礦池為了自身利益不打包其他人的交易實在是母湯的行為。

## 跳跳池

在講跳跳池前就必須先談礦池的運作與分潤方式：可以把礦池想像成接受到難題後，就把該難題拆解成許多小難題分派給參與的礦工，每當礦工解決完一個小難題後便回傳給礦池，此時稱為一個 **share**，這裡我簡介幾種礦池在出塊後與礦工們的分潤方式：

### ▨ RBPPS(Round Base Pay Per Share)

RBPPS 是當礦池挖掘到新區塊後，就立刻把新區塊的收益根據這段時間的大家的 **share** 數目來分派收益，因此礦工本身也承擔了風險，如果多出塊，礦工就多賺；沒出塊，礦工就會虧錢。

### ▨ PPS(Pay Per Share)

PPS 的方式是不論礦池出塊與否，礦池都會根據礦工所解決的 **share** 數目給礦工應當的收益，因此出塊與否的風險是由礦池承擔的，如果礦池運氣好多出幾塊礦池就會大賺，但如果運氣不好就會大虧了。

### PPLNS(Pay Per Last N Share)

PPLNS 是只根據礦池出塊後過去的 N 個 **share** 數目給礦工應當的收益，至於為什麼會這樣設計是為了避免跳跳池的礦工（以下說明）。

## 跳跳池

了解跳跳池的原理前先來了解一個值：**幸運值**。根據礦池持有的算力佔全網算力的比例可以算出預期的出塊時間，比方說 Ethereum 大約每 15 秒會出一塊，如果礦池持有總算力的 1%，則平均下來大概每 25 分鐘可以出一塊，計算方式如下：

**出塊時間 15 秒 / 持有算力 1% = 預期出塊時間 1500 秒 = 25 分鐘**

幸運值的意思是現在的挖掘時間是預期出塊時間的多少百分比，也就是說長時間平均下來，大約幸運值累積到 100% 就能夠出一塊，如果幸運值小於 100% 時就挖到區塊，代表礦池的運氣很好，礦工們的收益會高於預估；但如果幸運值大於 100% 才出塊，代表礦池的運氣不好，得花費比期望值高的算力才能夠出塊。

**幸運值 = 已挖掘區塊時間 / 預期出塊時間 * 100%**

在臺灣乙太幣礦池[19] 中的幸運值就在預期出塊那裏（下圖），也可以透過使用者介面發現臺灣乙太幣礦池是修改我們幾天前介紹的 Open source 礦池程式碼[20] 而來。

19 http://tweth.tw/

20 https://github.com/sammy007/open-ethereum-pool

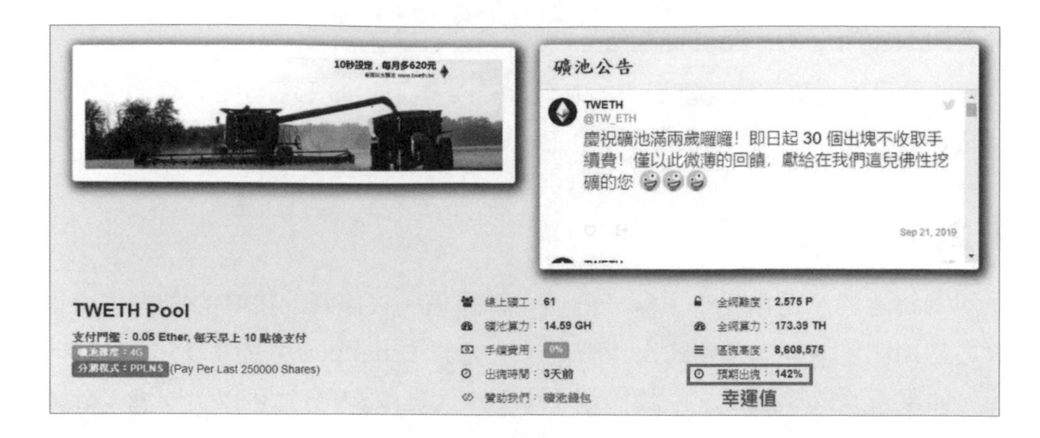


而跳跳池的做法就是：當幸運值小於 100% 時進入 RBPPS 的礦池，等到幸運值大於 100% 的時候就轉出到其他礦池以獲取更大的收益。

乍聽之下好像很不合理，畢竟挖礦的時間不是都一樣嗎？為什麼跳來跳去能夠取得較大的收益？要理解這個原因可以從期望值的問題下手：

**每留在 RBPPS 礦池中的固定一段時間能夠獲得多少收益？**

因為每段時間內的出塊機率是固定的，當礦池的幸運值為 X% 時，如果挖出區塊，便需要跟前面 X% 所累積出來的 **share** 數目均分出塊收益，因此留在礦池繼續挖下一段時間的收益期望值便是 **PPS 收益 /X**。

由此可見，當 X 小於 100% 時，留在 RBPPS 的礦池的收益會大於 PPS 池，但當 X 大於 100% 時，留在 RBPPS 的礦池的收益就會小於 PPS 池，所以當幸運值小於 100% 時進入 RBPPS 礦池、當幸運值大於 100% 時退出 RBPPS 礦池便能夠獲取更高的收益。為了避免這種情形才會衍伸出第三種 PPLNS 的礦池分潤：只根據前面 N 個 share 進行分潤，若礦工中途退出，則之前的收益全數歸零。

這裡我們可以做一個小實驗，假設有兩人持有同樣算力，其中一人老實地挖完全程，另一人只挖到幸運值 100% 後就轉去 PPS 池（這裡我們都以 1% 為單位，每經過 1% 幸運值就會有 1% 機率挖到）：

1. 對於始終留在同一個 RBPPS、而且沒有礦工提前跳走的礦池而言，礦工的收益跟預期差不多。

```
pool_reward = 0
try_times = 10000
mine_time = 0

# RBPPS Miner
for i in range(try_times):
    luck = 1
    while(True):
        if random.randint(0,100) == 0:
            # Mine Block!
            pool_reward += 100
            mine_time += luck
            break
        luck += 1
print(f"Expect RBPPS miner: {pool_reward/mine_time}")
Expect RBPPS miner: 0.9913583294422519
```

2. 但如果有礦工每到幸運值 100% 便跳去另外一個 PPS 池，即便在原本 RBPPS 池的收益會減少成 **200*(100/(100+luck))** 但同時也會增加 PPS 的收益 **luck - 100**，另外因為礦工在幸運值 100% 後便離開，在幸運值 100% 之後的出塊機率也會變成 1/2，因此要多篩一次 **random.randint(0,1) == 0**：

```
miner_reward = 0
pool_reward = 0
mine_time = 0
# RBPPS + PPS Miner and Pool
for i in range(try_times):
    luck = 1
    while(True):
        if random.randint(0,100) == 0:
            # Mine Block!
            if luck < 100:
                miner_reward += 100
```

```
                pool_reward += 100
                mine_time += luck
                break
            else:
                if random.randint(0,1) == 0:
                    miner_reward += 200*(100/(100+luck))
                    pool_reward += 200*(luck/(100+luck))
                    miner_reward += luck - 100
                    mine_time += luck
                    break
        luck += 1
print(f"Expect RBPPS + PPS miner: {miner_reward/mine_time}")
print(f"Expect RBPPS + PPS pool: {pool_reward/mine_time}")
```

```
Expect RBPPS + PPS miner: 1.1591529571485477
Expect RBPPS + PPS pool: 0.8354135084376128
```

可以發現採用跳跳池的礦工可以高出近 20% 的收益，而留在原池的礦工則會減少近 20% 的收益，兩者一來一往就差了將近 40% ！

## 扣塊攻擊

另一種礦池間的攻擊手法就是利用 PPS 的漏洞：動用手下的算力去幫別人礦池挖礦，但只發送沒挖掘成功的 share，一但確認自己挖到正確的 share 之後卻反而不廣播給礦池，所以送出的 share 都是無效的！

但因為 PPS 分潤制的關係，導致礦池仍然要配發無效 share 的收益給該名礦工，長期下來礦池配發的收益會與挖掘到的收益不合比例，而導致 PPS 制礦池的倒閉。

既然有這麼明顯的漏洞，為什麼還是有礦池使用 PPS 制呢？因為當礦池規模小時，為了吸引礦工們前來礦池只能使用 PPS 制（出塊機率太低、預期出塊時間太長，礦工沒有耐心等待）來固定配發收益給前來的礦工們，這時候大型礦池可能就會為了對小礦池趕盡殺絕而犧牲自己的一部分算力對對手礦池採用扣塊攻擊。

Chapter 05

# P2P 網路

## 5-1 網路架構種類

### 傳統的網路架構

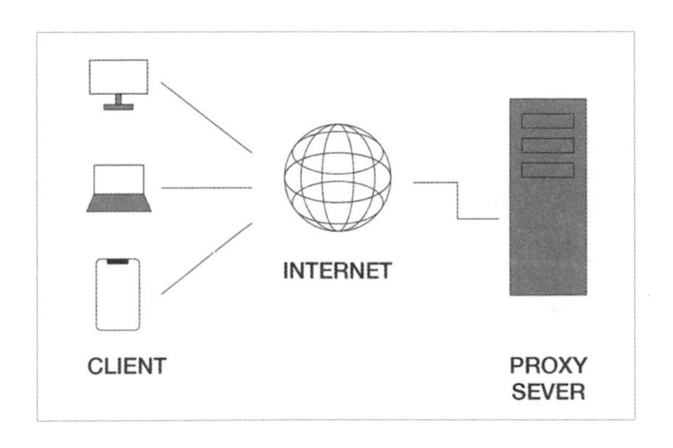


傳統的網路架構是每一張圖片、影片、網站、APP 都會有存放的伺服器 (server)，每個伺服器也會有像門牌一般的 ip 位址，當我們 (client) 瀏覽網頁時，其實就是透過 ip 位址向伺服器發出請求 (request)，再由伺服器回傳我們瀏覽網頁上的資源（圖片、影片、html 等）給我們。可以說伺服器本身掌控了話語權，也決定了我們能看到甚麼。

因此傳統的架構又稱為 **Client-Server model**。

以 facebook 為例，你在 facebook 內的所有帳戶、照片、好友資料通通都存在 facebook 的伺服器中，facebook 也有權力決定要給你看到 / 看不到甚麼，所以與其說是你的帳戶，不如說是 facebook 擁有你自願上傳的資訊，當你有需求時再順道回傳給你一份罷了！

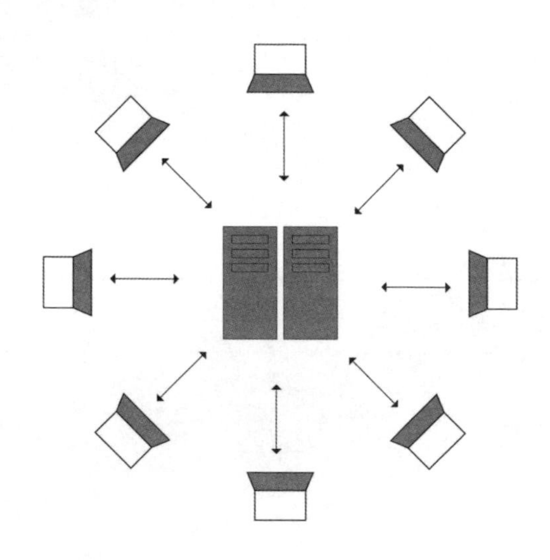

所以傳統的中心化架構就是所有使用者的請求都會被送到同一個伺服器處理。另一個中心化的例子就是銀行的金流系統，當我們要匯款時便是向銀行的伺服器發出請求，請伺服器驗證我們的身分並且針對我們的請求加以處理，同時我們也信任伺服器的處理結果，整個流程都由銀行端完成。

這種架構的優點就是處理迅速，我們只需要等待單一伺服器的回應就可以知道結果。但其中卻有兩大缺陷：

### ▨ Scalability

Scalability 代表的是可擴充性，也就是當使用者的數目成長時，系統接收並處理請求的伺服器數目卻是固定的，固定的伺服器規格代表能處理的使用者數目或是單位時間內的請求數是會有上限的，如果想要拉高上限，代表的是營運成本也會跟著上升（但其實近年因為硬體的進步與分散式系統的發達已經很大解決 Scalability 的問題了）。

▨ Reliability

Reliability 代表的是系統的可靠度，也就是系統的妥善率有多少。傳統的 **Client-Server model** 仰賴單一伺服器與節點的運行，所以一旦伺服器出錯或是維修，整個服務就會終止，也因此我們偶爾還是會聽到 facebbok 斷線或是銀行服務會有固定的維修時間等等。

## Peer to Peer(P2P) 網路

傳統的網站架構把所有的資源都放置在同一台伺服器上，有需要的用戶再向伺服器檢索。Peer to Peer(P2P) 網路則是網路上的所有人都負責儲存了全部或部分的資料，除了向其他 IP 位址發起請求外，本身也需要負責處理收到的請求，**自身既是 Client 也是 Server**。

但其實 P2P 網路並非是非常新的概念，在常聽到的 TCP/IP 通訊協定中其實就是一種終端到終端 (end to end) 的概念，通訊的兩端是彼此平等不分 client 與 server 的！只是因為平時我們上網幾乎都是在檢索其他網站的資料，為了效率與實務上的考量網站經營者才會把所有資源集中存放與處理。

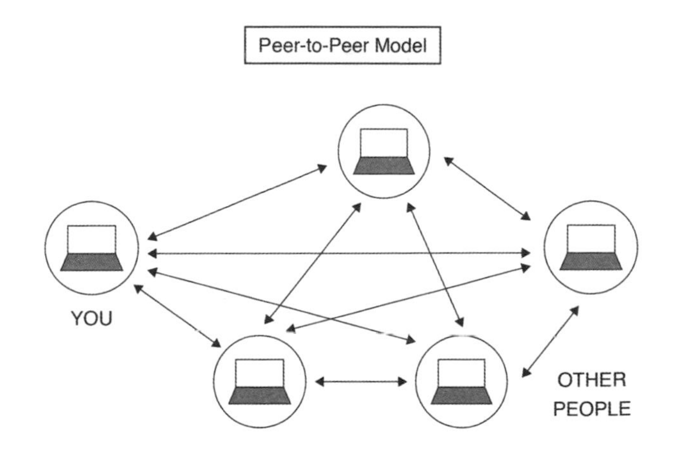

P2P 網路在 Scalability 與 Reliability 都具有很大的優勢，因為每個獨立的終端都可以視作 Server，當終端數目增加，Server 數目也隨之增加，所有可運用的硬體資源與網路頻寬也隨之增加，在 Scalability 會具有很大的優勢。

Reliability 的部分因為每個終端都可以獨立運作，所以不存在傳統中心化架構中一旦單一伺服器停擺就會造成整個服務中斷的問題。

除了 Scalability 與 Reliability 外，P2P 網路也因為沒有中心化的伺服器，而讓資料沒有被中心化機構掌控或修改的可能，也確保了資訊的安全。

## P2P 網路的難題

雖然 P2P 網路可以有效解決傳統中心化網路在 Scalability 與 Reliability 的問題，但在技術上因為需要參照與協調許多終端所以技術上的複雜度會比傳統 Client-Server model 複雜許多。以下簡述幾種 P2P 網路實作上會遇到的難題。

## 工作的分配

雖然 P2P 網路的硬體資源與頻寬會隨著終端數目的增加而增加，但如何配置與分享彼此間閒置的資源是一大難題，畢竟即便資源增加，若沒有好好地被分配與利用也是徒然。以下簡述幾種工作分配的方式：

### ▨ Opportunistic Load Balancing(OLB)

Opportunistic Load Balancing 是將目前的工作隨意分配給一台閒置的電腦，目標是讓所有的電腦都處於工作的狀態，但因為沒有考量每個工作的工作量與每台電腦獨立且不同的運算能力，所以不適用於由異質終端所構成的 P2P 網路。

### ▨ Minimum Execution Time(MET)

Minimum Execution Time 是不考慮電腦目前的工作狀態，直接把這項工作分配給執行時間最短的電腦，但缺點是會造成負載的不平衡，運算能力最強的電腦會被分派到最多工作，運算能力最弱的就會一直閒置，所以同樣不適用於由異質終端所構成的 P2P 網路。

### ▨ Minimum Completion Time(MCT)

Minimum Completion Time 是根據電腦的最小完成時間（目前的工作要多久才會結束）來分派工作，越快結束的電腦就會被優先指派然後計算，所以並不保證執行時間 (Execution Time) 會最短。

### ▨ Min-Min

Min-Min 是根據工作在每一台電腦預估可以完成的時間，所以也會將電腦目前的工作狀態列入考量。完成時間的意思便是等待時間加上執行時間（上面的 Execution Time），所以雖然能確保工作能在最短時間內被完成，但預估完成時間也是難事。

### ▨ 節點的搜尋

既然 P2P 網路是由許多獨立的 Peer 所構成，那要怎麼知道所有參與網路的節點確切的 IP 位址呢？你只能透過一些中心化的網站或是上網搜尋其他人提供的節點位置，比方說 bitnodes 這個網站就記錄了 Bitcoin 網路線上的所有節點，找到節點們的資訊後你才能參與整個 P2P 網路的運作。

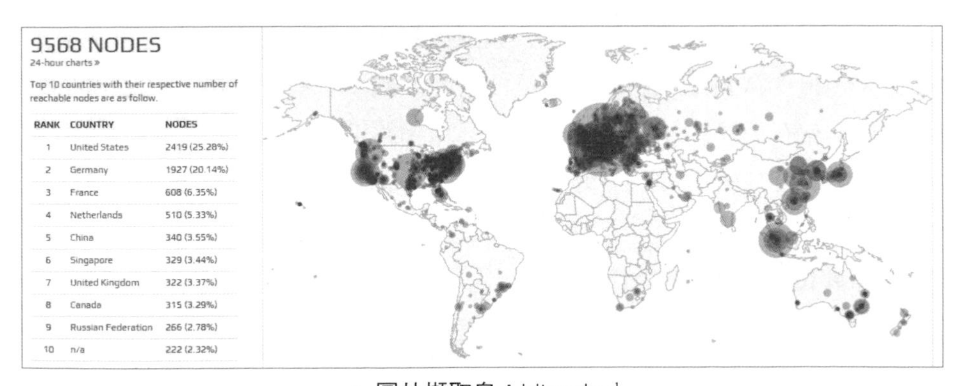


| RANK | COUNTRY | NODES |
|---|---|---|
| 1 | United States | 2419 (25.28%) |
| 2 | Germany | 1927 (20.14%) |
| 3 | France | 608 (6.35%) |
| 4 | Netherlands | 510 (5.33%) |
| 5 | China | 340 (3.55%) |
| 6 | Singapore | 329 (3.44%) |
| 7 | United Kingdom | 322 (3.37%) |
| 8 | Canada | 315 (3.29%) |
| 9 | Russian Federation | 266 (2.78%) |
| 10 | n/a | 222 (2.32%) |

▲ 圖片擷取自：bitnodes[1]

1 https://bitnodes.earn.com/

### ▨ 取得 Peer 間的共識

P2P 網路間必須共享同一份資料與彼此間的資訊才能夠協作，且因為 TCP/IP 的網路是兩兩連接而成的，由簡單的排列組合可以得知當節點有 N 個時，所有節點可以組成的連線個數便是$C_2^N$，也就是 N*(N-1)，大約取決於 $N^2$。

因此節點數一多的狀況下要取得 Peer 間的共識會非常困難，更何況有時候會有惡意的節點參與其中並且散步造假過的資訊，我們之後會在討論拜占庭將軍問題時詳談如何解決。

$$C_2^N = \frac{N!}{2! * (N-2)!} = N * (N-1)$$

### ▨ 無法徹底去中心化

最後一個問題是 P2P 網路雖然可以稍微擺脱被單一中心化機構掌控資源的風險，但實際上 P2P 網路沒有辦法達到完全的去中心化，原因是網路提供商 ISP 或是 DNS 還是掌控在中心化機構手中，像是上面節點的搜尋也需要仰賴別人提供的資訊，因此充其量也只是最後資訊的儲存與處理是去中心化，底層的通訊還是得仰賴特殊且中心的機構完成。

### ▨ 資料的重複儲存與不穩定性

因為 P2P 網路的節點是可以自由加入與退出的，也就是每個節點的穩定性並無法確認，也無法得知每個節點可存續的時間，為了求取資料的安全便需要在複數個位置上儲存同樣的資料，相較於中心化網路會多耗費許多空間，即便如此在儲存使用者分享的檔案時也無法確保該檔案能存在多久。

## P2P 網路的分類

根據 P2P 網路處理資訊與分配工作的方式大致又可以分成三種：

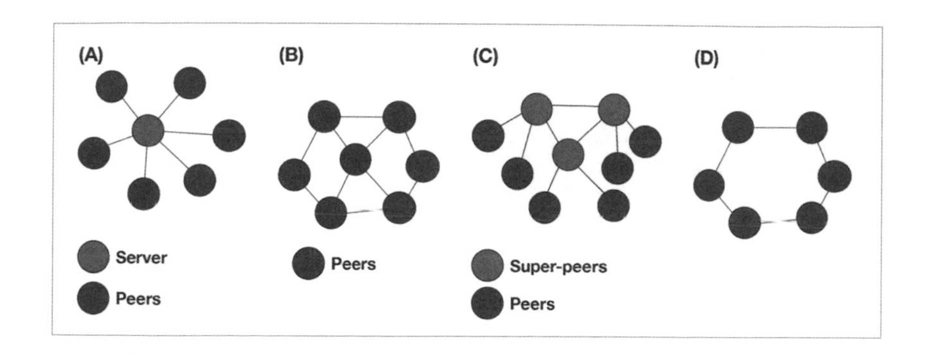


### ▨ 中央式 P2P

也就是上圖的 (a)，代表整個 P2P 有一個中心伺服器專責處理工作的分派與分流，也會記錄節點們的清單與位置，但中心節點並不實際處理資訊或是資料的儲存，只負責節點間的溝通與工作的調度。

### ▨ 純 P2P

純 P2P 代表整個 P2P 網路中的節點都是平等的，彼此並沒有工作或是權力上的分別，也就是上圖的 (b)。

### ▨ 混合 P2P

混合式 P2P 很像是中央式 P2P，但其跟中央式 P2P 網路不同的地方是它擁有複數個中心伺服器負責資訊的轉發與協調，就像 EOS 本身就擁有了 21 個超級節點。

## P2P 與區塊鏈

整個 Bitcoin 全節點可以看作是一種純 P2P 網路，節點間並沒有先來後到或權力大小之分，但為了保持資料的一致性（所有節點手上的帳本必須同步），所以在傳遞或廣播上必須考量到效率與攻擊者假造節點的狀況，因此我們下一節就要來介紹究竟在 P2P 網路中要如何確保節點間的同步與讓正確的共識被形成呢？

# 5-2 共識—拜占庭將軍問題

## 拜占庭將軍問題

拜占庭將軍問題在維基百科[2]中的說明如下：

一組拜占庭將軍分別各率領一支軍隊共同圍困一座城市。為了簡化問題，將各支軍隊的行動策略限定為進攻或撤離兩種。因為部分軍隊進攻部分軍隊撤離可能會造成災難性後果，因此各位將軍必須通過投票來達成一致策略，即所有軍隊一起進攻或所有軍隊一起撤離。因為各位將軍分處城市不同方向，他們只能通過信使互相聯絡。在投票過程中每位將軍都將自己投票給進攻還是撤退的資訊通過信使分別通知其他所有將軍，這樣一來每位將軍根據自己的投票和其他所有將軍送來的資訊就可以知道共同的投票結果而決定行動策略。

▲ 圖片來源：steemit[3]

拜占庭將軍問題的背景可以簡化成三件事情：

1. 將軍中可能出現叛徒，故意投不適當的策略，也不會依照投票的結果行動
2. 傳遞過程中叛徒可能會以其他將軍的身分傳遞假資料給其他忠誠的將軍
3. 傳遞過程中的信使可能會被攔截

2 https://zh.wikipedia.org/zh-tw/ 拜占庭將軍問題

3 https://steemit.com/blockchain/@dantheman/the-problem-with-byzantine-generals

因此拜占庭將軍問題的核心就是如何在有叛徒或是資訊有可能遺失的情形下，找出方法讓忠誠的將軍們仍然可以**不受叛徒影響取得共識並且發動集體一致的行動**。

## 拜占庭將軍問題與區塊鏈

那麼拜占庭將軍問題究竟跟區塊鏈有甚麼關係呢？

### ▨ 女巫攻擊 (Sybil Attack)

還記得我們在打造區塊鏈時有提到過節點的加入是完全自由、不需要任何人允許，但這樣自由開放、沒有審核的環境就可能會有攻擊者冒充節點並且廣播對自己有利的資訊。

就像 1973 年的小說《Sybil》裏頭化名 Sybil Dorsett 的女主角因為認同障礙有 16 種人格一樣，單一攻擊者可以假冒惡意節點，並且分裂出多重身份藉此向其他正常節點提供大量不正確的資訊以癱瘓網路或是取得利益，這類在 P2P 網路中偽造多重身分藉此發動攻擊的方式又稱為**女巫攻擊 (Sybil Attack)**。

為了對抗女巫攻擊，區塊鏈上的節點們必須在節點裏藏有攻擊者的狀況下加以應對並且求取正常節點間的共識；所以，區塊鏈或 P2P 網路中求取共識的本質便跟拜占庭將軍問題一樣。

▲ 圖片來源：yourgenome[4]

4 https://www.yourgenome.org/facts/what-is-clone-by-clone-sequencing

### ▨ 誰有權利投票？

為了對抗女巫攻擊，最基礎的方式就是讓 **P2P 網路中的廣播與投票是有成本的**，也就是你必須持有特定東西去證明你有廣播與投票的權利，至於用甚麼東西來證明自己主要又可以區分成兩種方式：

### ▨ 工作量證明 (Proof of Work，POW)

**工作量證明**指的是如果你想要廣播或是投票，你手中必須持有一定的運算力，回憶一下我們之前挖掘區塊的過程：

```
while new_block.hash[0: self.difficulty] != '0' * self.difficulty:
    new_block.nonce += 1
    new_block.hash = self.get_hash(new_block, new_block.nonce)
```

如果節點需要廣播資訊，它必須透過不斷搜尋 nonce 值來完成要求，也就是透過自身的工作量來證明自己廣播的權力，即便生成一個假冒節點的成本低廉，攻擊者可以藉此偽造無數個節點，但產生出的假節點會因為沒有運算力支持無法進行廣播，如果攻擊者想要發動女巫攻擊就必須耗費大量硬體資源取得運算力，大大提高了女巫攻擊的難度。

雖然工作量證明能夠有效地抵制女巫攻擊，但在區塊鏈上也會產生未來發展路線被礦池 / 礦工把持的問題，也就是說你手上的幣未來會如何是完全被礦工 / 礦池決定的，一般持有幣的人並沒有辦法參與或是決定，這就利益的考量而言是衝突的，因為通常持有幣的人才會擁有動機去維持區塊鏈的可靠與可信度，如果礦工手上沒有幣，或是未來挖礦的利潤不斷下滑，就有可能發生礦工反過來攻擊區塊鏈一次獲取超額利潤殺雞取卵的事件。

### ▨ 權益證明 (Proof of Stake，POS)

因此另一種**權益證明**便應運而生，權益證明的目的是把廣播與投票的權力改成由持幣者來行使，也就是你手上持有的幣數越多，你會越有權力去廣播與投票，藉此透過自身的利益來維護區塊鏈的穩定。

## 拜占庭容錯 (BFT) 演算法

Leslie Lamport 在 1982 年發表 The Byzantine Generals Problem[5]，提出了一個虛構模型來模擬異質系統中共識的形成，並且提出了拜占庭容錯演算法試圖在節點中求取共識。

因為 Bitcoin 中的節點彼此間是完全相同的，舉個例子：目前存在有三個獨立的節點，其中一個是由攻擊者（叛徒）假冒成的，但接收指令的正常節點（忠誠）並沒有能力區分此時的真實命令為何。

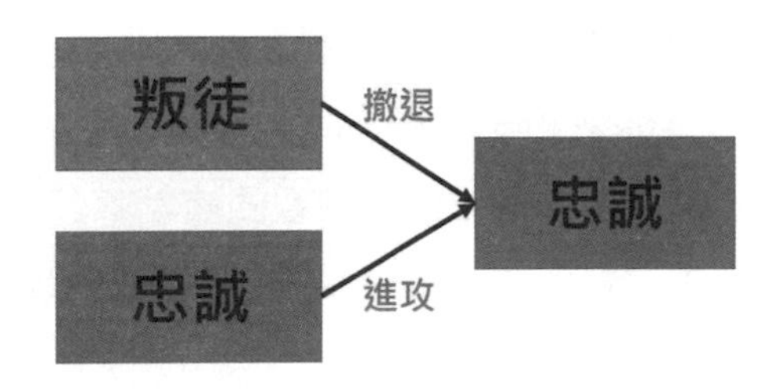


但若存在有四個獨立的節點，其中只有一個是由攻擊者（叛徒）假冒成的，此時接收指令的正常節點（忠誠）有能力區分此時的真實命令為何、並且找出哪個節點是由攻擊者假冒而成的。

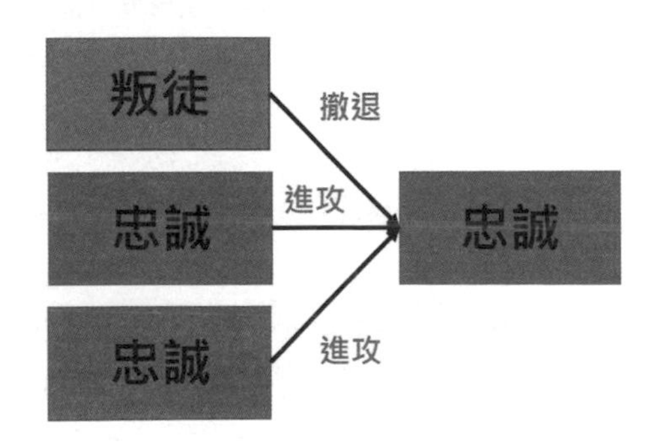


傳統拜占庭容錯演算法是透過節點兩兩間的聯繫來確認彼此的共識，問題就是**需要的運算量非常龐大而難以被實用**：以剛剛提到的 CN 取 2 為例，假設目前

5 https://people.eecs.berkeley.edu/~luca/cs174/byzantine.pdf

有 N 個節點，每個節點都需要取得其他 N-1 個節點的訊息才能夠確認下一步的動作，也就是整個網路需要 **N*(N-1)** 的溝通數目才能進行下一步動作。也就是演算法中的 O(n*n)：當節點數目數目變成 N 倍，整體運算量就會變成 $N^2$ 倍。

$$C_2^N = N!/(k*(N-2)!) = N*(N-1)$$

在此補充一點，在 Bitcoin 的工作量證明機制下，上述的節點都必須有相同的運算能力，也就是拜占庭容錯演算法提供了工作量證明外的另一層安全保障。

## 證明拜占庭容錯機制

Leslie Lamport 等人在 1980 年發表《Reaching agreement in the presence of faults》[6] 中證明，當網路中由攻擊者假冒的節點不超過 1/3 時，拜占庭容錯演算法可以有效揪出由攻擊者假冒的節點。但如果由攻擊者假冒的節點超過總數的 1/3，就無法保證正常節點間能夠達到共識。換算成數學式就是：

$$N \geqq 3F+1$$

其中 N 代表節點總數，F 則是攻擊者假冒的節點數目，如果 N 大於或等於 3F+1，則拜占庭容錯演算法便可以揪出整個網路的異常。我們可以做個簡單證明，此時根據提案方式可以分成兩種情形：

1. 發起行動者（提案節點）是由正常節點
2. 發起行動者（提案節點）是由攻擊者假冒

當提案節點是正常節點時，當它把提案廣播出去時，整個網路會有至少 N-F 份正常訊息與至多 F 份錯誤訊息在網路中流傳，此時正確訊息必須多餘假冒的訊息 N-F>F，也就是 N 必須大於 2F

$$N>2F$$

6 https://lamport.azurewebsites.net/pubs/reaching.pdf

但當提案節點是由攻擊者假冒時，攻擊者會盡量拆散正常節點所接受到的資訊，也就是其中一半的正常節點 (N-F)/2 會接收到提案、另外一半的節點 (N-F)/2 卻會收到相反的提案，至於剩餘的攻擊者 F-1 的訊息是不確定的 ( 攻擊者會干擾共識的形成 )。為了達成共識，正常節點此時必須詢問其他節點所收到的資訊為何來確認共識與該訊息是否是被攻擊者偽造出來的，要使共識形成必須讓正常節點收到資訊多於被偽造出來的，也就是 N-F 個正常節點減去 F 個假資訊後仍然必須大於 F 個假節點，(N-F)-F>F，所以可以導出總節點個數 N 必須大於 3 倍的假節點 F。

$$(N-F)-F>F$$

確切的證明可以參考論文原文。

## 實用拜占庭容錯 (PBFT)

Miguel Castro 和 Barbara Liskov 在 1999 年發表了《Practical Byzantine Fault Tolerance and Proactive Recovery》[7]，其中提出的**實用拜占庭容錯 (PBFT) 演算法**把拜占庭容錯演算法的運算複雜度從指數降低到了多項式級，複雜度的大幅度降低讓拜占庭容錯演算法有實際應用的機會。

### 實用拜占庭容錯 (PBFT) 的步驟

實用拜占庭容錯 (PBFT) 演算法改善了傳統必須彼此迭代詢問彼此收到資訊的情形，透過三階段投票與回應的設計，大幅度減少需要使用的運算量。

7 http://www.pmg.csail.mit.edu/papers/bft-tocs.pdf

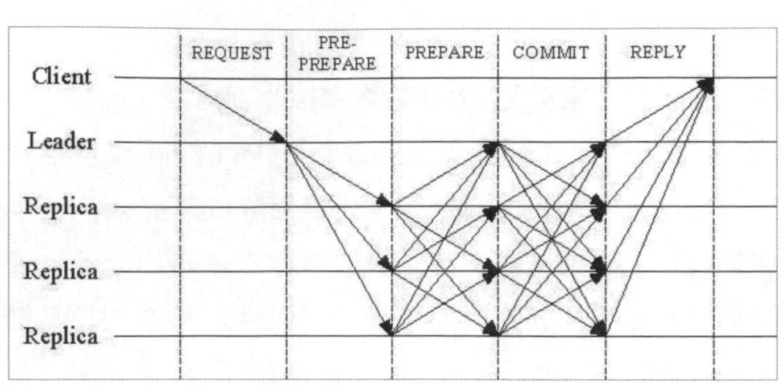


▲ 圖片來源：itsblockchain[8]

以下簡述三個 PBFT 的步驟：

### ▨ Pre-prepare

由客戶端 (**Client**) 向其中一個節點發起交易的請求，接收到請求的節點會傳遞交易請求給其餘節點，並且經過自己私鑰的數位簽章（我們之前提到的非對稱加密）來證明該訊息是由自己發出的，發送後進入就位 (**Pre-prepare**) 狀態，此時的資訊是由單一節點傳達給全部節點的。

### ▨ Prepare

當其餘節點收到發出的就位 (**Pre-prepare**) 訊息後必須馬上決定是否同意這個請求，如果同意就同樣利用自身的私鑰簽章後發出自己的預備 (**Prepare**) 給其他將軍，不同意就不做任何事情。如果自其他節點那收到足夠多的預備 (**Prepare**) 就代表，此後進入已預備 (**Prepared**) 的階段。

### ▨ Commit

如果已預備 (**Prepared**) 的節點準備執行該請求，就發送自身私鑰簽數位簽章執行 (**Commit**) 訊息給所有節點並進入執行階段，若各節點收到執行 (**Commit**) 訊息就執行該請求的內容，並且達成共識。

8 https://itsblockchain.com/practical-byzantine-fault-tolerance-algorithm-pbft-consensus/

### ▨ PBFT 的小總結

上述的 **Pre-prepare** 階段可以看做單一節點對所有節點的廣播與提案，**Prepare** 階段可以看做是每個節點是否同意這個請求，而每個階段所收到的回應個數至少需要超過前面所提到的總節點數目的 2/3。那為什麼是三階段而不是兩階段 (Pre-prepare 跟 Prepared) 後行動呢？

這必須考慮到**視域變換 (View-change)**，也就是避免發起者是攻擊者造假的，必須不停更換每一輪行動的最初發起者，因此 Commit 階段的目的便是要避免因為網路傳遞的延遲而使得部分節點進入視域變換的過程而導致錯誤的行動。詳細資訊可以參考 Taipei Ethereum Meetup 的專欄[9]。

## 共識的形成與岔開

目前提到的共識都是節點間要如何產生一致的行動，通常是在往常的交易或挖掘新區塊後需要達到彼此的一致性，但有時候會因為網路延遲的關係產生短暫的分裂，又或是因為社群意見的分裂使得此時並不再需要繼續按照節點間的共識行動，如何應對這些不同種類的分岔就是我們接下來要討論的議題了！

# 5-3 共識未能形成的插曲：暫時性分岔

分岔指的是在區塊鏈進行過程中因為某些特定原因沒能達成一致性的狀態，根據分岔的原因與相容性又可以分成暫時性分岔、軟分岔、硬分岔三種。首先我們先來談**暫時性分岔**：

9 https://medium.com/taipei-ethereum-meetup/intro-to-pbft-31187f255e68

## 暫時性分岔 (Temporary Fork)

在 P2P 網路中節點間必須達成共識，並且每個節點所儲存的資料必須一致，而我們在方才的**拜占庭將軍問題**中已經稍微講述了共識間的求取方式，但實際上網路資訊的廣播並不是即時的，其中的步驟可以簡化成：

1. 挖掘到新區塊
2. 廣播新區塊
3. 其他節點收到廣播的新區塊
4. 其他節點開始驗證新區塊
5. 其餘節點接受區塊後放棄目前挖掘的區塊，開始挖掘下一塊

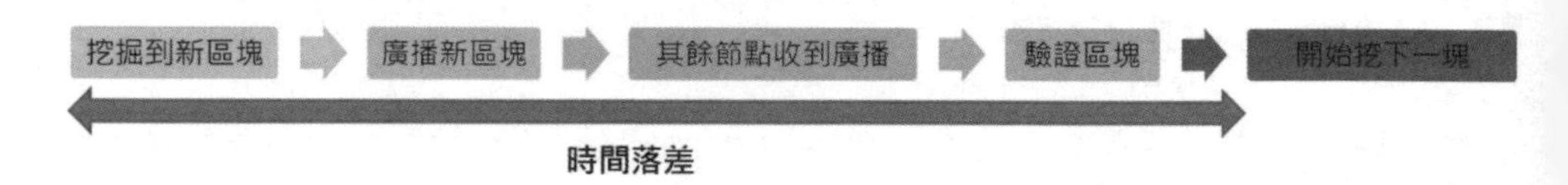


因為網路與驗證雜湊的運算都需要時間，因此在挖掘到新區塊到其餘節點驗證並接受該區塊會有一段時間上的落差，如果在這時間落差中有節點恰恰挖掘到另一個區塊（回憶一下挖礦所找尋的 nonce 並非是唯一解），整個區塊鏈網路就會進入**暫時性分岔**的階段，可以回憶一下之前的這張圖。

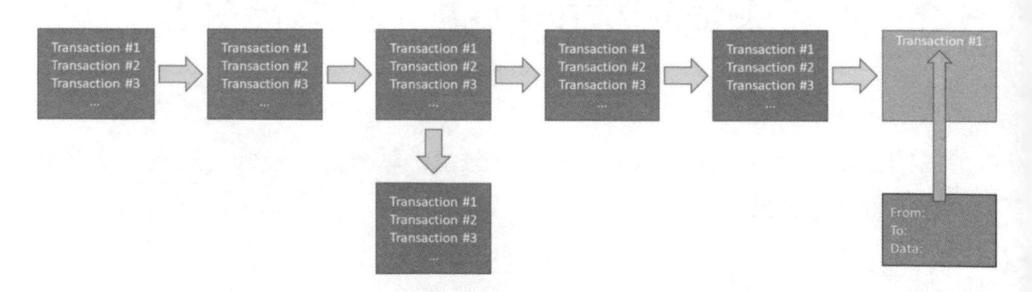


那既然暫時性分岔是 POW 機制與網路延遲下無可避免的結果，那區塊鏈該如何解決暫時性分岔並且回到同步的共識呢？

## Bitcoin 中的最長鏈機制

Bitcoin 的解決方式是 **Winner Takes All**，最後只有一條最長的鏈會被當作主鏈，在工作量證明的機制下，通常擁有最多算力的那條鏈會因為擁有最快的出塊速度而成為最長鏈。

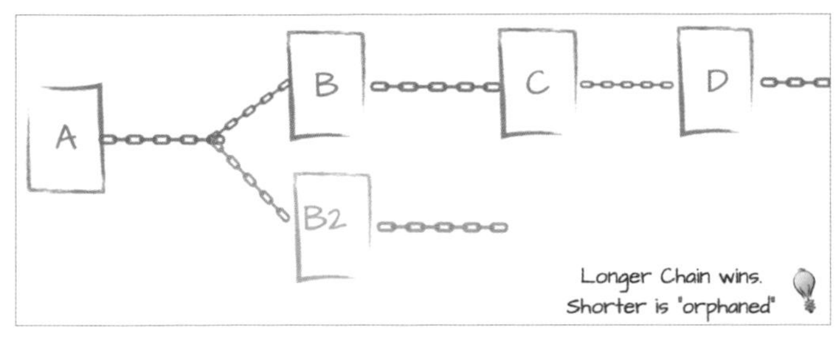


▲ 圖片來源：mangoresearch[10]

那其餘因為鏈長較短被捨棄的區塊又稱為**孤兒塊 (Orphan Block)**，挖到孤兒塊的節點會因為最後未能成為主鏈的一部分而被捨棄，其上的所有交易也會因此通通不算數，自然也沒有產生區塊的獎勵了！

## Ethereum 中的叔塊 (Uncle block) 機制

但 Bitcoin 的平均出塊時間設定在十分鐘、Ethereum 設定在 15 秒，兩者間的差距代表 Ethereum 出現暫時性分岔的機會與次數會遠遠多於 Bitcoin。可以假設區塊從廣播到被接受都需要 1 秒的話，那麼 Bitcoin 出現孤兒塊的機會是 1/600、Ethereum 出現孤兒塊的機會是 1/15。

Ethereum 為了加速交易的驗證與提升 TPS 而降低了出塊時間，也導致了孤塊比例的上升 ( 實際上 Ethereum 的孤塊比例約落在 6-8% 上下，你可以到這裡[11]查看最新的孤塊比例。)，所以如果同樣採用 Bitcoin 的最長鏈機制會造成礦

10 https://www.mangoresearch.co/blockchain-forks-explained/

11 https://www.etherchain.org/

工間的不公平，畢竟所挖出的區塊實際上也是合法的，只是因為廣播稍慢而沒辦法成為最長鏈。所以 Ethereum 透過的是另一種機制**叔塊 (Uncle block)** 來給予挖出叔塊的礦工比正常塊略少的獎勵。

## 叔塊如何被定義

首先我們必須定義叔塊是甚麼與叔塊名稱的由來，我們可以把暫時性分叉後主鏈所產生的第一個區塊稱為**父塊**，緊接著父塊的便是**子塊**，而暫時性分岔的支鏈上第一個區塊因為對於子塊來説是與父塊同輩份的，所以也稱為**叔塊**，但叔塊還有另一個條件就是**叔塊必須被後面的子區塊採用入主鏈**才能算是叔塊，否則便只能被丟棄而形成孤兒塊。:

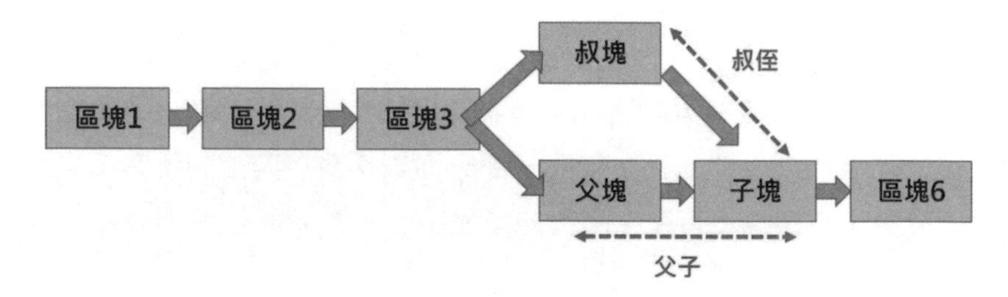


那為什麼會有人想把叔塊採用入主鏈？因為在主鏈上每採用一塊叔塊的礦工都能夠獲取 **1/32** 的出塊獎勵，透過獎勵機制去鼓勵主鏈上的礦工吸納叔塊！但 Ethereum 也限制每個區塊最多採用兩個叔塊為限。

## 如何計算叔塊獎勵

至於挖掘叔塊的礦工獎勵是如何計算的呢？這關係到叔塊是否有在暫時性分叉後的六代內被採納入主鏈，只有差距在六代內的叔塊會獲得獎勵，每間隔一層所獲得的出塊獎勵就會減少 12.5%。

1. 間隔一層：87.5% 出塊獎勵
2. 間隔兩層：75.0% 出塊獎勵
3. 間隔三層：62.5% 出塊獎勵

4. 間隔四層：50.0% 出塊獎勵
5. 間隔五層：37.5% 出塊獎勵
6. 間隔六層：25.0% 出塊獎勵

關於代數的計算可以參考下圖：

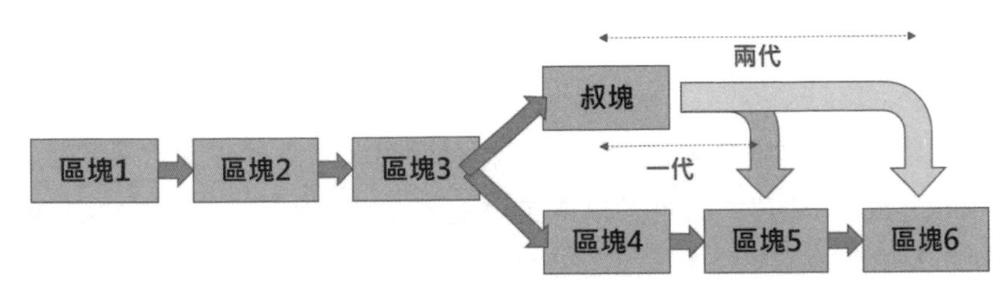


但因為採納叔塊對於主鏈上的礦工也有益處，所以通常在兩至三代內叔塊就會被收入主鏈中，在 Nanopool 的出塊清單中你也可以看到由 nanopool 挖出的區塊中有哪些是叔塊、第幾代叔塊，其中**區塊序號 _u 代數**代表的便是叔塊（u 即是 Uncle 的縮寫）！你也可以在 Etherscan 上看到每天產出叔塊的個數，平均每天會產出 500 塊左右的叔塊，高峰期甚至會超過一天 2000 塊。

| Index | Number | Date/Time | Reward | Status |
|---|---|---|---|---|
| 10449 | 11810649 | 2021-02-08 01:24:03 | 4.59921931 | unconfirmed |
| 10448 | 11810641 | 2021-02-08 01:22:29 | 4.82607325 | unconfirmed |
| 10447 | 11810620 | 2021-02-08 01:19:04 | 5.75366249 | unconfirmed |
| 10446 | 11810616 | 2021-02-08 01:18:46 | 5.19005587 | confirmed |
| 10445 | 11810603 | 2021-02-08 01:16:13 | 5.16788321 | confirmed |
| 10444 | 11810592 | 2021-02-08 01:14:03 | 5.50819123 | confirmed |
| 10443 | 11810584 | 2021-02-08 01:12:09 | 2.00000000 | confirmed |
| 10442 | 11810522_u2 | 2021-02-08 00:58:26 | 1.75000000 | confirmed |
| 10441 | 11810514 | 2021-02-08 00:56:42 | 7.16598355 | confirmed |
| 10440 | 11810473 | 2021-02-08 00:47:25 | 5.65212438 | confirmed |
| 10439 | 11810470 | 2021-02-08 00:46:42 | 6.11144935 | confirmed |
| 10438 | 11810433_u2 | 2021-02-08 00:34:51 | 1.50000000 | confirmed |
| 10437 | 11810394 | 2021-02-08 00:27:43 | 4.30300266 | confirmed |
| 10436 | 11810381 | 2021-02-08 00:25:06 | 5.12412704 | confirmed |
| 10435 | 11810355 | 2021-02-08 00:18:58 | 6.05340348 | confirmed |
| 10434 | 11810349 | 2021-02-08 00:17:58 | 7.67371441 | confirmed |
| 10433 | 11810342 | 2021-02-08 00:17:04 | 4.86476522 | confirmed |

## 叔塊對整體礦工的利益是好的嗎？

回憶一下我們在第一章打造區塊鏈時有寫到如何調控出塊難度：

```
if average_time_consumed > self.block_time:
    self.difficulty -= 1
else:
    self.difficulty += 1
```

也就是當實際的出塊時間長於設定值便減低難度，若短於設定值便增加難度；而 Ethereum 出塊難度的調控是根據主鏈的出塊時間來調控的，叔塊的礦工並不會被記入難度的調整之中，因此若有礦工挖掘叔塊便可以提升整體礦工的利益！

口說無憑，我們來做個簡單的計算：

### ▨ 全部礦工只挖掘主鏈、也不採納叔塊

出塊獎勵為 R，假設在全部礦工只挖掘主鏈時的出塊時間為 T，單位時間內的總利益便是 **R/T**，如果持有算力的 **N%**，則單位時間的預期收益便是 **R/T*N/100**。

### ▨ 有 x% 的礦工專門挖掘叔塊

為了方便計算，我們這裡假設每一區塊在下一代便後被收入主鏈中，對於挖掘出叔塊的礦工而言獎勵便是 **0.875*R**，因為有 **x%** 在負責挖掘叔塊，剩下 **(100-x)%** 便是在挖掘主鏈。對於兩種礦工而言：

### ▨ 專門挖掘主鏈的礦工

剩下 **(100-x)%** 在挖掘礦工會因為只剩下 **(100-x)/100** 的總算力在挖掘主鏈，持有算力的 **N%** 的礦工預期出塊收益就會變成：**R/T*100/(100-x)*N/(100-x)**。另外每在主鏈上產生一個區塊後，平均會產生 x/(100-x) 個叔塊，因此外加採納叔塊的獎勵為 **R/T/32*x/(100-x)*N/(100-x)**。

總收益 **R/T*100/(100-x)*N/(100-x)+R/T/32*x/(100-x)*N/(100-x)** 會大於原本的 **R/T*N/100**

### ▨ 專門挖掘叔塊的礦工

對於在側鏈上專門挖掘叔塊的礦工而言，同樣每在主鏈上產生一個區塊後，平均會產生 **x/(100-x)** 個叔塊，因此在側鏈上持有總算力的 **N%** 的礦工挖掘叔塊的獎勵為 **R/T*0.875*x/(100-x)*N/x**，約分後可以得到 **R/T*0.875/(100-x)*N**。

也就是當**挖掘叔塊的算力超過 12.5% 時**，挖掘叔塊的礦工也能夠取得比原本大家都擠在主鏈上更多的收益。

## 51% 攻擊

其中一種攻擊區塊鏈的方式便是透過暫時性分岔的特性，也就是先在主鏈上付款給別人後後迅速使用過半的算力挖掘另一個區塊，使得原本包含付款交易的區塊之後因為長度小於主鏈而被遺棄成為孤兒塊，裏頭付款的交易自然就不算數了。詳細運作流程可以參考下圖：

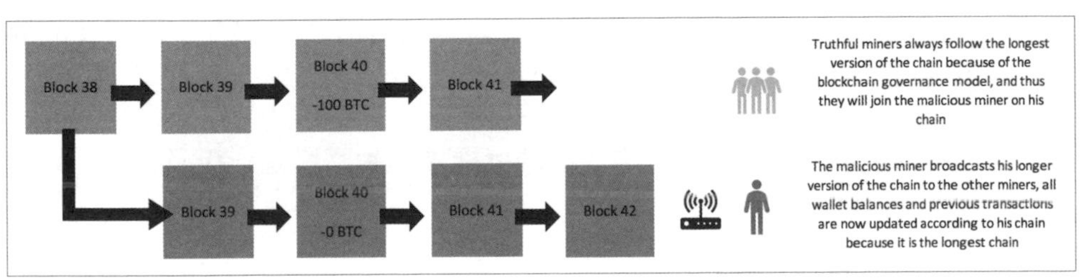


▲ 圖片來源：Blockchain: how a 51% attack works (double spend attack)[12]

51% 攻擊需要取得整條鏈過半的算力才有可能達成，在這個網站[13]中你可以看到每發起一小時 51% 攻擊所需要的成本，鏈上擁有的算力越多會造成攻擊者為

12 https://medium.com/coinmonks/what-is-a-51-attack-or-double-spend-attack-aa108db63474

13 https://www.exaking.com/51

了 **51%** 攻擊所需購入算力的成本越高，所以通常 **51%** 攻擊都是針對較為小眾的區塊鏈攻擊。

PoW 51% Attack Cost

This is a collection of coins and the theoretical cost of a 51% attack on each network.

Learn More | Share On Twitter | Crypto 24h Heatmap

| Name | Symbol | Market Cap | Algorithm | Hash Rate | 1h Attack Cost | NiceHash-able |
|---|---|---|---|---|---|---|
| Bitcoin | BTC | $121.55 B | SHA-256 | 32,798 PH/s | $553,982 | 2% |
| Ethereum | ETH | $51.96 B | Ethash | 213 TH/s | $360,114 | 3% |
| Bitcoin Cash | BCH | $15.27 B | SHA-256 | 4,268 PH/s | $72,093 | 12% |
| Litecoin | LTC | $6.35 B | Scrypt | 313 TH/s | $64,954 | 6% |
| Monero | XMR | $2.39 B | CryptoNightV7 | 402 MH/s | $21,151 | 13% |
| Dash | DASH | $2.35 B | X11 | 2 PH/s | $15,439 | 27% |
| Ethereum Classic | ETC | $1.47 B | Ethash | 6 TH/s | $10,643 | 89% |
| Bytecoin | BCN | $944.33 M | CryptoNight | 158 MH/s | $557 | 225% |

像是 **ETC** 便因為算力不足曾經被 **51%** 攻擊過 [14]，也因為算力的租借是以時間為單位，增加入賬時所需要的確認區塊數可以有效增加發動 **51%** 攻擊需要的成本，但也會增加使用者所需要的等待時間。

暫時性分岔的講解就到此為止，再來我們就要進入到區塊鏈升級過程中必定會經歷的軟分岔與硬分岔！

14 https://blockcast.it/2019/01/10/gateio-confirms-51-percent-attack-on-etc-promises-refunds/

# 5-4 共識未能形成的插曲：軟分岔與硬分岔

## 升級之路上的岔路口

▲ 圖片來源：danblewett[15]

我們提到過網路廣播的延遲會產生不可避免的**暫時性分岔**，而現在要提的分岔則跟整個 P2P 網路的軟體升級有關。一般網站或 APP 升級都會由中心化伺服器負責軟體更新，或是派送新版本的軟體到用戶端要求用戶安裝。但去中心化的 P2P 網路則不同，因為每個節點都是獨立平等的存在，所以如果要更新目前運作的軟體版本，節點也有可能拒絕或是選擇另一個版本繼續運作，因此根據新版本在原本 P2P 網路中是否會互相排斥或是相容就會分成**軟分岔 (Soft Fork)** 與**硬分岔 (Hard Fork)**。

軟分岔 (Soft Fork) 與硬分岔 (Hard Fork) 跟暫時性分岔有一個很大的不同：暫時性分岔不牽涉到程式碼或是協定的更動，只是因為網路延遲造成短期間無法同步所有資料的現象，而軟分岔 (Soft Fork) 與硬分岔 (Hard Fork) 則

15 https://www.danblewett.com/the-necessity-of-failure-the-fork-in-the-road/

會**永久更動現行運作的程式碼**。更動程式碼的原因有很多，最常見的幾種分別是：

1. 新增過去沒有的功能：
   2012 年 3 月份 Bitcoin 根據 BIP16 新增了多重簽名[16]的付款方式，詳情可以參考這裡[17]。

2. 回溯過去的資料：
   2016 年 DAO(the Decentralized Autonomous Organization) 被盜走了 360 萬顆 ETH，為了追回被盜取的 ETH，採取硬分岔的方式回溯到資產轉移之前，相關新聞報導[18]。

3. 修改某部分運行的參數：
   XMR 為了對抗 ASIC 固定每半年會更新一次挖礦的參數。

既然軟分岔 (Soft Fork) 與硬分岔 (Hard Fork) 都跟節點運行的軟體升級有關，那麼首先來談談節點們又是如何決定升級的方向與內容呢？

## 從社群提案到接受

去中心化的區塊鏈並沒有權威的中心機構來決定未來升級的方向與內容，因此未來升級方向的提案、討論、決定都是仰賴社群意見的協助，為了凝聚社群共識與方便大家提案，社群也會在 Github 上開啟專門的 Repository 來標示各提案的內容，有意參與討論的人都可以在下自由留言。

16 https://www.binance.vision/zt/security/what-is-a-multisig-wallet

17 https://en.bitcoin.it/wiki/Pay_to_script_hash

18 https://www.ithome.com.tw/news/107405

## BIP(Bitcoin Improvement Proposals)

Bitcoin 的改善協議稱為 **Bitcoin Improvement Proposals(BIP)**，你可以到 Github[19] 上看到 Bitcoin 至今的所有 BIP 與社群的意見。BIP 是社群間彼此溝通想法的方式，一旦議題被社群廣泛接受就會被收入 BIP，下圖便是 BIP 收入後大致的運作流程與可能結果。

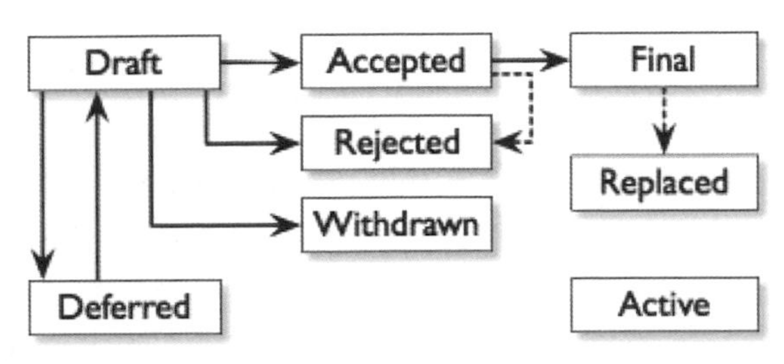


▲ 圖片來源：Bitcoin Wiki[20]

每個 BIP 在被當作草稿 (**Draft**) 提出後會有四種可能：被廣泛接受後被實作在鏈上 (**Accepted**)、被社群拒絕 (**Rejected**)、發起者自己撤銷提案 (**Withdrawn**)、推遲提案 (**Deferred**)。值得一提的是或許是開源社群的習慣，社群很少直接拒絕 (Reject) 某個提案，而通常以推遲 (Deferred) 或自行撤回 (Withdrawn) 的方式結束，少數幾個被 Rejected 的例外就是想把區塊容量依照中本聰原本的想法擴容至 2MB 的 BIP109[21]，提出 BIP109 的是與中本聰一起參與過的 Gavin Andresen，該次 Reject 也間接導致後續 Bitcoin 社群的分裂與 BCH 的分岔，甚至還有專人架設網站[22] 聲援 Bitcoin 應該要照原本中本聰理想的實行 BIP109。

19 https://github.com/bitcoin/bips

20 https://en.bitcoin.it/wiki

21 https://github.com/bitcoin/bips/blob/master/bip-0109.mediawiki

22 http://bip109.com/

## EIP(Ethereum Improvement Proposals)

與 Bitcoin 的 BIP 類似，社群經過提案後會產生相對應的 **Ethereum Improvement Proposals(EIP)**，Ethereum 主要由乙太坊基金會在開發與維持社群，因此與 Bitcoin 不同的是在營運上較為中心化，官方對於 EIP 會發出相應的 ERC 討論。

ERC 的全名是 **Ethereum Request for Comments**，就是徵求社群間的意見，此時 ERC 的編號與 EIP 通常會一致，最有名的 EIP 與 ERC 莫過於 ERC20 成為代幣的標準並引發 2017-2018 年間的 ICO 熱潮，在這裡[23] 你也可以看到所有的 EIP 列表。

在 P2P 網路中每個節點對於是否要接受新提案都是自由的，也就是每個節點所運行的區塊鏈版本不一定一致，在 P2P 網路中也可能會有多個版本共存，根據**是否要接受過去版本的資訊可以分成軟分岔 (Soft Fork) 與硬分岔 (Hard Fork)**。

- 軟分岔 (Soft Fork) ─更新後仍然可以接受與過去版本間形成部份的共識
- 硬分岔 (Hard Fork) ─更新後完全無法與舊版本形成共識

如果你對軟體有點概念的話，軟體開發中所講到的**向後相容**的概念（對過去的版本相容）就是軟分岔！

## 軟分岔 (Soft Fork)

軟分岔 (Soft Fork) 的定義是舊節點不升級也可以相容於部分的共識，因為共識可以在新舊版本間形成，所以**新舊版本可以共存在同一條鏈之上。**

23 https://eips.ethereum.org/

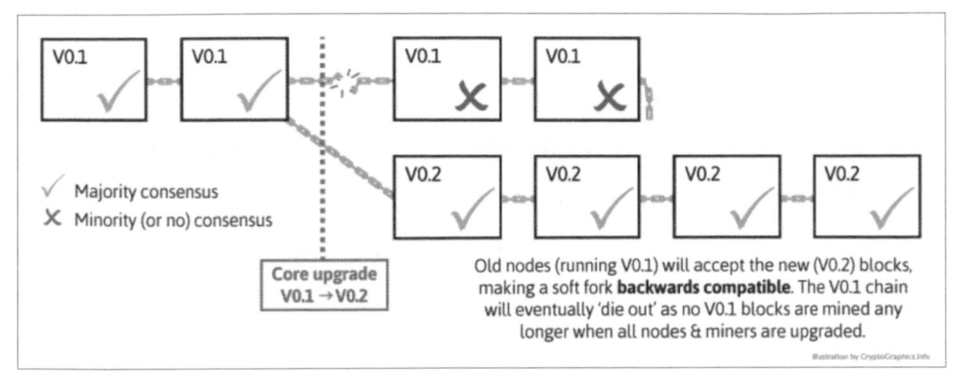


▲ 圖片來源：cryptographics[24]

軟分岔以**功能的更新**居多，亦即雖然可以相容在同一條鏈上，但舊版本會沒有辦法使用新版本所推出的功能，就像是你可以使用 Word2017 去開啟 Word2013 的檔案，但如果你仍然在使用 Word2013 就會沒辦法使用某些 Word2017 才有的新功能了。

## 硬分岔 (Hard Fork)

硬分岔 (Hard Fork) 的定義是舊節點不升級就無法相容於新節點產生的共識，因為共識不能在新舊版本間形成，所以**新舊版本不能共存在同一條鏈之上**，所以一旦網路中還有兩種版本在運行，則兩種版本就會岔開分成兩條獨立的鏈，各走各的路。

之所以新舊版本不能共存的原因通常在於**共識規則的更新**，如果未更新成新的共識規則會導致舊版本無法驗證新版本所產生的區塊。

24 https://cryptographics.info/cryptographics/blockchain/hard-soft-forks/

## IFO(Initail Fork Offering)

因為 P2P 網路可自由進出的關係，單一節點也可以採取自行開發的硬分岔版本而跟多數節點脫離。任何人也都可以分岔出屬於自己的區塊鏈，因此有一陣子因為 ICO 被法令限制的關係，IFO 成為某些人手中的印鈔機—你可以可以輕易地分岔出一條區塊鏈然後把部分的挖礦所得直接配給自己，雖然硬分岔在技術上是容易的，但分岔出的幣種市場是否能接受則仰賴市場上的共識了！實際上這些幣多半會因為流通量太低而成為一攤死水沒人理睬。

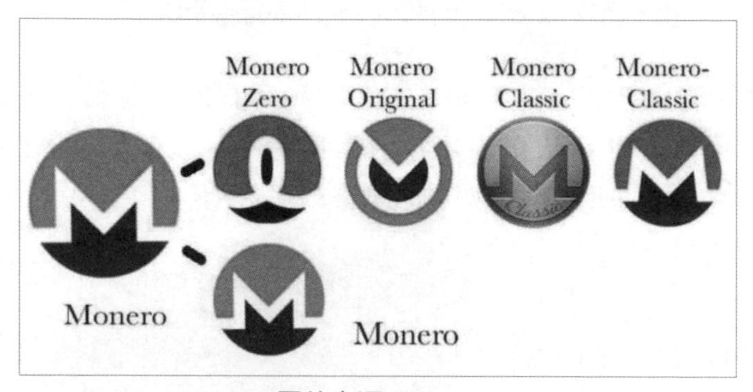


▲ 圖片來源：steemit[25]

像是為了因應 XMR 修改演算法對抗比特大陸的 ASIC，許多社群與礦機商分岔出了 Monero Classic(XMC)、Monero-Classic(XMC)、Monero 0(XMZ) 及 Monero Original(XMO)，不過這些分岔出的幣多半都在一攤死水的狀態了。

## 歷史上知名的硬分岔

歷史上最知名的兩次硬分岔莫過於 Ethereum Classic(ETC) 自 Ethereum 分岔出與 Bitcoin Cash(BCH) 自 Bitcoin 分岔出的這兩段故事了。

25 https://steemit.com/monero/@cryptocurrencyhk/monero-monero

## ETC 的分岔

ETC 的分岔起因於 Ethereum 為了拯救在 2016 年 6 月 17 日 DAO 被駭走的 360 萬顆 ETH 而採取硬分岔回溯的行為，ETC 的支持者認為這違反了區塊鏈不可竄改的精神，於是拒絕了 Ethereum 的提案留在舊鏈形成了 Ethereum Classic (ETC)，真的說起來的話 Ethereum Classic(ETC) 才是真正的 Ethereum。

## BCH 的分岔

BCH 的分岔則是因為不認同目前把持 Bitcoin 發展方向的 Core 所規劃的未來藍圖（閃電網路、隔離驗證等方向），認為透過增加區塊容量到 8MB 就可以很容易解決目前 TPS(Transactions per Second) 過低的問題，也因此 BCH 新的共識規則便是 8MB 的區塊大小，但既然共識規則改變了，BCH 新的共識規則自然無法相容於舊 Bitcoin 的 1MB 容量，於是兩者就分岔出不同鏈各走各的路了！

Chapter 06

# 比特幣 Bitcoin

## 6-1 區塊鏈與代幣的發展

### 區塊鏈 1.0、2.0、3.0

在提完前面對於區塊鏈架構、密碼學、挖礦、P2P 網路的理論簡介之後，我們緊接著來介紹現實中的區塊鏈是如何運行的，其中又會以目前最主流的 **Bitcoin** 與 **Ethereum** 兩種為主，順帶一提的是區塊鏈並非一成不變的技術，在近 10 年的發展過程中也逐漸因應需要而不斷擴充功能，因此在正式開始介紹 Bitcoin 與 Ethereum 前我們先來闡述區塊鏈的發展沿革。

### 區塊鏈 1.0 — Bitcoin

**區塊鏈 1.0** 是由中本聰所開啟的區塊鏈浪潮，正如我們在前言所提到的一樣是以分散式帳本的技術為基礎完成**去中心化**，並且搭配密碼學的技術解決共識與信任的問題並且同時具有**不可竄改**的特性，有了這些區塊鏈上的資料才能夠取得人們的信任，並且取得作為交易媒介的資格。

因此區塊鏈 1.0 的概念相對單純，希望透過分散式帳本的技術與概念來打造一個不需仰賴政府跟金融機構的金流系統，在這個金流系統之上任何人都可以自由地創建帳戶與交易，無須受任何監管或限制，同時所有人也都必須服從區塊鏈上的規則無法任意增發貨幣。

如果要用一句話概括區塊鏈 1.0 的願景的話，便是 **Be your own bank.**。

## 區塊鏈 2.0 — Ethereum

隨著區塊鏈的發展，區塊鏈能做到的事情也不再只有是單純的金流與記帳，在早期有個叫做 Vitalik Buterin 的年輕人，起初他只是個普通的 Bitcoin 愛好者，但他認為除了單純的金流外，區塊鏈的技術應該能夠做到更多樣化的事情，因此他在 2013 年發表了 Ethereum 的白皮書 A Next-Generation Smart Contract and Decentralized Application Platform[1]，主要認為可以透過區塊鏈技術打造一個平台讓大家可以在上面運行程式，讓區塊鏈除了儲存資料外

1 http://blockchainlab.com/pdf/Ethereum_white_paper-a_next_generation_smart_contract_and_decentralized_application_platform-vitalik-buterin.pdf

也多了運算的功能。跟一般中心化的程式相比，在區塊鏈上運作可以確保程式的不可竄改，只要滿足在智能合約設定的條件就會自動觸發與執行事件。

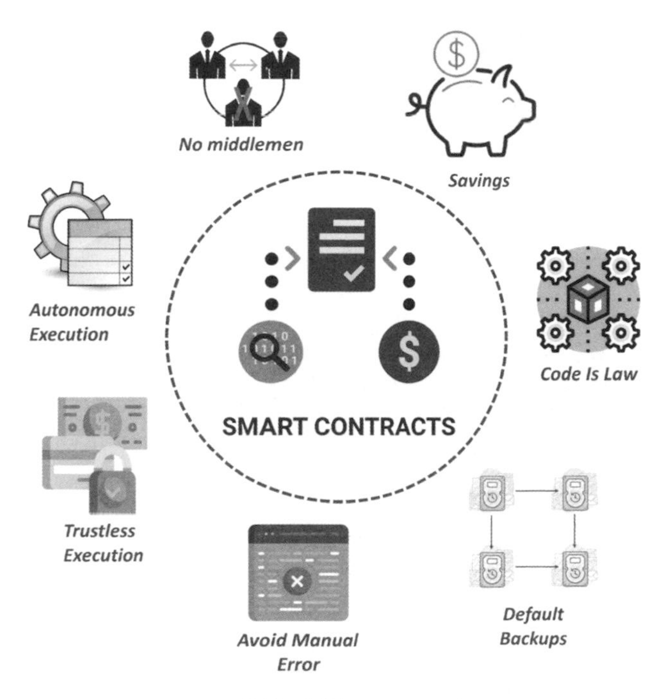


▲ 圖片來源：edureka[2]

以下面這句取自 Ethereum 白皮書的話為例：

*A can withdraw up to X currency units per day, B can withdraw up to Y per day, A and B together can withdraw anything, and A can shut off B's ability to withdraw.*

誰可以提領多少、何時可以提領、誰有權限限制別人提領通通都可以透過簡單的邏輯判斷來達成，因此透過 Ethereum 的智能合約可以達到可靠的信任—你不信任發行者沒關係，但你可以信任程式碼吧？而區塊鏈上的程式碼是不可以被竄改的。

2 https://www.edureka.co/blog/smart-contracts/

用一句話來描述 Ethereum 願景的話就是：**Be the world's computer.**

## 區塊鏈 3.0 — IOTA ？

至於 Ethereum 之後的區塊鏈 3.0 目前定調為何其實還沒有完整的共識，目前最多人認為的 3.0 是把類似分散式帳本技術應用到更多領域與場景，其中最有名的便是 IOTA。

▲ 圖片來源：Forbes[3]

IOTA 期望落實在物聯網的場景之中，也就是平常我們所使用的家電、交通工具、機器都能夠連上網路並且彼此交換訊息，IOTA 期望盡可能地壓低機器間交換資訊的門檻與花費，並且極小化安裝所需要的硬體資源，所以可以說 IOTA 便是為了物聯網專門被設計出來的。

一個常舉的應用例子便是二手車的買賣，如果車子的狀況能夠透過物聯網與 IOTA 隨時被記錄的話，那麼保養的車廠或是有意願購買二手車的買家便會多一層保障。亦或是如果車子可以分享目前的位置與速度等資訊到交通調度中心，則交通調度中心便可以有效掌握目前的交通狀況，為了回饋回傳資料的車子，交通調度中心可以支付少許的 IOTA 作為報酬。

3 https://www.forbes.com/sites/geraldfenech/2018/11/20/iota-fulfilling-the-promise-of-blockchain/#3b757e5a5735

但區塊鏈上的每一筆交易或傳輸所耗費的成本非常高，能容納的交易次數也相當有限，而 IOTA 的應用場景是大量、微型化的機器，在不久的將來全世界聯網的機器數目就會超過 100 億（下圖），所以實際上 IOTA 並不採用區塊鏈架構，而是 Tangle 架構。

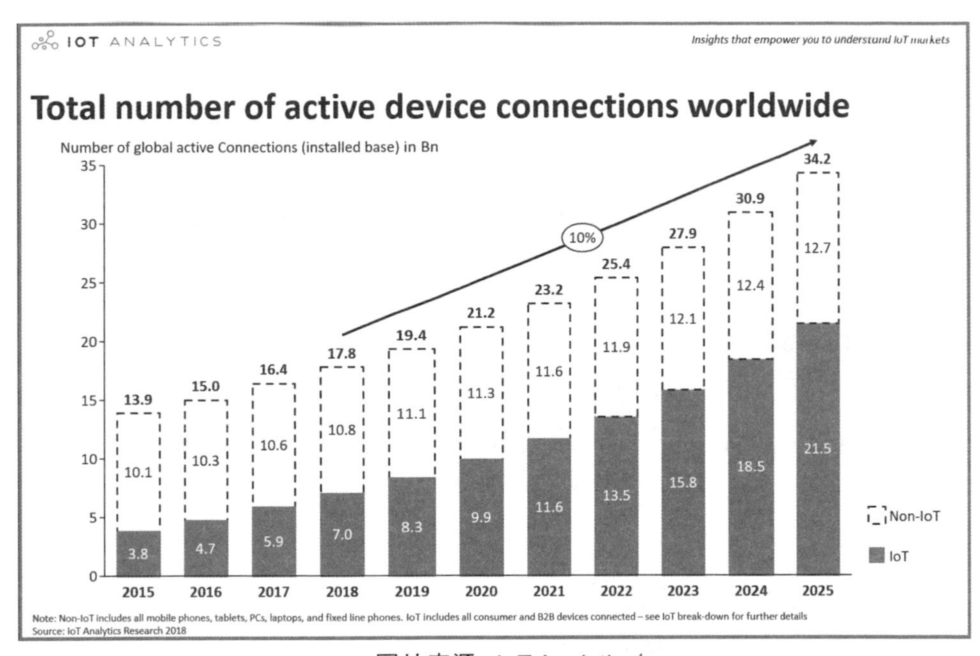


▲ 圖片來源：IoT Analytics[4]

Tangle 架構採用了之前提到的有向無環圖作為驗證，發起每一筆交易的同時也必須驗證前面兩筆資料的真偽，也因此每個機器除了發起交易外也必須擔當驗證交易的責任，在這種分工之下交易是不需要任何手續費的，同時只要採用 IOTA 的機器數目越多，單位時間內能容納的交易次數也越高。

4 https://iot-analytics.com/state-of-the-iot-update-q1-q2-2018-number-of-iot-devices-now-7b/

## 區塊鏈上代幣的實務發展

其中發展最快的與五花八門的便是代幣經濟的發展（原因無它就是有利可圖），其中根據代幣的來源與發展又可以分為：

### Initial Coin Offering(ICO)

在 2017 年大流行的 **Initial Coin Offering(ICO)** 多半是透過 Ethereum 上智能合約功能來發行 ERC20 代幣，在 ERC20 的程式碼裏頭發行總數、轉移、餘額等等的皆是被事前定義好，ERC20 為代幣發行方提供了一個統一完整的介面，因此日後交易所也只需要支援相同的介面就可以讓所有 ERC20 的代幣上架流通。

要發行 ICO 不難，複製幾行程式碼便行，購買方式其實也可以透過智能合約來完成，也就是綁定與 ETH 的匯率，當有人匯入 ETH 後便給予相對應代幣作為兑換，發行與購買的方便也造成了 2017 的 ICO 狂潮，浮濫發行的結果就是 ICO 項目的陣亡率往往逼近 98-99%。但其實這麼高的陣亡率並不全然是 ICO 的錯，畢竟新創公司的陣亡率高於 90% 也是很平常的事情。

除了陣亡率過高導致後續投資人的興趣大減外，各國政府後續也對這類形式的募資採取封禁的態度，也因此許多項目的 ICO 也在後來直接禁止如美國人民的投資。

順帶一提，我認為法規的限制在保護散戶方面是正面的，比方說在股票金融市場炒作或內線交易皆是違法的金融重罪，但是在 ICO 這裡卻是完全無法可管也無任何責任。

```
interface IERC20 {
    function totalSupply() external view returns (uint256);
    function balanceOf(address account) external view returns (uint256);
    function transfer(address recipient, uint256 amount) external returns (bool);
    function allowance(address owner, address spender) external view returns
(uint256);
```

```
    function approve(address spender, uint256 amount) external returns (bool);
    function transferFrom(address sender, address recipient, uint256 amount)
external returns (bool);
    event Transfer(address indexed from, address indexed to, uint256 value);
    event Approval(address indexed owner, address indexed spender, uint256 value);
}
```

### ▨ Initial Exchange Offering(IEO)

ICO 的浮濫發行導致投資人的大量損失—因為並不是所有 ICO 最後都能夠上到交易所被交易，如果買到的代幣最後未能上交易所的話，代幣的投資人將面臨無處兌現的窘境，因此由交易所擔保並發行的代幣就稱為 **Initial Exchange Offering(IEO)**，這類代幣發行後會由交易所直接上架交易流通，為投資人免除了買到的代幣無處可交易的風險，有些交易所甚至會為募資的項目方鎖定資本，採取定期定額或是社群監管的方式逐步釋放資金給項目方。

### ▨ Initial Fork Offering(IFO)

**Initial Fork Offering(IFO)** 便是我們之前提到透過分岔產出的新幣種，這類幣種在技術上的難度較 ERC20 代幣高上許多，與 ERC20 不同的是 IFO 的產生也代表背後會產出一條全新的公鏈，該代幣也由公鏈所支持。

### ▨ Security Token Offering(STO)

**Security Token Offering(STO)** 是把現實中的資產或證券加以代幣化，持有 STO 的同時也代表具有現實世界中某部分的產權或股權，這類形式的 STO 其實跟股票相當類似，與股票相比受到的法規限制與監管較少，透過區塊鏈的流通性也較高，可以輕易地在世界各地被交易。

雖然 STO 的發行相較傳統股票發行方便許多，但這些傳統法規上其實很大一部分都是為了保護你我這些投資散戶避免被不良分子作為惡性吸金的工具，STO 在監管力道上的相對彈性也表示投資的風險相較一般股票來的大，如果有興趣可以查閱金管會對 STO 規定的公告如下。

> 金管會對「證券型代幣發行(Security Token Offering, STO) 相關規範」之說明
>
> 2019-06-27
>
> 鑒於證券型代幣具有投資性及流動性，視為有價證券，應納入證券交易法規管。經查各國對於STO之發行均要求依現行證券法規辦理，未另訂專法規範，部分國家並鼓勵透過金融監理沙盒進行實驗。金管會經參酌各國規範及案例，研訂我國STO相關規範，除將核定STO為證券交易法之有價證券，並規劃採分級管理，募資金額新臺幣(下同)3,000萬元(含)以下豁免其應依證券交易法第22條第1項之申報義務，募資金額3,000萬元以上應依「金融科技發展與創新實驗條例」申請沙盒實驗，實驗成功後依證券交易法規定辦理。
> 有關豁免募資金額3,000萬元(含)以下申報案件研議規範重點如下：
> 一、 發行規範：
> （一）資格條件：依我國公司法組織，且非屬上市、上櫃及興櫃之股份有限公司。
> （二）募資對象及限額：僅限專業投資人得參與認購，專業投資人之自然人認購限額為每一STO案不得逾30萬元。
> （三）發行流程：發行人限透過同一平台募資，平台業者應確認發行人符合相關應備條件及編製公開說明書。如係平台業者自行發行STO，應由財團法人中華民國證券櫃檯買賣中心複核後始得辦理。

# 6-2 Bitcoin 與 Ethereum 的交易架構

剛剛我們提到了區塊鏈與代幣的發展，現在我們來解說目前最主流的兩大公鏈—Bitcoin 與 Ethereum。還記得我們在第一章有嘗試寫出一個最基本的區塊鏈嗎？稍後我們在講解架構時也會拿之前寫的簡易區塊鏈做個簡單對照。

我們之前所寫的 **get_balance** 是專門用來取得某特定帳戶的餘額，因為區塊鏈上的代幣只會有三種來源：挖礦獎勵、挖到區塊中的手續費總和、收到別人的匯款款項，因此我們可以利用這三個來源把該帳戶的餘額統整起來。

```
def get_balance(self, account):
    balance = 0
    for block in self.chain:
        # Check miner reward
        miner = False
        if block.miner == account:
```

```
            miner = True
            balance += block.miner_rewards
        for transaction in block.transactions:
            if miner:
                balance += transaction.fee
            if transaction.sender == account:
                balance -= transaction.amounts
                balance -= transaction.fee
            elif transaction.receiver == account:
                balance += transaction.amounts
    return balance
```

只是這樣並沒有辦法預防**雙花攻擊 (Double Spending)**，也就是我們的確可以知道發起交易當下的用戶資產是否足夠，但卻無法保證使用者的餘額是否會被重複花用，因此只要交易紀錄尚未被寫進區塊內，**get_balance** 所取得的餘額永遠不會減少，使用者可以無限制的發起交易並放置入 **pending_transactions** 等待礦工驗證。

即便是下面礦工打包交易所用的 **add_transaction** 函式中檢查餘額也只是檢查之前所有區塊的餘額，當下區塊的交易支出並沒有被計算進去，因此同一筆交易可以在新區塊中不停出現而且不會被扣款。

```
def add_transaction(self, transaction, signature):
    public_key = '-----BEGIN RSA PUBLIC KEY-----\n'
    public_key += transaction.sender
    public_key += '\n-----END RSA PUBLIC KEY-----\n'
    public_key_pkcs = rsa.PublicKey.load_pkcs1(public_key.encode('utf-8'))
    transaction_str = self.transaction_to_string(transaction)
    if transaction.fee + transaction.amounts > self.get_balance(transaction.
sender):
        return False, "Balance not enough!"
    try:
        #驗證發送者
        rsa.verify(transaction_str.encode('utf-8'), signature, public_key_pkcs)
```

```
        self.pending_transactions.append(transaction)
        return True, "Authorized successfully!"
    except Exception:
        return False, "RSA Verified wrong!"
```

因此區塊鏈上所使用的交易格式必須能夠有效對抗這類的**雙花攻擊 (Double Spending)**，另外也因為日常使用必須頻繁地確認帳戶餘額，同時交易格式的設計也要考量到盡可能地減少查閱餘額所需要的運算量。

## Bitcoin 的 UTXO 架構

Bitcoin 採用的是 **UTXO(Unspent Transaction Output) 架構**，直接翻譯過來便是還沒被用來支付的交易。你可以先把 UTXO 看作是一連串支票的集合，每張支票上面的數目不一，當你匯款給別人時，其實就是開給別人一張尚未支付的支票 (UTXO)，接著如果別人想要使用，就把支票 (UTXO) 拿去匯款生成另一張尚未支付的 UTXO 給被匯款者，如果匯款後自身仍然有餘額便會再生成一張支票 (UTXO 給自己 )

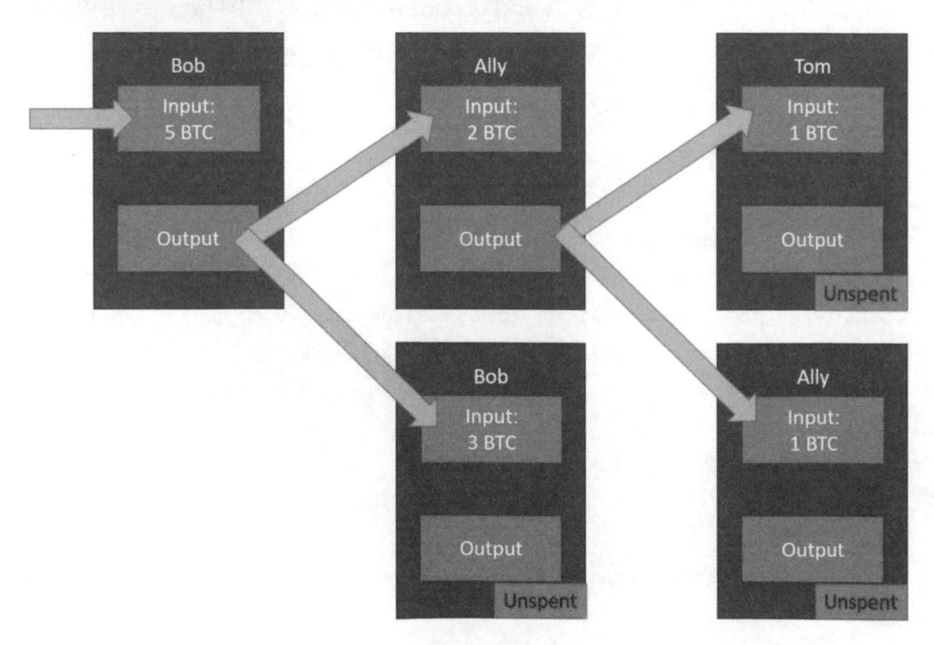

以上圖為例，當 Bob 收到別人所支付的 5BTC 時，就相當於收到別人給的 5BTC 的支票 (UTXO)，如果 Bob 日後匯款 2BTC 給 Ally，就等於利用這張 5BTC 的支票開給 Ally 一張價值 2BTC 的 UTXO，至於剩下的 3BTC 則會生成另一張支票 (UTXO 給自己 )，這個方式也能夠有效對抗雙花攻擊，因為每一張 UTXO 最多只能被使用一次。

▲ 圖片擷取自：blockstream[5]

在 blockstream 你可以看到每個區塊中的交易，上圖便是一筆交易動用了兩個 UTXO 後，生成四個新的 UTXO 給不同的對方，會使用到兩個 UTXO 代表單一 UTXO 並無法支應全部的開銷。

5 https://blockstream.info/

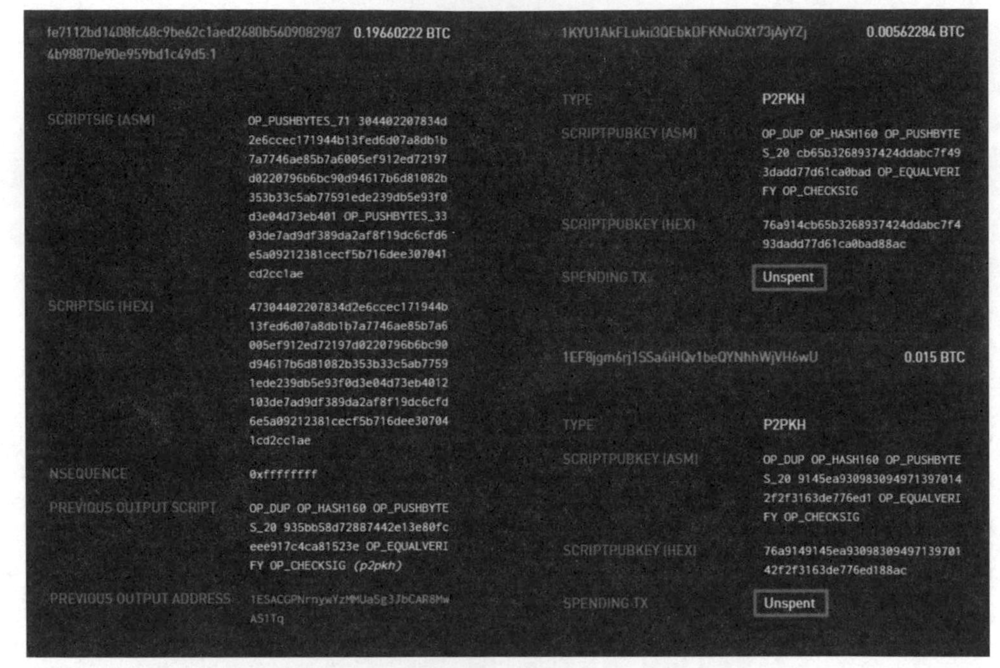


▲ 圖片擷取自：blockstream

展開交易紀錄你也可以直接看到哪幾個 UTXO 是處在尚未被使用 (Unspent) 的狀態，因此帳戶目前可以動用餘額 (Balance) 其實就是所有持有 UTXO 的金額總和！

打開 Bitcoin 的區塊鏈瀏覽器[6] 你更可以看到目前總共有大約 6000 萬個 UTXO[7]。

## UTXO 如何預防雙花攻擊

UTXO 如同支票一般，限制了每張支票 (UTXO) 都只能夠被使用一次，透過了限制 UTXO 的使用次數來避免雙花攻擊。但 UTXO 有個缺陷就是在交易被納入區

6 https://www.blockchain.com/explorer

7 https://utxo-stats.com/

塊前，該 UTXO 是可以無限制地被使用的，至於哪筆交易會實際被礦工採納則視交易手續費決定，因此在收款前請務必確認 UTXO 已被礦工打包進入區塊中。

## UTXO 的優點

### ▨ Scalability

UTXO 的架構是以 UTXO 為單位進行交易，因此可以同時發起複數個交易給不同的收款方，在擴展性上有優勢。

### ▨ Privacy

雖然 Bitcoin 並沒有辦法做到完全的資訊隱藏，但在 UTXO 架構下以支票為單位作為交易相較容易保障雙方的隱私。

## Ethereum 的 Account 架構

上頭提到 UTXO 的架構有個缺陷是在 UTXO 正式進入區塊前該 UTXO 可被使用無數次，因此匯款方可以使用同一個 UTXO 重複付款，一但收款方沒有仔細確認是否已經被區塊打包就可能受騙上當，在 Ethereum 的白皮書 A Next-Generation Smart Contract and Decentralized Application Platform 中是這樣舉例的：

*If one entity has 50 BTC, and simultaneously sends the same 50 BTC to A and to B, only the transaction that gets confirmed first will process.*

因此 Ethereum 採用的是 Account 架構，也就是相當於銀行的簽帳卡，每張簽帳卡都有對應到帳戶的餘額，每次發送交易前也都會再次確認餘額是否足夠，Ethereum 上同時也會記錄每個錢包地址目前的餘額。

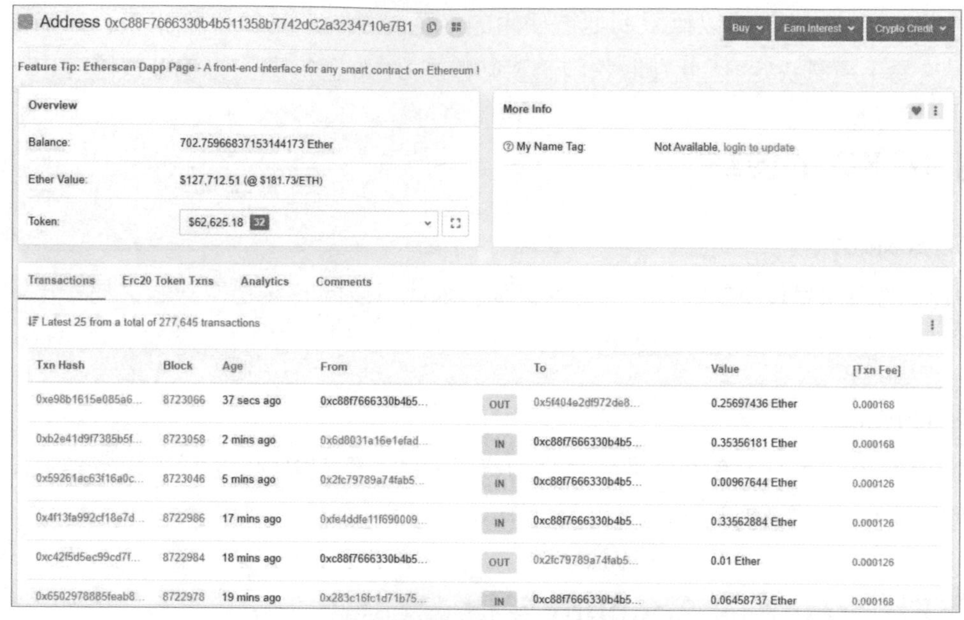


▲ 圖片擷取自：Etherscan[8]

在 Etherscan 上，任意點開一個地址（上圖），便可以發現裏頭清楚記錄了關於這個地址每一筆交易的相關細節，像是收款方、匯款方、金額、或手續費等。這便是我們提到的 Account 架構—每個帳戶都清楚記錄了目前的狀態，交易明細也只要簡單記錄收款與匯款方即可。

## Account 架構如何預防雙花攻擊

為了避免雙花攻擊，Ethereum 會給 Account 發出的交易一個逐漸遞增的 nonce 值，也就是下圖中的紅色框框，nonce 值較小的交易便會優先執行，因此收款方便可以透過查閱該帳戶所有簽發過的 nonce 值來事先確認該交易的優先順序為何。

8 https://etherscan.io/address/0xc88f7666330b4b511358b7742dc2a3234710e7b1

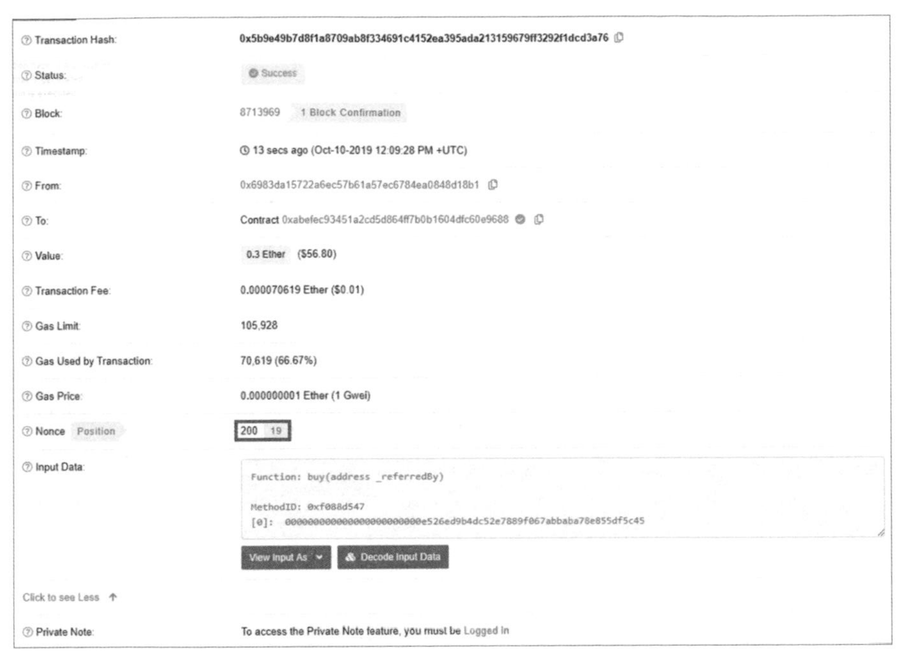


▲ 圖片來源：Etherscan

## Input Data

如果你有仔細看的話應該會發現 Ethereum 的交易紀錄中有一欄 **Input Data**，該欄位也可以拿來觸發之後我們會提到的智能合約，透過 Input Data 告知區塊鏈上的礦工我們想要觸發智能合約裡的哪個函式，或是可以用來記錄這筆交易的用途，有時候甚至會利用區塊鏈的不可竄改特性特意遺留某些文字在區塊鏈上。

比方說在這個連結[9]你可以看到由 Ryu Gi-hyeok 寫入的南北韓和平宣言（下圖），或是由不知名人士為避免政府封鎖言論所寫入的北大性侵案[10]。要觀看

9 https://etherscan.io/tx/0xf56d81301da93f71368ad7f8d605648d77be6edb13e8875cf3e5906f38d1b548

10 https://etherscan.io/tx/0x2d6a7b0f6adeff38423d4c62cd8b6ccb708ddad85da5d3d06756ad4d8a04a6a2

這些文字只需要簡單按下 Click to see More，並再 View input as 那欄選擇 UTF-8 便可以用文字的形式閱讀。

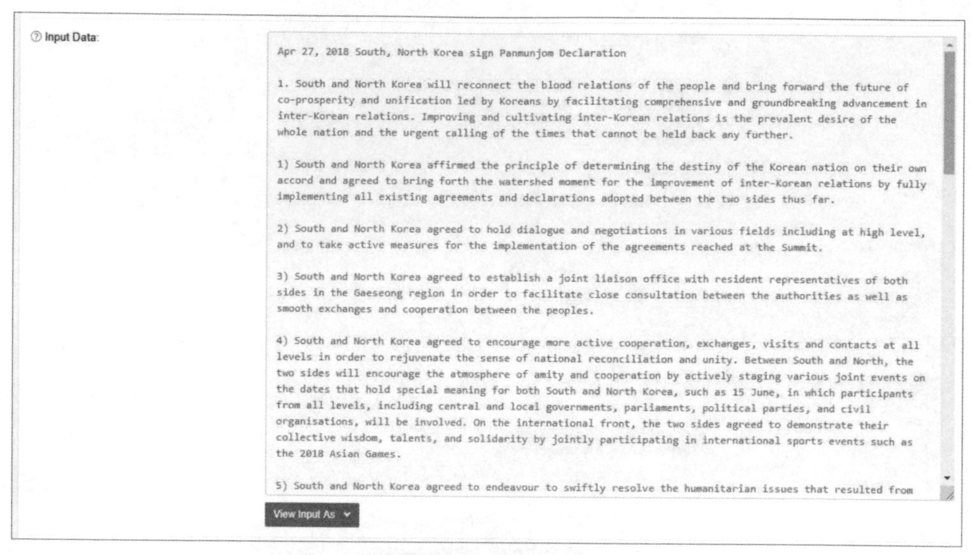


▲ 圖片來源：Etherscan

## Account 架構的優點

### ▨ Simplicity

Account 架構的優點就是簡單明瞭，跟我們平常生活中所使用的銀行、金融卡原理上是一致的，相較容易被大眾理解與接受。

### ▨ Efficiency

Account 架構的另一個優點是在簡單、一對一的交易中效率較高，只需要單純對兩方的餘額做增減，並不需要產生額外的 UTXO 即可完成。

# 6-3 Bitcoin 的發展與路線之爭

自中本聰在 2009 年 1 月正式推出 Bitcoin 以來，為了擴展交易速度或增加實用性，也經歷了不少次的版本升級，現在我們便來介紹其中三個較為人知也影響較大的發展項目：多重簽名、隔離驗證、閃電網路。

## 多重簽名

我們在之前談到非對稱加密時有提到非對稱加密會產生一對公私鑰，透過私鑰簽署、公鑰驗證的過程便可以讓礦工驗證這筆交易的確是由我們發出的。但是這種交易方式完全仰賴於單一金鑰，如果持有金鑰的人是單一行為人，那麼對於公司或企業的資產保障都是不足的，因此多重簽名的功能便是讓資產的動用必須經過多重的核可才能夠進行。

### ▨ 多重簽名的原理

在 BIP11 中，是這樣介紹多重簽名的：

```
This BIP proposes M-of-N-signatures required transactions as a new 'standard'
transaction type.
```

這裡的 N 代表所有的公鑰數目，M 代表的是要取得其中多少公鑰的驗證後才能准許這筆交易，也就是當同意這筆交易的公鑰數目≧當初所設定的公鑰門檻 M 時，該交易才會被執行，舉例來說如果公司的董事會有八人，必須取得過半數（五人）才能夠移動資產的話，這時候的交易便是 5-of-8-signatures。

### ▨ Pay to Multi Signature(P2MS)

**Pay to Multi Signature(P2MS)** 顧名思義就是開立一張必須有多人簽名才能動用的支票 (UTXO)，在這裡如果我們想要開立一張總人數為 n，而且至少要取得其中 m 個簽名才能動支的 UTXO 我們可以這樣實作：

```
m {pubkey_1} {pubkey_2}...{pubkey_n} n OP_CHECKMULTISIG
```

如果要動支這筆 UTXO，只需要取得這 n 個公鑰背後的私鑰簽章即可動支這筆 UTXO ！

```
OP_0 {signature_1} {signature_2}
```

順帶一提，目前 n 個公鑰的上限為 15 個喔！

## ▨ Pay to Script Hash(P2SH)

但 P2MS 有一個重大缺陷就是付款方必須使用特別的交易格式或軟體，同時付款的交易非常的冗長，比方說如果客戶要付款給公司帳戶，而公司帳戶的動支規定為八個董事中超過五個同意才能動支的話，這筆交易的付款方式對客戶而言就是：

```
5
1FAnKjxL3u1skWqwZaJnPpHe6hCL89Dgr3 19rpuEq7vviLu4S4vUVHqKhB16ws7dx23W
15BSBGRBh7WFsz4RESK6EXhtRZAPDkRPtY 19EWhNncVwGn4Bg1nS6pHL5XY4xSzanDHG
1DxXFUr79TJD7Vth4rRVa7S1uLqCmvbGYb 1JbMgzWWPY4eG1m6b5a6ZSJwf5a4dnZB4m
15cJgaTYikDChKUL6feNQjY5KjawwLJF4f 15TG8KCtqeu5qEj6Bp6L1BpJK1MTZ59UCi
14sCN3g5YqLds9mGUa3GtkoSvgW4mNSLwc 1NsshQhjptKTJy8gRVJP2ZV6nVz8LuDh6o
8 OP_CHECKMULTISIG
```

不只如此，當這筆交易送上鏈去給礦工驗證時也會佔去相對應的空間，因此在 BIP13 中所描述的 **Pay to Script Hash(P2SH)** 便應運而生，它把其中的 P2MS 的指令 (script) 編碼成 20Bytes 的大小，像是編碼成 3aaaf9a2c06124ad1bf433ba9b2f78634b81e77b，這樣付款方就可以直接把多重簽名的付款當作是一般的付款來執行了！

除此之外因為經過 P2SH 的編碼開頭都是 3，所以如果你看到 3 開頭的地址就可以知道這是 P2SH 的地址了！實際上你會發現交易所或是 Bitmex 大賭場上的入金地址大部分都是 3 開頭便是這個原因。

```
OP_HASH160 3aaaf9a2c06124ad1bf433ba9b2f78634b81e77b OP_EQUAL
```

這樣對於付款方而言不就簡單多了嗎？除此之外對於減少區塊鏈上的工作與儲存量也會大有幫助！

## 隔離驗證 (Segregated Witness，Segwit)

**隔離驗證 (Segregated Witness，Segwit)** 提供了一種方案把交易時鏈上所需要占用的空間減少，總地來說它只會降低交易所需的費用，對於區塊鏈整體的架構或共識並沒有很大的更動，因此也屬於軟分岔的一種。

在 Blockstream 裏頭如果點開任何一筆交易便可以看到下面這段文字：

SEGWIT FEE SAVINGS　This transaction saved 37% on fees by upgrading to SegWit and could save 21% more by fully upgrading to native SegWit-Bech32

▲ 圖片擷取自：Blockstream

意即 Segwit 大約可以為每筆交易節省約 1/3 的手續費費用，節省手續費費用也代表所需佔用的鏈上空間減少，單一區塊內能夠容納更多的交易，讓 Bitcoin 有更高的 TPS(Transaction per Second)。那麼 Segwit 是如何在不變動區塊大小的情形下做到這件事情的呢？

在最初始的 Bitcoin 中，每一筆交易都會搭配由公鑰持有人簽章的數位簽章，而 Segwit 則是把數位簽章移到區塊的最末端，這些數位簽章可以稱為 **Witness Data**，也因為把這些 Witness Data 隔離出來所以才稱這種方式為 **Segregated Witness**。

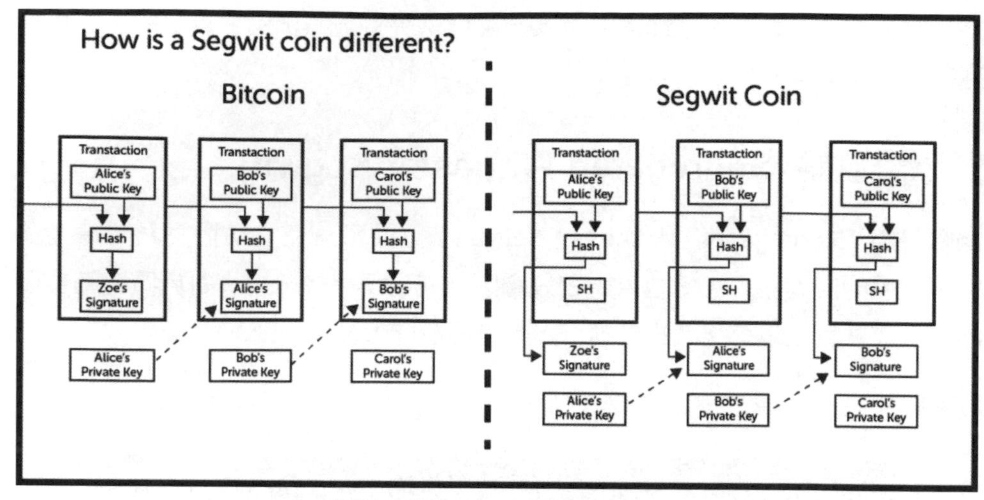


▲ 圖片來源：ethereumworldnews[11]

一旦礦工在計算 1MB 的區塊大小時不計入 Witness Data 的大小，只存放交易的紀錄，那麼同一區塊內能夠存放的交易數目就變多了！但 Witness Data 的大小也必須被限制，因此出現另外一個詞叫做 **Block weight**，對於 Block weight 的容量計算與限制是這樣的：

Block weight = 去掉 Witness Data 的交易空間 × 3 + 交易空間 ≦ 4MB

因此對於一個沒有使用隔離見證的區塊而言，Block weight 的上限大約就是原本區塊容量 1MB 的四倍 = 4MB，但如果裏頭含有隔離見證的資料，那麼 Block weight 的大小上限就會小於 4MB。

與原本的區塊容量比較，在完全沒有隔離驗證的情形下會變成下面：

4 × 交易空間 ≦ 4MB

也就是說即便你尚未完成 Segwit 的升級，那麼也不會影響原本區塊大小的限制 (1MB)，所以 Segwit 為軟分岔。

11 https://ethereumworldnews.com/bitcoin-core-0-18-0-bets-on-segwit-adoption-and-hints-at-offline-tx-signing/

至於實際上的交易容量中大約 2/3 的大小都被拿來用作儲存 Witness Data 之用，把 2/3 這個數據套入上面的公式可以得到：

$$\text{Block weight} = 1/3 \times 交易空間 \times 3 + 交易空間 = 2 \times 交易空間 \leqq 4\text{MB}$$

$$交易空間 \leqq 2\text{MB}$$

$$區塊大小 = 1/3 \times 交易空間 \leqq 1\text{MB}$$

也就是說如果交易全部採用隔離見證方式的話，大約相較傳統方式可以提升區塊兩倍的交易量，同時也可以符合原先區塊容量 1MB 的限制！。

### ▨ 為什麼不直接加大區塊

既然隔離見證可以提升區塊兩倍的交易量，那麼為什麼不直接提升區塊容量的限制到 2MB 就好？答案是可以的，只是路線不同，然後支持直接擴容到 2MB 方案的派系輸了 ......

反對擴容方的意見則是認為目前 Visa 的交易吞吐量約為 1700 TPS，如果要把目前 Bitcoin 大約 7 TPS 擴充到跟 VISA 類似規模的話需要讓區塊大小達到 200-300MB 之多，對於儲存或許不是困難，這在網路廣播區塊時會非常遲緩，因為挖礦的算力必須基於新區塊才能被視為有效算力，假設目前傳遞 1MB 區塊的資料到全網平均需要 1 秒，那傳遞 250MB 的區塊大小大約平均需要 4 分鐘，但在平均出塊時間只有 10 分鐘的情形下，大約 40% 的算力會被視為無效算力間接導致區塊鏈的安全風險，也因如此他們認為區塊大小不能無限制的膨脹，遲早得走其他的路。

## 閃電網路 (Lightning Network)

因為區塊鏈本身的特性，把交易上鏈的成本非常高、耗時也長，如果要把全部交易上鏈那麼勢必無法完成即時或是手續費低的要求，因此閃電網路提供的解決方案就是鏈下擴容一把微小的支付交易都移到鏈下，等到要結算時再統一上鏈，另外推行隔離驗證的其中一個目的是為了之後的閃電網路鋪路。

閃電網路的概念就是如果是小額、頻繁地消費的話那麼這些瑣碎的交易並不會送到鏈上，而是先到鏈上去開閃電支付的通道，接著到鏈下去把簽署過的交易資訊給對方，等到想要結算時在把所有交易都上鏈。

比方說你每天都會到家裡巷口的超商買東西，那麼為了避免每次小額支付都必須要支付高額的手續費與等待交易上鏈，那麼你可以跟便利超商開出一個鏈下支付通道，每次支付就相當於發出一個交易並簽發一個數位簽章給對方，等到想結算時再一起把這段時間所有的交易結果上鏈。

除此之外閃電網路還可以支援間接傳遞，比方說 A<->B、B<->C 之間各有一個閃電支付的通道，那麼即便 A 與 C 之間沒有任何通道，但 A 仍然可以透過抵押 BTC 的方式要求 B 利用自身的通道轉給 C，也就是說只要你與別人建立了支付通道，那麼就可以如同網路一樣連結到對方所有可用的支付通道，而這些都是不需要支付任何手續費的！所以只要支付通道越多，閃電網路的威力與便利性就會進一步增強。

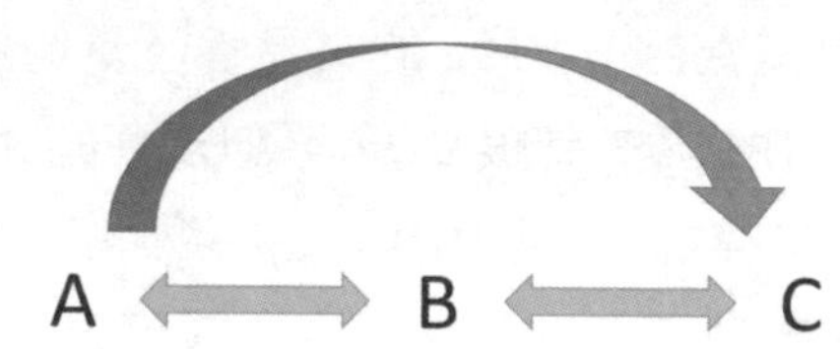


你可以到 Lightning Network Visualizer[12] 上看目前閃電網路的圖形化介面，只要你與上頭的任何一個節點開啟支付通道，那麼你便可以與節點上連接的所有閃電網路進行無延遲、無手續費的交易！

在 1ml.com 你也可以看到閃電網路的支付通道數目，其中又以美國居多。但閃電網路也有其缺點，為了確保所有人有足夠的資金進行最後的結算，在開啟閃電通道的同時你必須抵押相對應的資產 (BTC) 才能進行後續的交易，比方說你抵押了 3BTC 在通道的開啟上，那麼這 3BTC 在結算前都會被鎖死，而你最

12 https://graph.lndexplorer.com/

多也只能在鏈下的支付通道中支付 3 BTC，這有點像是你必須事先把悠遊卡儲值後才能夠進行後續的消費。

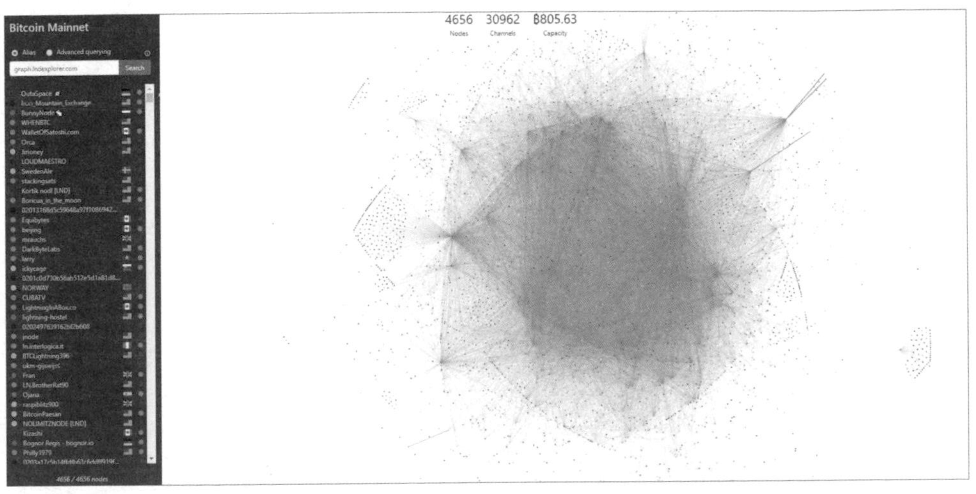


▲ 圖片擷取自：Lightning Network Visualizer

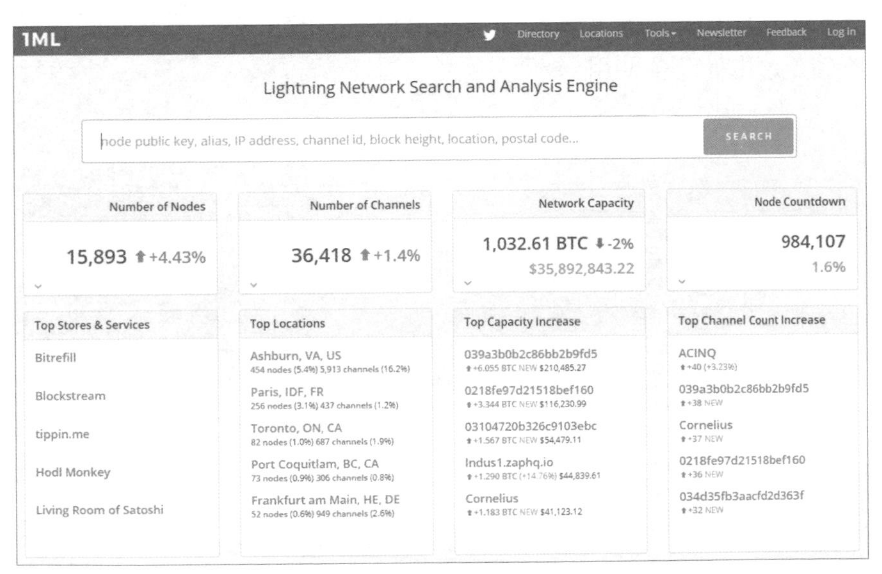


▲ 圖片擷取自：1ml.com[13]

13 https://1ml.com/

# 6-4 用 Command Line 操作 Bitcoin

## 操作 Bitcoin

在提完 Bitcoin 的交易架構與幾個重要發展後，我們來實際體驗如何操作 Bitcoin 的匯款與收款。因為使用圖形化介面 (GUI) 相較容易，但卻不利於後續的二次開發、使用上也較不彈性，因此我們現在主要是講解如何直接使用 Command Line 來進行 Bitcoin 上的各式交易與匯款。

## 圖形化介面

如果你沒有二次開發或是發送一些特殊交易的需求，那麼使用一般的圖形化介面 (GUI) 進行收款或匯款就可以了，至於要選擇使用何種程式，你可以到 bitcoin.org 根據你的要求選擇，選擇過程中你也可以看到我們過去講到的**多重簽名 (Multisig)** 或是**隔離見證 (SegWit)** 的功能，在這裡可以都勾起來，畢竟不確定之後何時會使用到。

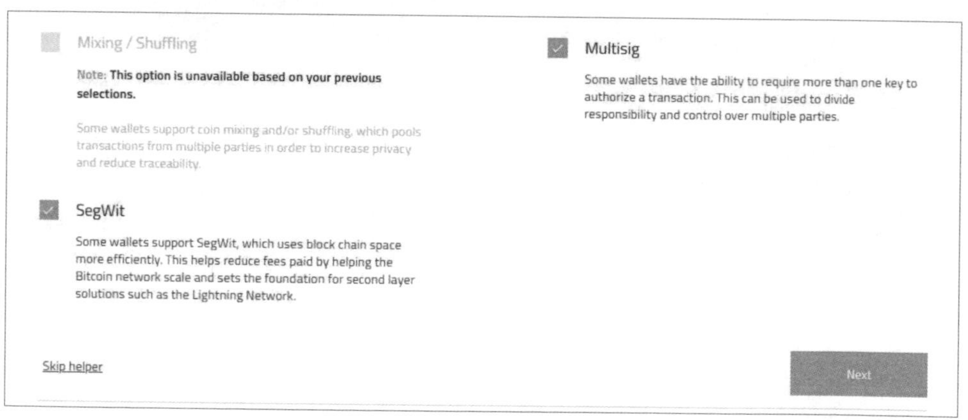


▲ 圖片擷取自：bitcoin.org[14]

14 https://bitcoin.org/en/

最後 bitcoin.org 推薦我用 electrum[15] 這套軟體，下載安裝後打開，可以選擇想要開啟的錢包種類。

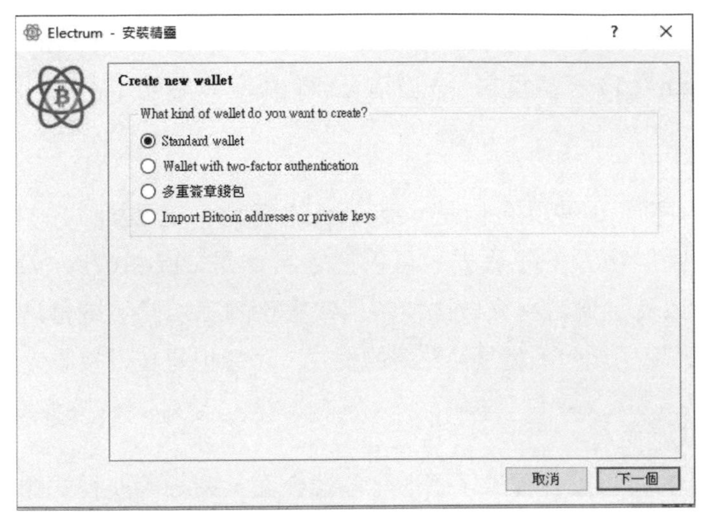


▲ 圖片擷取自：electrum[16]

最後開完錢包就大功告成啦！下圖是它的介面，有收款與付款兩大功能可以選擇，裏頭還蠻清楚的，因此就不另外詳述如何使用了。

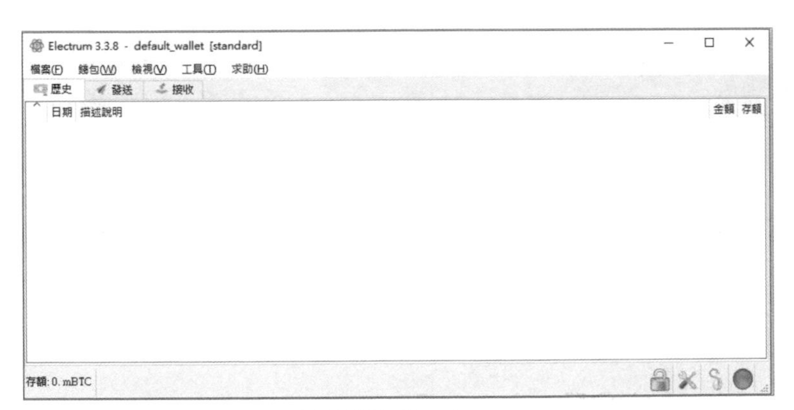


▲ 圖片擷取自：electrum

15 https://electrum.org/#download

16 https://electrum.org/

## Bitcoin-core

這一節主要的重點是 **Bitcoin-core** 的安裝與使用，**Bitcoin-core** 是 Bitcoin 目前最主流與廣泛使用的主程式，裏頭包含了 bitcoind、bitcoin-qt 與 bitcoin-cli 三隻程式，先就這三個做簡單介紹。

### Bitcoind

bitcoind 的字尾 d 可以看作是 develop 的縮寫，這隻程式的特色就是可以透過 RPC 呼叫裏頭的子程式，可以把它看作是 client-server 架構下的 server，所以特別適合用來做比特幣相關服務的二次開發或營運。跟我們之前寫的簡易區塊鏈比較，就是節點端的程式，功能也是負責接收外界的請求。

### bitcoin-qt

**bitcoin-qt** 的特色就是提供了圖形化前端介面，讓一般非程式開發者也可以很容易地使用。

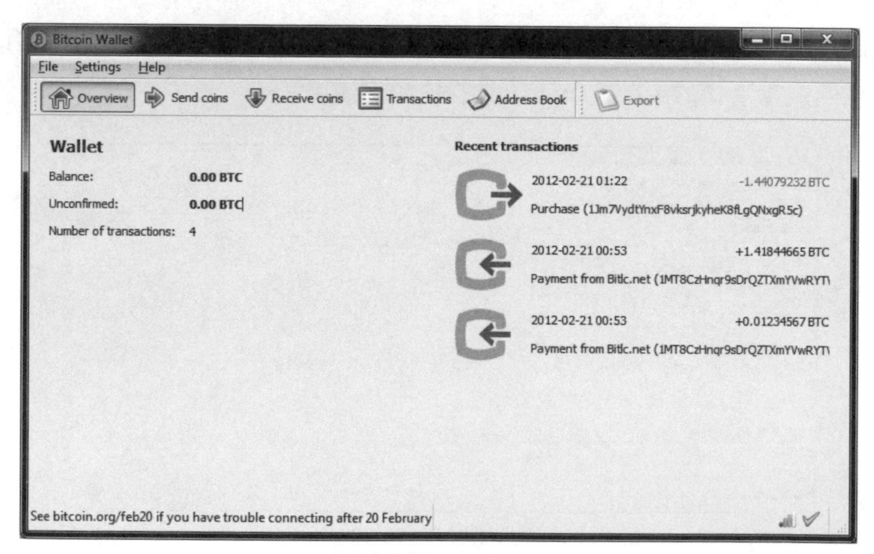


▲ 圖片來源：Wikipedia[17]

17 https://en.bitcoinwiki.org/wiki/Bitcoin-Qt

### ▨ bitcoin-cli

**bitcoin-cli** 的字尾 cli 是 client 客戶端的縮寫，它允許你直接發送 RPC 給 bitcoind，可以把它看作是 client-server 架構下的 client，可以讓你在沒有營運一個完整節點的情形下仍然可以向其他節點發出交易或查詢的請求。跟我們之前寫的簡易區塊鏈比較，就是客戶端的程式，功能是向節點發出查詢餘額或是交易請求。

## 環境設定

我測試的環境是在 win10 下開一個 Ubuntu 的子系統，如果你也想在 win10 下測試的話可以參考這裡[18]進行安裝。安裝後你就你可以到 bitcoin.org 找最新版本的 Bitcoin-core 來下載，你可以先開個資料夾後再下載並且展開。

```
mkdir bitcoin
wget https://bitcoin.org/bin/bitcoin-core-0.18.1/bitcoin-0.18.1-x86_64-linux-gnu.
    tar.gz
tar xf bitcoin-0.18.1-x86_64-linux-gnu.tar.gz
```

安裝完後記得把 bin 資料夾放入環境變數 (PATH) 中，因為我安裝在 d 槽下，所以我的路徑是 **/mnt/d/bitcoin/bitcoin-0.18.1/bin/**

```
export PATH=$PATH:/mnt/d/bitcoin/bitcoin-0.18.1/bin/
```

在 Linux 系統下，上面三隻程式的設定值都會在下面這個檔案中

```
$HOME/.bitcoin/bitcoin.conf
```

以 nano 打開後

```
nano $HOME/.bitcoin/bitcoin.conf
```

18 https://zhuanlan.zhihu.com/p/62658094

可以在裏頭設定 RPC 用的密碼，但我們之後的測試是在模擬環境下測試，所以不設定也沒關係

```
rpcpassword=YOUR_PASSWORD
```

在這裡另外說明一下，測試的方式有兩種：**Testnet** 或 **Regtest**，Testnet 是連上比特幣的測試網路，也就是外網；而 Regtest 則是在本機端開啟一個完全私人的環境來做測試，目前主流的開發都是用 Regtest 了，因此我們之後的示範也會使用 Regtest，但如果想要用 testnet 的話就在 **$HOME/.bitcoin/bitcoin.conf** 裏頭新增這一行就可以了。

```
testnet=1
```

另外修改權限只有我們能夠讀寫這個檔案

```
chmod 600 bitcoin.conf
```

到此就設定完畢了！

## 啟動與停止

在開始使用前先把 bitcoind 打開（如果使用 testnet 則不需要加 -regtest）

```
bitcoind -regtest -daemon
```

接著你就會看到下面這行字，代表成功開啟了

```
Bitcoin server starting
```

要停止也很容易，下 stop 指令便行了。

```
bitcoin-cli stop
```

成功結束你會看到

```
Bitcoin server stopping
```

## 挖掘新區塊

創建新錢包的方式是透過 **getnewaddress** 指令

```
bitcoin-cli -regtest getnewaddress
```

因為 regtest 模式下 block 需要經過 100 個確認後才能夠花用裏頭的餘額，所以我們可以用 **generatetoaddress** 使產出的地址挖掘 101 個區塊，確保我們有 50BTC 可以用於後續的交易。

```
bitcoin-cli -regtest generatetoaddress 101 $(bitcoin-cli -regtest getnewaddress)
```

挖掘出來後你就可以利用 **getbalance** 查詢目前可支用的餘額

```
bitcoin-cli -regtest getbalance
```

就會發現裏頭有 50 BTC 可以使用了！

```
50.00000000
```

## 發起交易

發起交易前我們先創建一個新的收款錢包

```
bitcoin-cli -regtest getnewaddress
2N1yF65i3KfXHJ7Pv6oxBeGoUSnGK2idzuQ
```

接著就可以利用 **sendtoaddress** 匯款給對方了

```
bitcoin-cli -regtest sendtoaddress 2N1yF65i3KfXHJ7Pv6oxBeGoUSnGK2idzuQ 5.00
```

匯款完後看到的這一連串 Bytes 便是我們的 Transaction id!

```
7862877e89f9b2e14c42e508f31646c68f38d99e404c335769ad1092c9b33822
```

交易完之後記得再挖掘出一個新區塊，我們的交易才會被打包進去喔

```
bitcoin-cli -regtest generatetoaddress 1 $(bitcoin-cli -regtest getnewaddress)
```

## 手動簽發一筆交易

上面的交易其實省略了相當多步驟，也沒有逐步的簽署，所以我們來試試怎麼一步步從初始化交易到使用私鑰來簽發這比交易！但如果手動簽發出錯的話，手上的 BTC 可能會永久遺失，所以使用上請務必小心。

## 查詢 UTXO

輸入 **listunspent** 指令就可以查詢目前還沒被使用的 UTXO。

```
bitcoin-cli -regtest listunspent
```

```
lkm543@LAPTOP-MHRONB2L:~/.bitcoin$ bitcoin-cli -regtest listunspent
[
  {
    "txid": "7bc52de0add0a657f5f312e1e6239d61c63cbc69986eee1045a423c3730cb014",
    "vout": 0,
    "address": "2MwgVmbPVRF9a44ar9AUB7sCHCrdDf81oxL",
    "label": "",
    "redeemScript": "0014fbf9ddd126ee5be0ebca969d39845a21390b737e",
    "scriptPubKey": "a91430a8135ebec18ffe8332855aaff4d977cfaa99b687",
    "amount": 50.00000000,
    "confirmations": 101,
    "spendable": true,
    "solvable": true,
    "desc": "sh(wpkh([e6960773/0'/0'/0']03ad88fdadd957df816e167d6598aad34f4b82cdc537b820b75fbe03e8e48c5cc9))#my5rq3xw",
    "safe": true
  },
  {
    "txid": "3ab2be755f676c9978c6a3bf42f87cfcb8f7393d10cf5c962a1590e3449c38d4",
    "vout": 0,
    "address": "2MzXCPXWQoRVRmX9NWoun7oVCJrmniYqmqg",
    "redeemScript": "0014d3c8facb4eb70ba6b14992951c1bb7260a759118",
    "scriptPubKey": "a9144fce336ccec2f9d8f7dd34a9337569ef5a602f0f87",
    "amount": 44.99996680,
    "confirmations": 1,
    "spendable": true,
    "solvable": true,
    "desc": "sh(wpkh([e6960773/0'/1'/0']03518af844b06091b5bed9ee5cf50ea372af8a1425afba9142a71d27b5ee38642a))#z0cts7a2",
    "safe": true
  },
  {
    "txid": "3ab2be755f676c9978c6a3bf42f87cfcb8f7393d10cf5c962a1590e3449c38d4",
    "vout": 1,
    "address": "2N1yF65i3KfXHJ7Pv6oxBeGoUSnGK2idzuQ",
    "label": "",
    "redeemScript": "0014f5baed8c5d5c4fa848d086348d753da874d74363",
    "scriptPubKey": "a9145fb3651640346df7cb76f9a74745d54a198c749b87",
    "amount": 5.00000000,
    "confirmations": 1,
    "spendable": true,
    "solvable": true,
    "desc": "sh(wpkh([e6960773/0'/0'/1']036874be266591da071920e700514ddc4571c67f465787888d4f16b1ce06e2decd))#f4mfpslz",
    "safe": true
  }
]
```

## 初始化一筆交易

假設我們現在想要動用 3ab2be755f676c9978c6a3bf42f87cfcb8f7393d10cf5c962a1590e3449c38d4 這筆 UTXO，那麼我們可以先設定：

UTXO_ID=3ab2be755f676c9978c6a3bf42f87cfcb8f7393d10cf5c962a1590e3449c38d4UTXO_VOUT=0

接著我們利用 **createrawtransaction** 來初始化一筆交易，txid 指我們想動用的 UTXO 編號，vout 可以想成這筆 UTXO 的次序（可以在 UTXO 列表中找到這個值）。第二個 JSON 則是收款地址以及收款金額，注意收款金額與 UTXO 餘額的差就是手續費，兩者的差距必須小於 0.1 否則便會報錯。

```
bitcoin-cli -regtest createrawtransaction '''
    [
      {
        "txid": "'$UTXO_ID'",
        "vout": '$UTXO_VOUT'
      }
    ]
    ''' '''
    {
      "2MyFEzBFSYb5PimVKGmeehY9MrxHJQrhGZF": 44.998
    }
    '''
```

接著就可以得到這筆交易的編碼後的資料了！

```
0200000001d4389c44e390152a965ccf103d39f7b8fc7cf842bfa3c678996c675f75beb23a
0000000000ffffffff01c07f350c0100000017a91441d196828171b72dd14bf48378b5659bfde9e6
ab8700000000
```

你可以用 **decoderawtransaction** 指令來看原本的交易內容

```
bitcoin-cli -regtest decoderawtransaction 0200000001d4389c44e390152a965ccf103d39f
7b8fc7cf842bfa3c678996c675f75beb23a0000000000ffffffff01c07f350c0100000017a91441d1
96828171b72dd14bf48378b5659bfde9e6ab8700000000
```

```
lkm543@LAPTOP-MHRONB2L:~/.bitcoin$ bitcoin-cli -regtest decoderawtransaction 0200000001d4389c44e
000000
{
  "txid": "83ced93dea00ab68ab9bb021ce06df2f4df488c7ff23347d5c34c9dcc29820d3",
  "hash": "83ced93dea00ab68ab9bb021ce06df2f4df488c7ff23347d5c34c9dcc29820d3",
  "version": 2,
  "size": 83,
  "vsize": 83,
  "weight": 332,
  "locktime": 0,
  "vin": [
    {
      "txid": "3ab2be755f676c9978c6a3bf42f87cfcb8f7393d10cf5c962a1590e3449c38d4",
      "vout": 0,
      "scriptSig": {
        "asm": "",
        "hex": ""
      },
      "sequence": 4294967295
    }
  ],
  "vout": [
    {
      "value": 44.99800000,
      "n": 0,
      "scriptPubKey": {
        "asm": "OP_HASH160 41d196828171b72dd14bf48378b5659bfde9e6ab OP_EQUAL",
        "hex": "a91441d196828171b72dd14bf48378b5659bfde9e6ab87",
        "reqSigs": 1,
        "type": "scripthash",
        "addresses": [
          "2MyFEzBFSYb5PimVKGmeehY9MrxHJQrhGZF"
        ]
      }
    }
  ]
}
```

## 簽署這筆交易

用 **signrawtransactionwithwallet** 指令來簽署這筆交易

```
bitcoin-cli -regtest signrawtransactionwithwallet 0200000001d4389c44e390152a965cc
f103d39f7b8fc7cf842bfa3c678996c675f75beb23a0000000000ffffffff01c07f350c0100000017
a91441d196828171b72dd14bf48378b5659bfde9e6ab8700000000
```

可以得到下面的回應，其中 hex 裏頭就是我的數位簽章了！你也可以發現它比交易的資料長非常多，這也是我們提到過的數位簽章資料通常會佔到整體資料大小的 2/3 以上。

```
{
  "hex": "02000000000101d4389c44e390152a965ccf103d39f7b8fc7cf842bfa3c678996c675f7
5beb23a000000000017160014d3c8facb4eb70ba6b14992951c1bb7260a759118ffffffff01c07f350c
```

```
0100000017a91441d196828171b72dd14bf48378b5659bfde9e6ab8702473044022040 31dd9a2c8e7
8d4c41e8e758d2c33518f75012551793d086213f74edebe8efa0220161919fc3743dcbdfabf1f2ea4
4464bd59437cec2c225c0e27685e2d8cc4245b012103518af844b06091b5bed9ee5cf50ea372af8a1
425afba9142a71d27b5ee38642a00000000",
  "complete": true
}
```

把數位簽章儲存成變數

```
SIGNATURE=02000000000101d4389c44e390152a965ccf103d39f7b8fc7cf842bfa3c678996c675f7
5beb23a0000000017160014d3c8facb4eb70ba6b14992951c1bb7260a759118ffffffff01c07f350c
0100000017a91441d196828171b72dd14bf48378b5659bfde9e6ab870247304402204031dd9a2c8e7
8d4c41e8e758d2c33518f75012551793d086213f74edebe8efa0220161919fc3743dcbdfabf1f2ea4
4464bd59437cec2c225c0e27685e2d8cc4245b012103518af844b06091b5bed9ee5cf50ea372af8a1
425afba9142a71d27b5ee38642a00000000
```

最後就可以利用 **sendrawtransaction** 指令與我們剛剛簽發的數位簽章、想要動用的 UTXO 來交易了！

```
bitcoin-cli -regtest sendrawtransaction $SIGNATURE
```

你就可以得到一筆 Transaction ID 了

```
1089bff77424764ffadfaac6f12683b1c2265ebe0726598ee0cb28cf02dd017a
```

一樣挖掘新區塊後，就可以查詢有沒有新的 UTXO 生成

```
bitcoin-cli -regtest generatetoaddress 1 $(bitcoin-cli -regtest getnewaddress)
bitcoin-cli -regtest listunspent
```

新生成的 UTXO 結果如下

```
 {
   "txid": "1089bff77424764ffadfaac6f12683b1c2265ebe0726598ee0cb28cf02dd017a",
   "vout": 0,
   "address": "2MyFEzBFSYb5PimVKGmeehY9MrxHJQrhGZF",
   "label": "",
   "redeemScript": "0014eac13ffacbced6b25fe7262ff14d8c4ffcf6b229",
```

```
    "scriptPubKey": "a91441d196828171b72dd14bf48378b5659bfde9e6ab87",
    "amount": 44.99800000,
    "confirmations": 1,
    "spendable": true,
    "solvable": true,
    "desc": "sh(wpkh([e6960773/0'/0'/2']038906fb9fb8259c15978872e186bc21897f4b51c
01834f90ad53ed3056f44a328))#02k7gp80",
    "safe": true
  }
```

## 多重簽名

### 創設多重簽名的付款帳號

多重簽名的交易方法跟上面很類似，假設我們要創建一個 2 of 3 多重簽名的支付，利用 **addmultisigaddress** 指令：

```
bitcoin-cli -regtest addmultisigaddress 2 "
    [\"2MwgVmbPVRF9a44ar9AUB7sCHCrdDf81oxL\",
     \"2MwgVmbPVRF9a44ar9AUB7sCHCrdDf81oxL\",
     \"2N1yF65i3KfXHJ7Pv6oxBeGoUSnGK2idzuQ\"
    ]
    "
```

就可以得到 P2SH 的新多重簽名收款地址了：

```
{
  "address": "2MxKFjxNftmEnCJE2tmTktwVJKUqMAPQ1K3",
  "redeemScript": "522103ad88fdadd957df816e167d6598aad34f4b82cdc537b820b75fbe
03e8e48c5cc92103ad88fdadd957df816e167d6598aad34f4b82cdc537b820b75fbe03e8e48c5cc92
1036874be266591da071920e700514ddc4571c67f465787888d4f16b1ce06e2decd53ae"
}
```

要付款給多重簽名的地址也只要把它當一般地址便可以了。

```
bitcoin-cli -regtest sendtoaddress 2MxKFjxNftmEnCJE2tmTktwVJKUqMAPQ1K3 10.00
```

### ▨ 動用多重簽名的資金

首先一樣先利用下面這個指令把我們想要花用的 UTXO 編號找出來：

```
bitcoin-cli -regtest listunspent
{
    "txid": "241bb7af4262e475ee2bff4586a3b1c0b4a2f9efb8cb0901f5e16d7794451b83",
    "vout": 0,
    "address": "2MxKFjxNftmEnCJE2tmTktwVJKUqMAPQ1K3",
    "label": "",
    "redeemScript": "0020809d97cffc439727dd9fd38548c0e9c5a576e90f9ef11d99ef156355
16453bcc",
    "witnessScript": "522103ad88fdadd957df816e167d6598aad34f4b82cdc537b820b75fb
e03e8e48c5cc92103ad88fdadd957df816e167d6598aad34f4b82cdc537b820b75fbe03e8e48c5cc9
21036874be266591da071920e700514ddc4571c67f465787888d4f16b1ce06e2decd53ae",
    "scriptPubKey": "a914379bc18d46b35fed27f75c1128a8f36659615d5e87",
    "amount": 10.00000000,
    "confirmations": 1,
    "spendable": true,
    "solvable": true,
    "desc": "sh(wsh(multi(2,[e6960773/0'/0'/0']03ad88fdadd957df816e167d6598aad
34f4b82cdc537b820b75fbe03e8e48c5cc9,[e6960773/0'/0'/0']03ad88fdadd957df816e167d65
98aad34f4b82cdc537b820b75fbe03e8e48c5cc9,[e6960773/0'/0'/1']036874be266591da07192
0e700514ddc4571c67f465787888d4f16b1ce06e2decd))#ys6kgphk",
    "safe": true
  }
```

一樣先初始化交易，假設我們要把裏頭的資金移轉到 2NFZxvqDfa9EKvw7bMaBpRkAUfJZKUVCiKV

```
bitcoin-cli -regtest createrawtransaction '''
[
  {
    "txid": "241bb7af4262e475ee2bff4586a3b1c0b4a2f9efb8cb0901f5e16d7794451b83",
    "vout": 0
  }
]
```

```
''' '''
{
 "2NFZxvqDfa9EKvw7bMaBpRkAUfJZKUVCiKV": 9.998
}'''
RAW_TX=0200000001831b4594776de1f50109cbb8eff9a2b4c0b1a38645ff2bee75e46242afb71b24
0000000000ffffffff01c0bc973b0000000017a914f4de1976c0e707fadff4a908f271d7091032268
a8700000000
```

接著利用 **dumpprivkey** 把其中兩個私鑰取出，因為是 2 of 3 多重簽名，所以至少要經過兩個私鑰的簽署

```
bitcoin-cli -regtest dumpprivkey 2MwgVmbPVRF9a44ar9AUB7sCHCrdDf81oxL
bitcoin-cli -regtest dumpprivkey 2N1yF65i3KfXHJ7Pv6oxBeGoUSnGK2idzuQ
```

得到兩把私鑰如下

```
cVaV7TWQodB8DhhMe4fiNtfV9paFpBmupQsbyWnwdBhN15EUhW9P
cN3gCnSnyENguQQ49zyQ4SPrucTrCHVapvqq5qaYKVueSmTGpCoZ
```

接著先用第一把私鑰利用 **signrawtransactionwithkey** 簽署，並填入相對應的 txid、vout、scriptPubKey、redeemScript、amount

```
bitcoin-cli -regtest signrawtransactionwithkey $RAW_TX '''
    [
      "cVaV7TWQodB8DhhMe4fiNtfV9paFpBmupQsbyWnwdBhN15EUhW9P"
    ]''' '''
    [
      {
        "txid": "241bb7af4262e475ee2bff4586a3b1c0b4a2f9efb8cb0901f5e16d7794451b83",
        "vout": 0,
        "redeemScript": "0020809d97cffc439727dd9fd38548c0e9c5a576e90f9ef11d99ef15
635516453bcc",
        "witnessScript": "522103ad88fdadd957df816e167d6598aad34f4b82cdc537b820b75
fbe03e8e48c5cc92103ad88fdadd957df816e167d6598aad34f4b82cdc537b820b75fbe03e8e48c5c
c921036874be266591da071920e700514ddc4571c67f465787888d4f16b1ce06e2decd53ae",
        "scriptPubKey": "a914379bc18d46b35fed27f75c1128a8f36659615d5e87",
        "amount": 10.00000000
```

```
    }
  ]
  '''
```

就可以得到以第一把私鑰簽過的數位簽章

```
{
  "hex": "0200000000101831b4594776de1f50109cbb8eff9a2b4c0b1a38645ff2bee75e46242a
fb71b240000000023220020809d97cffc439727dd9fd38548c0e9c5a576e90f9ef11d99ef15635516
453bccffffffff01c0bc973b0000000017a914f4de1976c0e707fadff4a908f271d7091032268a870
400473044022047587f7a10c0f2107fa88bedb5268fbcbc6406d1cd14ae11dc90bed57dd5a8490220
70f6654daee33ee65e088754c54d301cf062f8fb434053617db82b6f3b42d5a301473044022047587
f7a10c0f2107fa88bedb5268fbcbc6406d1cd14ae11dc90bed57dd5a849022070f6654daee33ee65e
088754c54d301cf062f8fb434053617db82b6f3b42d5a30169522103ad88fdadd957df816e167d659
8aad34f4b82cdc537b820b75fbe03e8e48c5cc92103ad88fdadd957df816e167d6598aad34f4b82cd
c537b820b75fbe03e8e48c5cc921036874be266591da071920e700514ddc4571c67f465787888d4f1
6b1ce06e2decd53ae00000000",
  "complete": true
}
```

```
FIRST_SIGNATURE=0200000000101831b4594776de1f50109cbb8eff9a2b4c0b1a38645
ff2bee75e46242afb71b240000000023220020809d97cffc439727dd9fd38548c0e9c5a576e9
0f9ef11d99ef15635516453bccffffffff01c0bc973b0000000017a914f4de1976c0e707fadff4a90
8f271d7091032268a870400473044022047587f7a10c0f2107fa88bedb5268fbcbc6406d1cd14
ae11dc90bed57dd5a849022070f6654daee33ee65e088754c54d301cf062f8fb434053617db82
b6f3b42d5a301473044022047587f7a10c0f2107fa88bedb5268fbcbc6406d1cd14ae11dc90be
d57dd5a849022070f6654daee33ee65e088754c54d301cf062f8fb434053617db82b6f3b42d5a
30169522103ad88fdadd957df816e167d6598aad34f4b82cdc537b820b75fbe03e8e48c5cc921
03ad88fdadd957df816e167d6598aad34f4b82cdc537b820b75fbe03e8e48c5cc921036874be2
66591da071920e700514ddc4571c67f465787888d4f16b1ce06e2decd53ae00000000
```

接著拿來簽章第二把

```
bitcoin-cli -regtest signrawtransactionwithkey $FIRST_SIGNATURE '''
  [
    "cN3gCnSnyENguQQ49zyQ4SPrucTrCHVapvqq5qaYKVueSmTGpCoZ"
  ]''' '''
```

```
    [
      {
        "txid": "241bb7af4262e475ee2bff4586a3b1c0b4a2f9efb8cb0901f5e16d7794451b83",
        "vout": 0,
        "redeemScript": "0020809d97cffc439727dd9fd38548c0e9c5a576e90f9ef11d99ef15
635516453bcc",
        "witnessScript": "522103ad88fdadd957df816e167d6598aad34f4b82cdc537b820b75
fbe03e8e48c5cc92103ad88fdadd957df816e167d6598aad34f4b82cdc537b820b75fbe03e8e48c5c
c921036874be266591da071920e700514ddc4571c67f465787888d4f16b1ce06e2decd53ae",
        "scriptPubKey": "a914379bc18d46b35fed27f75c1128a8f36659615d5e87",
        "amount": 10.00000000
      }
    ]
    '''
```

得到最後簽署的結果了！

```
{
  "hex": "0200000000010183 1b4594776de1f50109cbb8eff9a2b4c0b1a38645ff2bee75e46242
afb71b240000000023220020809d97cffc439727dd9fd38548c0e9c5a576e90f9ef11d99ef1563551
6453bccffffffff01c0bc973b0000000017a914f4de1976c0e707fadff4a908f271d7091032268a87
0400473044022047587f7a10c0f2107fa88bedb5268fbcbc6406d1cd14ae11dc90bed57dd5a84902
2070f6654daee33ee65e088754c54d301cf062f8fb434053617db82b6f3b42d5a3014730440220475
87f7a10c0f2107fa88bedb5268fbcbc6406d1cd14ae11dc90bed57dd5a849022070f6654daee33ee6
5e088754c54d301cf062f8fb434053617db82b6f3b42d5a30169522103ad88fdadd957df816e167d6
598aad34f4b82cdc537b820b75fbe03e8e48c5cc92103ad88fdadd957df816e167d6598aad34f4b82
cdc537b820b75fbe03e8e48c5cc921036874be266591da071920e700514ddc4571c67f465787888d4
f16b1ce06e2decd53ae00000000",
  "complete": true
}
```

把最後的結果用 **sendrawtransaction** 發送出去，便可以移動資產了！

```
bitcoin-cli -regtest sendrawtransaction 0200000000010183 1b4594776de1f50109cbb8eff
9a2b4c0b1a38645ff2bee75e46242afb71b240000000023220020809d97cffc439727dd9fd38548c0
e9c5a576e90f9ef11d99ef15635516453bccffffffff01c0bc973b0000000017a914f4de1976c0e70
7fadff4a908f271d7091032268a870400473044022047587f7a10c0f2107fa88bedb5268fbcbc6406
```

```
d1cd14ae11dc90bed57dd5a849022070f6654daee33ee65e088754c54d301cf062f8fb434053617db
82b6f3b42d5a30147304402204758 7f7a10c0f2107fa88bedb5268fbcbc6406d1cd14ae11dc90bed5
7dd5a849022070f6654daee33ee65e088754c54d301cf062f8fb434053617db82b6f3b42d5a301695
22103ad88fdadd957df816e167d6598aad34f4b82cdc537b820b75fbe03e8e48c5cc92103ad88fdad
d957df816e167d6598aad34f4b82cdc537b820b75fbe03e8e48c5cc921036874be266591da071920e
700514ddc4571c67f465787888d4f16b1ce06e2decd53ae00000000
```

一樣交易後會得到一個交易 id

```
fd06828e8443aaa3e587e870c78752184a9a3712560c2fc666e3882778c825a0
```

這樣一來就完成多重簽名了，而且簽名的過程中可以分別在不同的本機簽署以避免私鑰外流的資安疑慮！另外一提，bitcoin.org 裏頭的教學很多都是舊版的，如果用新版的話要注意一下寫法是不同的。

Chapter 07

# 乙太坊 Ethereum

## 7-1 Ethereum Virtual Machine（EVM）與智能合約

在經過方才的操作之後，應該也可以發現 Bitcoin 的使用相對簡單，主要圍繞在金流的交易與驗證上，而現在要來解說的 Ethereum 則著重在智能合約的實作上，但因為篇幅有限，所以主要重點會放置在合約的運行方式與架構上。

### 圖靈完備性

Ethereum 與 Bitcoin 最大的不同就是具備了**圖靈完備性**，在提到圖靈完備性之前就必須先提到圖靈機—圖靈機可以看作是一個依據幾個簡單、基本的指令來執行工作的機器，理想上的圖靈機具有無限大的儲存空間與運算能力，所有計算上的工作都可以被這台圖靈機解決。如果你有學習過組合語言的話，那麼這些簡單指令集你可以把它視做組合語言。

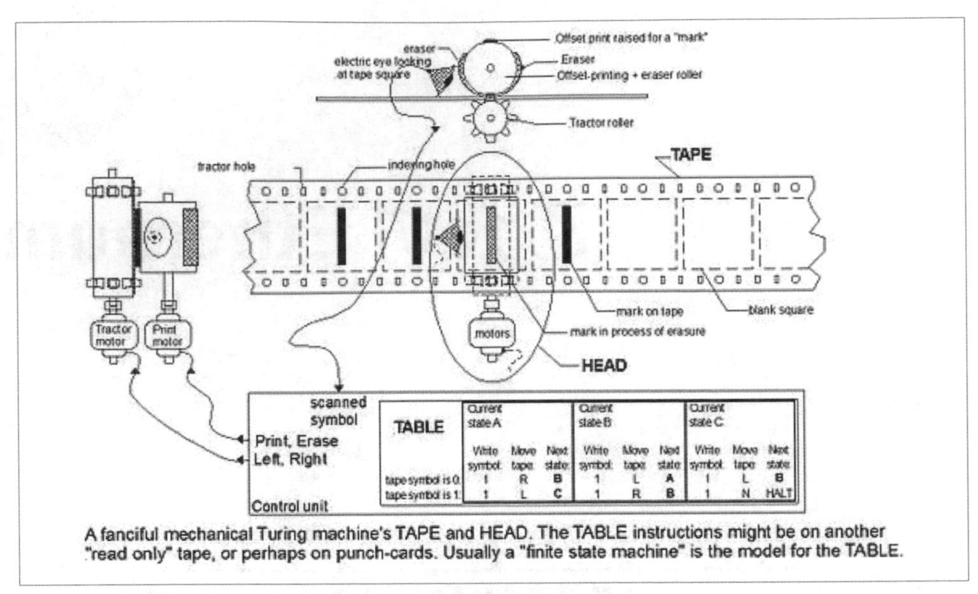


A fanciful mechanical Turing machine's TAPE and HEAD. The TABLE instructions might be on another "read only" tape, or perhaps on punch-cards. Usually a "finite state machine" is the model for the TABLE.

▲ 圖片來源：Wikipedia[1]

因此圖靈完備性指的是如果我們可以將所有可計算的問題丟給機器去解決，那麼這台機器就稱為有圖靈完備性。而 Ethereum 則是具有圖靈完備性的區塊鏈，如果把 Ethereum 想像成一台電腦，那麼你可以把所有想要解決的問題都丟上 Ethereum 去執行與求解。

## Ethereum Virtual Machine(EVM)

為了確保區塊鏈上的各個節點能夠對同樣一段程式碼產出相同的結果，所以 Ethereum 的程式碼中也內建了可以用來執行指令的 **Ethereum Virtual Machine(EVM)**，這裡的 EVM 具有圖靈完備性，理論上你可以把任何計算上的問題通通丟給 EVM 去解決，並且由於區塊鏈不可竄改的特性，在執行結果上也是可靠的，所有人都得依據同樣的邏輯或原則來做事，執行完的結果也會被送入區塊鏈永久儲存。至於 EVM 裏頭有哪些指令可以使用你可以參考下圖。

1 https://en.wikipedia.org/wiki/Turing_machine_gallery

| 0x | 0 | 1 | 2 | 3 | 4 | 5 | 6 | 7 | 8 | 9 | a | b | c | d | e | f |
|---|---|---|---|---|---|---|---|---|---|---|---|---|---|---|---|---|
| 0 | STOP | ADD | MUL | SUB | DIV | SDIV | MOD | SMOD | ADDMOD | MULMOD | EXP | SIGNEXTEND | | | | |
| 1 | LT | GT | SLT | SGT | EQ | ISZERO | AND | OR | XOR | NOT | BYTE | SHL | SHR | SAR | | |
| 2 | SHA3 | | | | | | | | | | | | | | | |
| 3 | ADDRESS | BALANCE | ORIGIN | CALLER | CALLVALUE | CALLDATALOAD | CALLDATASIZE | CALLDATACOPY | CODESIZE | CODECOPY | GASPRICE | EXTCODESIZE | EXTCODECOPY | RETURNDATASIZE | RETURNDATACOPY | EXTCODEHASH |
| 4 | BLOCKHASH | COINBASE | TIMESTAMP | NUMBER | DIFFICULTY | GASLIMIT | | | | | | | | | | |
| 5 | POP | MLOAD | MSTORE | MSTORE8 | SLOAD | SSTORE | JUMP | JUMPI | PC | MSIZE | GAS | JUMPDEST | | | | |
| 6 | PUSH1 | PUSH2 | PUSH3 | PUSH4 | PUSH5 | PUSH6 | PUSH7 | PUSH8 | PUSH9 | PUSH10 | PUSH11 | PUSH12 | PUSH13 | PUSH14 | PUSH15 | PUSH16 |
| 7 | PUSH17 | PUSH18 | PUSH19 | PUSH20 | PUSH21 | PUSH22 | PUSH23 | PUSH24 | PUSH25 | PUSH26 | PUSH27 | PUSH28 | PUSH29 | PUSH30 | PUSH31 | PUSH32 |
| 8 | DUP1 | DUP2 | DUP3 | DUP4 | DUP5 | DUP6 | DUP7 | DUP8 | DUP9 | DUP10 | DUP11 | DUP12 | DUP13 | DUP14 | DUP15 | DUP16 |
| 9 | SWAP1 | SWAP2 | SWAP3 | SWAP4 | SWAP5 | SWAP6 | SWAP7 | SWAP8 | SWAP9 | SWAP10 | SWAP11 | SWAP12 | SWAP13 | SWAP14 | SWAP15 | SWAP16 |
| a | LOG0 | LOG1 | LOG2 | LOG3 | LOG4 | | | | | | | | | | | |
| b | | | | | | | | | | | | | | | | |
| c | | | | | | | | | | | | | | | | |
| d | | | | | | | | | | | | | | | | |
| e | | | | | | | | | | | | | | | | |
| f | CREATE | CALL | CALLCODE | RETURN | DELEGATECALL | CREATE2 | | | | | STATICCALL | | | REVERT | INVALID | SELFDESTRUCT |

EVM 的另一個好處是提供了一個像是沙盒 (Sandbox) 的環境，意旨所有在沙盒裏頭執行的指令都會像監牢一樣被隔離開來無法影響到外界區塊鏈的運作，這保障了在區塊鏈上執行程式碼時的安全性。

雖然說 EVM 具備了圖靈完備性，但因為區塊鏈的特性讓世界上所有人共用一個電腦，會導致每個人能夠使用到的運算量十分有限，實務上通常不會拿來計算複雜的數學問題，而是僅作基本的四則或邏輯運算。為了控管每個人能夠用的運算量，EVM 導入了 Gas 機制來透過自由經濟的方式來限制使用。

## Ethereum 傳統的 Gas 機制

區塊鏈上的運算資源與空間都很寶貴，為了避免一般使用者濫用，Ethereum 使用 Gas 機制來限制每個區塊內所能允許的運算量與手續費。Gas 的由來就跟名字一樣，與加油雷同，所以等等在舉例上就會以加油站為例。

在講 Gas 之前我們先來介紹 ETH 的計量單位：

```
1 Ether = 1,000,000,000,000,000,000 Wei (10^18)
1 Gwei = 1,000,000,000 Wei (10^9)
```

在 Gas 機制下有三個主要名詞：Gas、Gas Price、Gas Limit：

1. Gas：相當於汽油幾公升，在 EVM 的執行過程中每一個指令都需要耗費相對應的 Gas，越複雜的邏輯需要花費的 Gas 也就越多。
2. Gas Price：意思就是你願意為每個 Gas 付出多少錢，單位是 Gwei。
3. Gas Limit：你願意為這筆交易最多購買多少 Gas，會有 Gas Limit 的限制是因為在智能合約真正被執行前，沒有人會知道執行過程中究竟會耗去多少 Gas 作為運算用，所以 Gas Limit 的限制就是為了讓每次執行的智能合約都有手續費的上限。

以台北開車到高雄為例，Gas Price 便是你願意為每公升的汽油付出多少費用、Gas Limit 就是你願意為這趟旅程最多花幾公升的汽油，因此這一趟旅程的花費（手續費）上限就是。

$$\text{手續費上限} = \text{Gas Limit} * \text{Gas Price}$$

但這只是手續費上限，沒有用到的 Gas 是可以退還的，所以這趟旅程真正要繳納的手續費是：

$$\text{手續費} = \text{Gas Used} * \text{Gas Price}$$

但如果手續費不足導致旅途（交易）失敗，那麼已花去的手續費是不會退還的，畢竟礦工已經嘗試幫你執行怎可讓人白做工！

至於怎麼樣判別每個步驟的手續費多寡呢？在 Ethereum 的黃皮書裡，其實就有定義了每個步驟所需要耗去的 Gas 數目，比方說大家最常用的交易所需要耗費的 Gas 為 21000 個。

| Name | Value | Description* |
|---|---|---|
| $G_{zero}$ | 0 | Nothing paid for operations of the set $W_{zero}$. |
| $G_{base}$ | 2 | Amount of gas to pay for operations of the set $W_{base}$. |
| $G_{verylow}$ | 3 | Amount of gas to pay for operations of the set $W_{verylow}$. |
| $G_{low}$ | 5 | Amount of gas to pay for operations of the set $W_{low}$. |
| $G_{mid}$ | 8 | Amount of gas to pay for operations of the set $W_{mid}$. |
| $G_{high}$ | 10 | Amount of gas to pay for operations of the set $W_{high}$. |
| $G_{extcode}$ | 700 | Amount of gas to pay for operations of the set $W_{extcode}$. |
| $G_{balance}$ | 400 | Amount of gas to pay for a BALANCE operation. |
| $G_{sload}$ | 200 | Paid for a SLOAD operation. |
| $G_{jumpdest}$ | 1 | Paid for a JUMPDEST operation. |
| $G_{sset}$ | 20000 | Paid for an SSTORE operation when the storage value is set to non-zero from zero. |
| $G_{sreset}$ | 5000 | Paid for an SSTORE operation when the storage value's zeroness remains unchanged or is set to zero. |
| $R_{sclear}$ | 15000 | Refund given (added into refund counter) when the storage value is set to zero from non-zero. |
| $R_{selfdestruct}$ | 24000 | Refund given (added into refund counter) for self-destructing an account. |
| $G_{selfdestruct}$ | 5000 | Amount of gas to pay for a SELFDESTRUCT operation. |
| $G_{create}$ | 32000 | Paid for a CREATE operation. |
| $G_{codedeposit}$ | 200 | Paid per byte for a CREATE operation to succeed in placing code into state. |
| $G_{call}$ | 700 | Paid for a CALL operation. |
| $G_{callvalue}$ | 9000 | Paid for a non-zero value transfer as part of the CALL operation. |
| $G_{callstipend}$ | 2300 | A stipend for the called contract subtracted from $G_{callvalue}$ for a non-zero value transfer. |
| $G_{newaccount}$ | 25000 | Paid for a CALL or SELFDESTRUCT operation which creates an account. |
| $G_{exp}$ | 10 | Partial payment for an EXP operation. |
| $G_{expbyte}$ | 50 | Partial payment when multiplied by $\lceil \log_{256}(exponent) \rceil$ for the EXP operation. |
| $G_{memory}$ | 3 | Paid for every additional word when expanding memory. |
| $G_{txcreate}$ | 32000 | Paid by all contract-creating transactions after the *Homestead* transition. |
| $G_{txdatazero}$ | 4 | Paid for every zero byte of data or code for a transaction. |
| $G_{txdatanonzero}$ | 68 | Paid for every non-zero byte of data or code for a transaction. |
| $G_{transaction}$ | 21000 | Paid for every transaction. |
| $G_{log}$ | 375 | Partial payment for a LOG operation. |
| $G_{logdata}$ | 8 | Paid for each byte in a LOG operation's data. |
| $G_{logtopic}$ | 375 | Paid for each topic of a LOG operation. |
| $G_{sha3}$ | 30 | Paid for each SHA3 operation. |
| $G_{sha3word}$ | 6 | Paid for each word (rounded up) for input data to a SHA3 operation. |
| $G_{copy}$ | 3 | Partial payment for *COPY operations, multiplied by words copied, rounded up. |
| $G_{blockhash}$ | 20 | Payment for BLOCKHASH operation. |
| $G_{quaddivisor}$ | 20 | The quadratic coefficient of the input sizes of the exponentiation-over-modulo precompiled contract. |

實際上 Ethereum 規定了每個區塊的 Gas 上限是 **800 萬 Gas**，就相當於打包每個區塊的礦工都有 800 萬 Gas 可供販售，至於販售給誰就完全根據誰出的 Gas Price 較高來決定，與 Gas Limit 毫無關係。就好比每個加油站 ( 新區塊 ) 都有 800 萬公升 (Gas) 可供販售，要優先販售給誰就由大家願意出的單價 (Gas Price) 來決定，所以出的 Gas Price 越高，你的交易就能夠越快被打包進入區塊。

至於如何決定現在應該要出多少 Gas Price ？

在 ethgasstation[2] 中你可以查閱到目前多少的 Gas Price 可以在多久內被打包：

▲ 圖片擷取自：ethgasstation

比方說這筆交易有點急，你想要在 2 分鐘內被打包的話，那麼建議你出的 Gas Price 便是 8 Gwei/Gas，至於你實際會支出的手續費多寡以現在約 ETH 市價約 185 USD 來計算便是：

$$手續費 = 21000\ Gas * 8\ Gwei/Gas * 10^\wedge(-9) * 185(USD/ETH) \sim 0.031\ USD$$

上圖的 0.031 USD 就是這樣被計算出來的！

## 第一價格拍賣

過去 ETH 的 Gas 採取第一價格拍賣，也就是價高者得的模式，例如現在有三罐可樂可供販售，此時有五個人有意購買，他們的出價分別為 50、40、25、15、20 元，這時候會把可樂販售給出價最高的 50、40、25 三人。

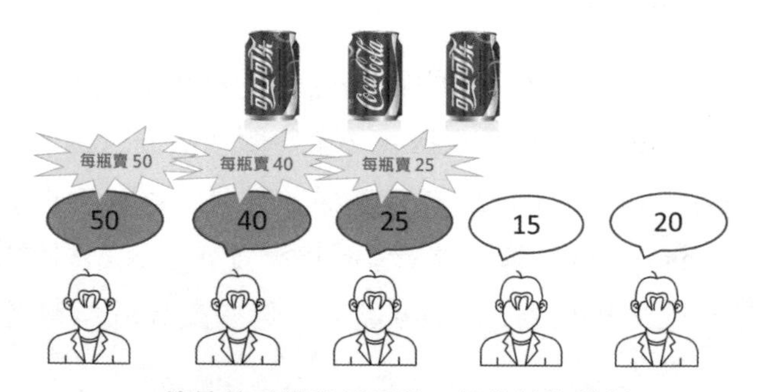


▲ 傳統的手續費採用第一價格拍賣機制

2 https://ethgasstation.info/

第一價格拍賣簡單易懂，同時對礦工有利，但隨著時間過去發現第一價格拍賣會導致幾個問題：

- 同樣的 Gas 不同價錢：由於採用第一價格拍賣，因此每個 Gas 的售價由使用者的出價決定，例如上圖中導致可樂的實際售價最高 50 元、最低 25 元，這時候出 50 元購買的消費者便成了冤大頭。
- Gas 的設定不容易：在第一價格拍賣中，理想的 Gas 價格是剛好比別人多一些（在此例中出到 26 元就可以搶到一罐可樂，是最完美的出價），但對於一般的使用者而言是難以捉摸與設定的，畢竟不是所有人都有能力與時間在每次發送交易時都去查資料。
- 僵化的區塊大小：交通會有尖峰、離峰之分，交易同樣會有，如下圖中可以發現平日晚上跟周末早上是交易最活絡的時間，但傳統的手續費機制無法調節流量，僵化的大小讓使用者沒有誘因調整使用時間。

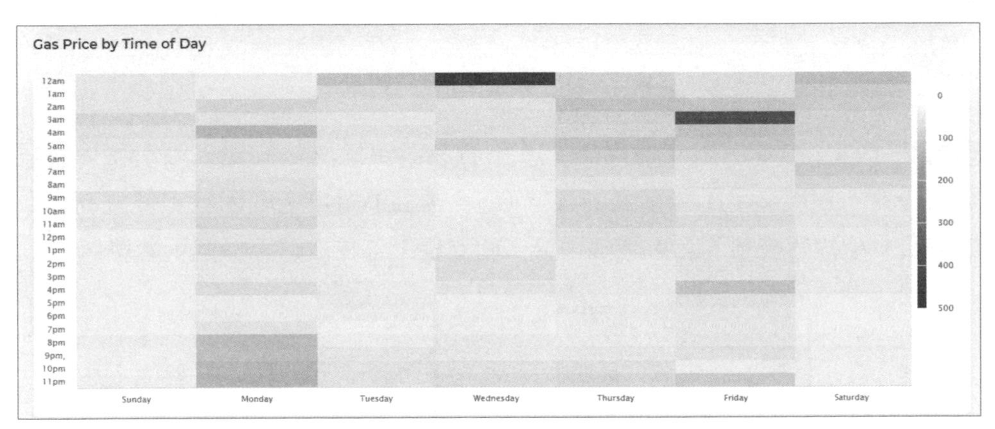


▲ 每個時段的 Gas Price 不同，而傳統機制無法及時反應

## 第二價格拍賣

第二價格拍賣的原則是：不論各使用者開價多少，區塊內的 Gas 皆統一售價，且以該批交易中的最低價作為售價，例如現在有三罐可樂可供販售，此時同樣有五個人有意購買，他們的出價為 50、40、25、15、20 元，這時候可樂會販售給出價最高的 50、40、25 三人，且其售價皆為 50、40、25 中最低的 25 元。

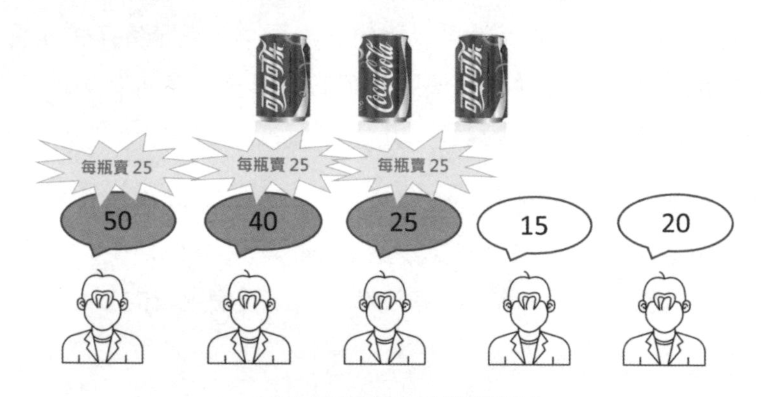


▲ EIP-1559 後的手續費機制

這解決了同樣的 Gas 不同價錢與 Gas 不容易設定這兩個問題，因為使用者只需要設定「此次交易所能接受的最低價」，並且不用再擔心因為出價太高導致的浪費，但這個機制下其實隱藏了另一個問題：容易被礦工操控手續費。

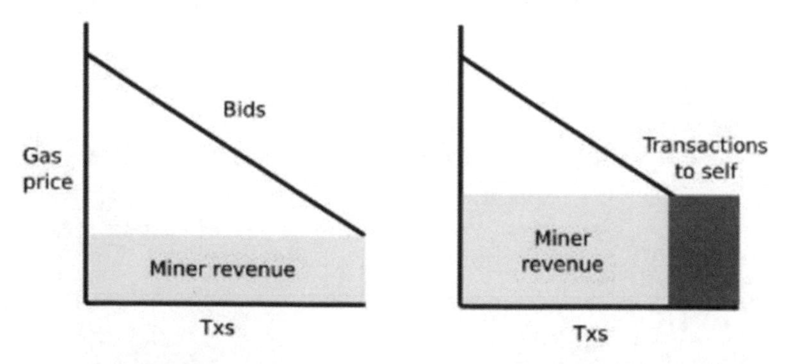


▲ 直接採用第二價格拍賣會導致礦工刻意墊高交易手續費，截圖自 Vitalik Buterin's website

以上圖為例，如果礦工故意自行新增幾筆無用交易並墊高地板價格，就可以使灰色面積代表的礦工收益增加，只要有利益驅動礦工鐵定會這樣做。

解決方法就是：手續費不再分配給礦工，而是直接燒毀，直接去除礦工墊高手續費的動機。這帶來的另一個好處便是：讓流通的乙太幣數目有減少的可能，加大後續的增值空間。

因此，當 EIP-1559 在 2021 年 8 月通過以後，手續費變成：

**總手續費＝基本費用**（Base fee）＋**優先費**（Priority Fee）

- 基本費用：無法自行設定，隨區塊壅塞程度動態調整，交易後會被燒毀
- 優先費（Priority Fee）：為吸引礦工加速打包交易而額外支付的礦工費

基本費用（Base fee）的目的是維持區塊大小在平均 15,000,000 Gas，而每個區塊可以容納的 Gas 則改為 0 ~ 30,000,000 Gas，因此若區塊的 Gas 用量剛好為 50% 時不調整基本費，當以太坊塞車（用量 >50%）時則逐步調漲基本費；以太坊交易量少（用量 <50%）時則逐步調降基本費，但每次調整都以 12.5% 為上限（使用量 100% 或 0% 調整 12.5% 基本費）。

因此在區塊鏈瀏覽器中（下圖）可以發現每個區塊的 Base Fee 都是浮動的，當上一個區塊的使用量大於 50%，下一個區塊的 Base Fee 就會增加；反之亦然，且每次 Base Fee 的調整至多為 12.5%，同時燃燒掉的手續費為：

$$\text{Burnt fees} = \text{Gas used} \times \text{Base fee}$$

| Gas Used | Gas Limit | Base Fee | Reward | Burnt Fees (ETH) |
|---|---|---|---|---|
| 1,615,535 (5.38%, -89%) | 30,029,295 | 104.11 Gwei | 2.02052 Ether | 0.168197 (89.13%) |
| 6,546,593 (21.82%, -56%) | 30,000,000 | 112 Gwei | 2.24574 Ether | 0.733234 (74.90%) |
| 9,635,821 (32.12%, -36%) | 30,000,000 | 117.24 Gwei | 2.12546 Ether | 1.129735 (90.00%) |
| 5,526,848 (18.42%, -63%) | 30,000,000 | 127.29 Gwei | 2.1595 Ether | 0.703524 (81.52%) |
| 13,594,430 (45.31%, -9%) | 30,000,000 | 128.8 Gwei | 2.38905 Ether | 1.750973 (81.82%) |
| 13,115,751 (43.72%, -13%) | 30,000,000 | 130.85 Gwei | 2.47262 Ether | 1.716267 (78.41%) |
| 21,159,186 (70.53%, +41%) | 30,000,000 | 124.46 Gwei | 2.69343 Ether | 2.633620 (80.67%) |
| 26,168,860 (87.14%, +74%) | 30,029,295 | 113.89 Gwei | 2.98314 Ether | 2.980396 (75.20%) |
| 0 (0.00%, -100%) | 30,000,000 | 130.16 Gwei | 2 Ether | 0.000000 (0%) |
| 23,673,934 (78.91%, +58%) | 30,000,000 | 121.38 Gwei | 3.03766 Ether | 2.873705 (73.47%) |
| 16,365,060 (54.50%, +9%) | 30,029,295 | 120.03 Gwei | 2.55663 Ether | 1.964419 (77.92%) |

▲ Etherscan 上的 Gas fee

若礦工想墊高手續費會發生甚麼事？ Base fee 又不是給礦工，墊高何用？

## EIP-1559 的交易手續費

因此 EIP-1559 後的手續費機制改為以下三個設定：

- Gas Limit：此次交易所能接受的 Gas 上限
- Max priority fee（GWEI）：最多另外付給礦工的優先費，即舊制的 Gas Price
- Max fee（GWEI）：總費用的上限，即基本費用加上優先費的上限

如果 Base fee + Max priority fee > Max fee 時，Max priority fee 便會自動減少，因此在設定上一般會建議這樣設定：

$$\text{Max Fee} = (2 * \text{Base Fee}) + \text{Max Priority Fee}$$

如果你有安裝 Metamask，就會發現新版的手續費介面長得跟下圖一樣，裏頭分別有 Gas Limit、Max priority fee、Max fee 三種不同的欄位。

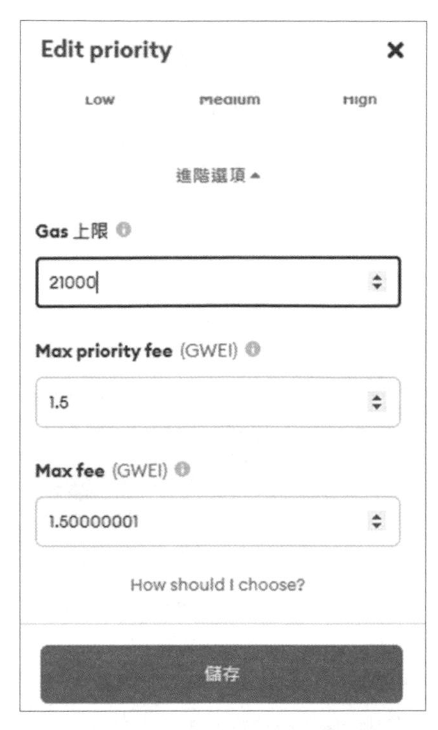


▲ Metamask 在 EIP-1559 以後的手續費介面

## 智能合約 (Smart Contract)

**智能合約**通常指的是在 EVM 裡被執行的程式碼，一個常見智能合約的比喻是自動販賣機：定義了你按下甚麼按鈕、投了多少錢後發生甚麼結果，這些邏輯都可以寫成智能合約後送上 Ethereum。另一個常見例子是資產轉移的智能合約，我們可以讓智能合約在收到足夠的款項之後自動轉移不動產的產權。

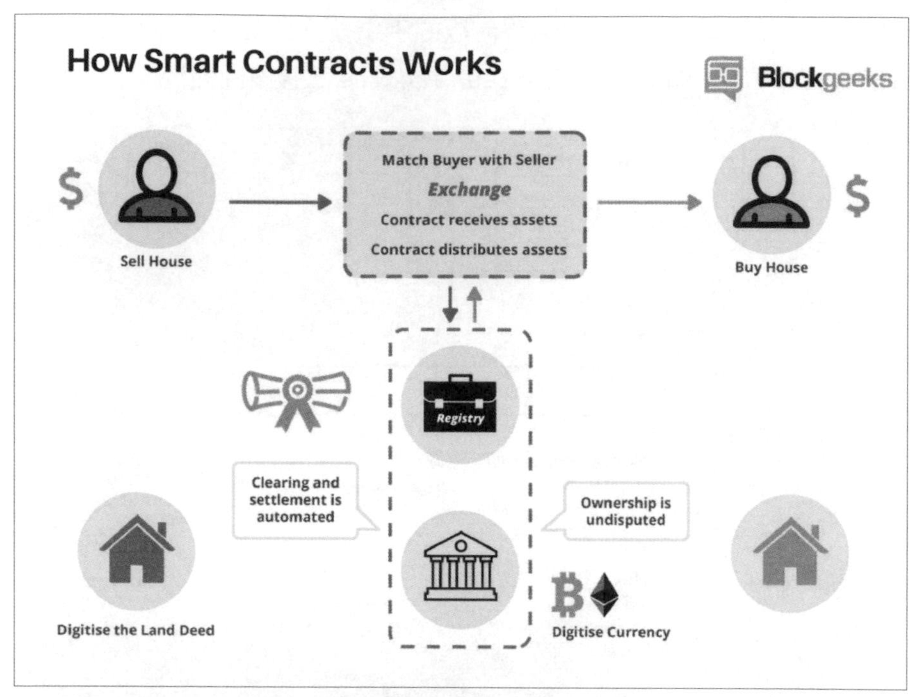


▲ 圖片來源：blockgeeks[3]

在智能合約送上 Ethereum 前都會先被編譯成 Bytecode，常見的 Bytecode 列表你可以在 ethervm[4] 看到所有的 opcode。你也可以嘗試直接使用 Bytecode 來撰寫智能合約。

至於實際執行智能合約會需要耗費多少 Gas ？ 你可以查詢到在智能合約編譯成 Bytecode 後執行每一單一指令所需要耗費的 Gas 數目[5]，下表是一些簡單指令所需要耗費的 Gas 數目[6]，如果智能合約牽涉到的運算越複雜、查詢的資

3 https://blockgeeks.com/guides/different-smart-contract-platforms/

4 https://ethervm.io/#opcodes

5 https://docs.google.com/spreadsheets/d/1n6mRqkBz3iWcOlRem_mO09GtSKEKrAsfO7Frgx18pNU/edit#gid=0

6 https://ethereum.stackexchange.com/questions/72211/setting-array-in-solidity/72225

料越多，那麼需要花費的 Gas 數目也越多。比方說加減指令只需要 3 Gas 便可以完成，但是查詢 Account 的餘額需要 400 Gas，而開創一個新的 Account 甚至需要花費 32000 個 Gas ！

| Operation | Gas | Description |
|---|---|---|
| ADD/SUB | 3 | Arithmetic operation |
| MUL/DIV | 5 | Arithmetic operation |
| ADDMOD/MULMOD | 8 | Arithmetic operation |
| AND/OR/XOR | 3 | Bitwise logic operation |
| LT/GT/SLT/SGT/EQ | 3 | Comparison operation |
| POP | 2 | Stack operation |
| PUSH/DUP/SWAP | 3 | Stack operation |
| MLOAD/MSTORE | 3 | Memory operation |
| JUMP | 8 | Unconditional jump |
| JUMPI | 10 | Conditional jump |
| SLOAD | 200 | Storage operation |
| SSTORE | 5,000/20,000 | Storage operation |
| BALANCE | 400 | Get balance of an account |
| CREATE | 32,000 | Create a new account using CREATE |
| CALL | 25,000 | Create a new account using CALL |

## Decentralized Application(DAPP)

**Decentralized Application(DAPP)** 指的是智能合約與前端集合在一起供使用者使用的 APP，相較於一般 APP 有中心化的 Server 與營運方負責維護，DAPP 的使用與運算通常是由智能合約負責，主要的資料也是從區塊鏈中所取得，也因此日後的使用與營運一般都交由礦工與節點來負責執行，除非有寫特定的後門，否則沒有人可以上去竄改資料或合約執行的結果，使用者一般使用 Ethereum 的錢包便可以參與互動。

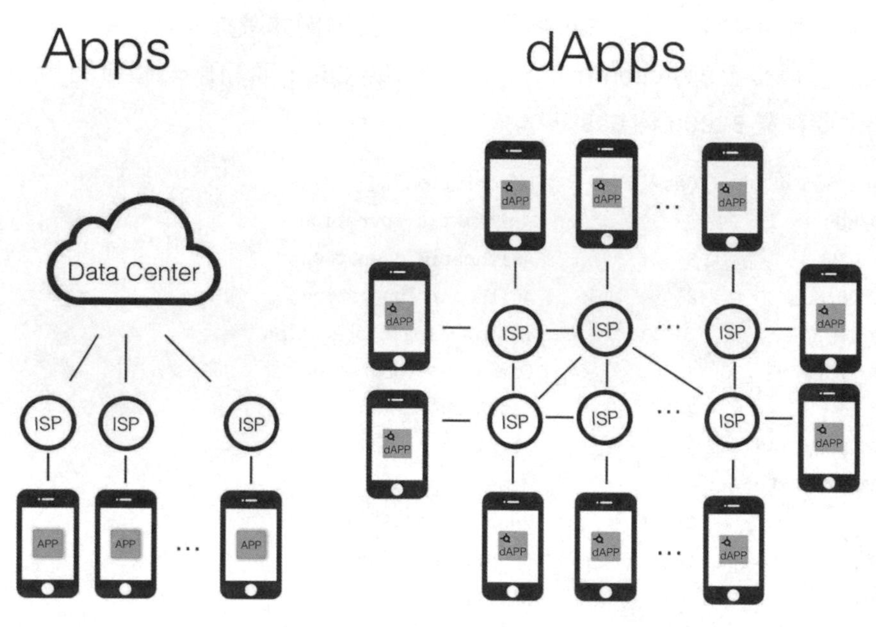


▲ 圖片來源：What is a DAPP ？[7]

雖然 DAPP 相較一般 APP 容易讓人信賴，但區塊鏈本身有令人詬病的兩大缺陷：

- 無法即時交易、每次指令都需要耗去手續費
- UX 體驗不良

無法即時交易是因為需要等待礦工打包上鏈後才能確保指令的確進入區塊鏈，但即便是平均出塊時間只有 15 秒的 Ethereum，每次下完指令後平均也要等待 1~2 分鐘才能夠知道指令的執行結果，並且每次指令都需要花去相對應的 ETH，長時間的等待與頻繁地花費是 DAPP 的致命傷—並不是所有人都有耐心等待也願意花手續費的。也因此側鏈、鏈下交易的技術也在蓬勃發展中，希望能夠解決無法即時交易的致命傷。

7 https://towardsdatascience.com/what-is-a-dapp-a455ac5f7def

另一個是 UX 體驗不良：在使用 DAPP 前你必須先擁有區塊鏈的錢包，但目前有接觸並持有錢包的人少之又少，你可以在 DappRadar[8] 中看到全世界每天超過 1000 人次使用的 DAPP 大約只有十來個，對比目前 Android、IOS 上 APP 動輒百萬起跳的使用頻率差距非常地大。

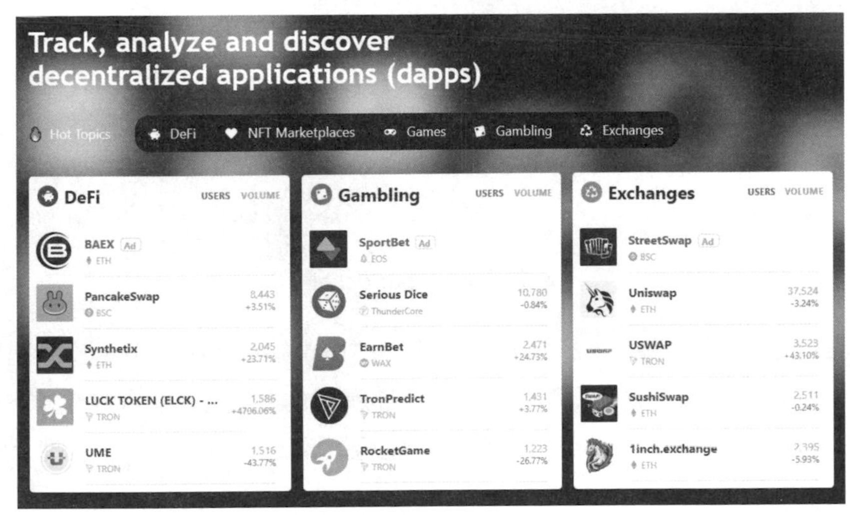


▲ 圖片擷取自：DappRadar

到目前為止我們講解完了基本 Ethereum 的架構與手續費計算，接著我們就來體驗一下如何撰寫與使用基本的智能合約！

# 7-2 基礎智能合約語法

## 開發環境與使用

我們現在的目的是以其他語言作為基礎，加以比較智能合約程式碼的特色。如果你想嘗試學習與開發智能合約，目前 Ethereumm 上最主流的語言是

8 https://dappradar.com/

**Solidity**，開發智能合約的過程與一般程式類似，都需要經過撰寫程式→編譯的過程，差別就在智能合約最後會把經過編譯的原始碼 (Bytecode) 以一般交易的形式送上區塊鏈儲存，並等待其他人觸發。

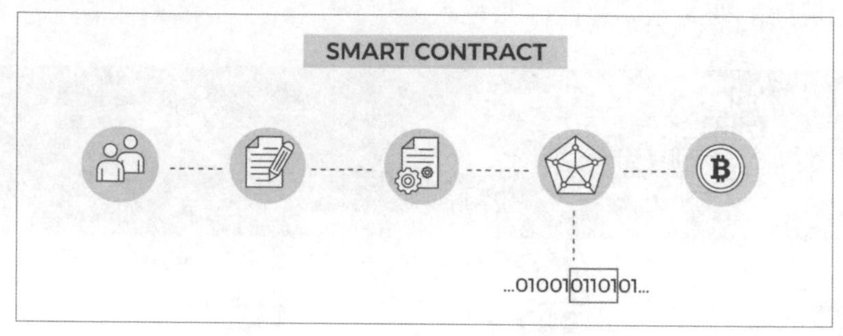


▲ 圖片來源：perfectial[9]

Solidity 目前最容易入手的整合開發環境 (IDE) 是由乙太坊基金會所開發與維護的 Remix[10]，Remix 的優點跟強項是全部網頁化，撰寫智能合約你並不需要安裝任何軟體，只需要點開瀏覽器的網址就可以開始了。

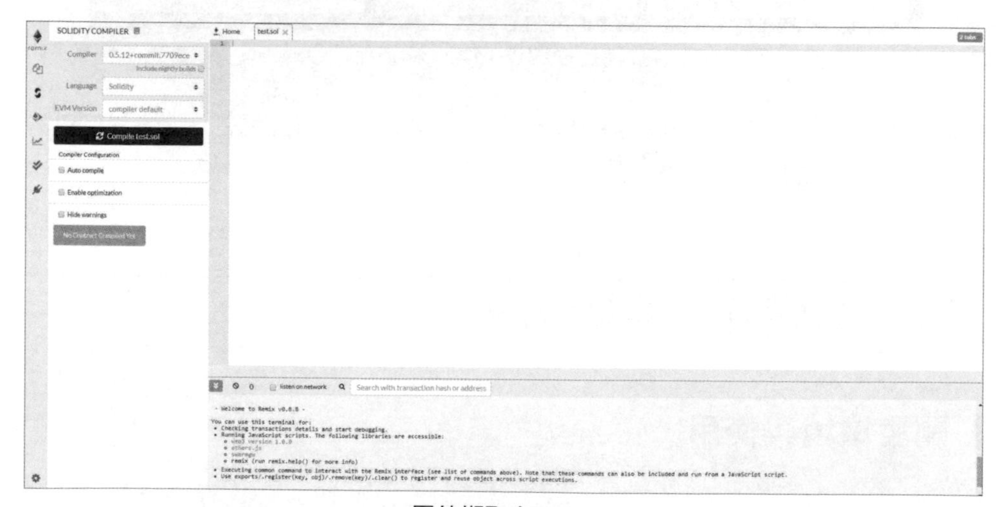


▲ 圖片擷取自：Remix

9 https://perfectial.com/blog/smart-contracts-and-industries-they-will-affect/

10 https://remix.ethereum.org/

其他知名與主流的 IDE 還有 Truffle[11] 與 Ganache[12]，Truffle 主要負責智能合約的開發與撰寫，提供了一個類似 Django 的 migration 功能，大部分的指令都需要依靠 command line 進行，而 Ganache 也是由 Truffle 團隊開發，提供了圖形化介面方便使用者實際測試。

如果你完全沒經驗的話，Solidity 不該是你的第一門語言，你應該去學 Javascript 或 C/C++ 之類的語言後才來學習 Solidity。另外因為我對 C/C++ 比較熟悉，大部分人應該也都學習過 C/C++，所以等等類比或舉例時都會以 C/C++ 為主。

Solidity 自 5.0 後進行了大幅度的改版，所以如果你過去有撰寫過 Solidity 的經驗，記得先去查閱語法的變動。也因為目前 Solidity 還處在一個迅速發展與更動的狀態，才不建議以 Solidity 作為你的第一門程式語言。下面是我整理的常用 Solidity 基本語法，你可以當作 cheat sheet 來使用，先對基本的語法有些概念後，我們就可以來讀一讀幾個經典的智能合約了。

## 合約架構

首先來談合約架構，在一個地址底下的合約通常會有這三個部分：

### 編譯器版本

在合約的一開始請記得指定編義器的版本，如果你要指定成 0.5.3 的話可以這樣寫

```
pragma solidity ^0.5.3
```

或是想指定特定的編譯器版本範圍的話你也可以這樣寫

```
pragma solidity >=0.4.0 <0.5.0;
```

11 https://www.trufflesuite.com/truffle

12 https://www.trufflesuite.com/ganache

### contract

Solidity 的基本單位是 **contract**，contract 間可以彼此呼叫與使用，一個基本 contract 寫法會包含變數與函式，如下：

```
contract ContractDemo {
    variable variable_name_1;
    variable variable_name_2;
    variable variable_name_3;

    function function_name(variable parameter_name, ...) Visibility  {
        codes of this function...
    }

    function function_name(variable parameter_name, ...) Visibility  {
        codes of this function...
    }

    function function_name(variable parameter_name, ...) Visibility  {
        codes of this function...
    }
}
```

### Libraries

**Library** 可以視作是函式庫，宣告方式也跟 Contract 一樣，Library 被部署在鏈上後也有一個專屬的 address，可以被任何人呼叫，但 Library 使用上不能儲存 Ether 與任何資料，裡面只能有函式，所以把它當函式庫來看比較適當。

```
library Demo {
    function DemoFunction() returns (type) {
        return value_to_return;
    }
}
```

寫完 library 後，可以用 using...for 的方式在 contract 中被使用

```
using library for another_name;
```

## 變數型別

Solidity 主要的變數型別有以下幾種

- **bool**: 布林變數，有 true/false 兩種
- **int/uint**:int 是一般的整數、而 uint 是 unsigned int 的縮寫（全正的正整數），後面加個數字代表所使用的 bit 空間，宣告的範圍可以從 uint8 到 uint256，如果沒特別寫的話就是指 uint256
- **bytes**: 位元組，可以從 bytes1~bytes32 指定長度，如果只寫 byte 則代表 bytes
- **string**: 字串
- **address**: 錢包地址
- **array**: 陣列，跟 C++ 相似的是可以使用 new 來開出一個新陣列

Ex：uint[] Array = new uint[](16)

- **mapping**: 映射，映射是在智能合約裡非常常用的型態，可以用來儲存或查詢使用者的資料，最常見的宣告 mapping 形式就是查詢使用者的餘額，所以輸入值是一個地址、輸出值是一個 uint256(因為餘額不會有負的）。

```
mapping(address => uint256) public balance;
```

實際使用上很像 Python 裡頭 dictionary 的用法！

```
balances[address] = new_balance;
```

最重要的是因為尾數運算總會有誤差的關係，**在 solidity 裏頭沒有 float 或 double 這兩種資料型別！**

## 運算子

Solidity 支援的常見運算子如下：

- 加減乘除取餘數，+-*/%
- 次方 (**)，a 的 b 次方就是 a**b
- 位元左移右移，<<、>>
- 複合指定運算子，+=、-=、*=、/=
- 顯性資料轉型 (Explicit Conversion)，與 C/C++ 的寫法類似
- uint x = uint(y);
- delete，刪除某個變數並且釋放空間，但要注意的是因為 mapping 無法直接取得所有的 key 值，所以 mapping 無法使用 delete ！

## 函式撰寫

函式的撰寫需要以 **function** 開頭，寫法如下：

```
function (variable) {visibility} {pure|view|payable} returns (type)
```

### visibility

根據合約內的函式是否可被內部呼叫、繼承或外部使用可以區分成四個 visibility:**internal**、**external**、**public**、**private**

| \ | internal | external | public | private |
|---|---|---|---|---|
| 合約內使用 | O | X | O | O |
| 可繼承 | O | X | O | X |
| 外部呼叫 | X | O | O | X |

可以發現 external 就是專門給外界用的，比方說讓外界購買 ICO 的函式，而 internal 則跟 external 完全相反，除了外界外在合約內可以使用、同時也可以被繼承，適合拿來做內部運算的函式，比方說 ICO 匯率的換算等。而 public 則是通通都可以、private 則限制最嚴格，僅能在目前合約內使用。

### 純資料讀取

區塊鏈上的儲存空間非常珍貴，如果函式只有讀取的需求的話為了避免耗費資源可以宣告成 **pure** 或 **view**，pure 指的是該函式不涉及任何合約上變數的讀取，比方說是

```
function Demo(uint input) extern pure returns (uint output) { return input * 2; }
```

view 的意思則是會讀取合約內的變數，但不會改變合約內的值：

```
contract Demo {
   uint variable;
   function Demo(uint input) extern pure returns (uint output) {
       return input * variable;
   }
}
```

因為只需要讀取區塊鏈上的資料，所以 pure 跟 view 都不需要耗費手續費喔！至於 **payable** 則代表這個函式可以接受 ETH 的匯款！

### modifier

modifier 通常拿來做函式執行前的檢查，通常會檢查使用者的權限或餘額是否足夠，為了方便可以統一寫成 modifier，像是為了確認交易發起人是否為合約持有者，我們可以這樣寫：

```
modifier onlyOwner {
    require(msg.sender == owner, "You are not authorized.");
    _;
}
```

使用時也只需要在函式的大括號前面加上 modifier 就好了！

```
function Demo() public onlyOwner {
    // Do something.
}
```

### ▨ enum 與 struct

與 C/C++ 一樣，Solidity 也支援了 enum 與 struct 的語法。

```
enum Demo{
    Demo_1,
    Demo_2,
    Demo_3
}
struct Demo {
        address payable Demo;
        uint Demo_uint;
}
```

### ▨ 繼承

要繼承另外的合約繼續擴充的話，也只需要寫 **is** 就可以了！

```
contract child_contract is parent_contract {
    // Do something......
}
```

### ▨ 常用關鍵字

我列舉了幾個常用的關鍵字，但如果想要知道全部的話可以參考官方文件[13]。

### ▨ 關於發送者

- **msg.sender**: 這筆交易發起者的錢包地址
- **msg.data** (bytes): 這筆交易完整的 input data
- **msg.value** (uint): 跟這筆交易一起被送出的 eth 數目 ( 單位 :wei)

### ▨ 關於區塊

- **block.coinbase**: 挖掘出目前區塊的礦工
- **block.difficulty** (uint): 目前區塊的難度

13 https://solidity.readthedocs.io/en/v0.5.3/miscellaneous.html

- **block.gaslimit** (uint): 目前區塊的 gas 容量上限
- **block.number** (uint): 現在是第幾個區塊
- **block.timestamp** (uint): 目前區塊的時間戳

### 資料儲存

在 solidity 的函式內如果要宣告變數，有兩種宣告方式 **storage** 與 **memory**:

- **storage**: 永久儲存在區塊鏈上，如果沒被初始化就會指向合約本身
- **memory**: 執行完畢則清空，相當於只存在記憶體裡頭

簡而言之 storage 就是所有觸發合約的交易共用的參數，而 memory 則是只有這筆交易能夠使用。

### 拋出錯誤

如果發生錯誤，要立刻中止合約執行的方法有：**require**、**assert**、**revert**，假設我們要判別使用者的權限，如果權限不足就立刻中止合約執行的話下面這三種寫法

- **require**

```
require(msg.sender == owner);
```

- **revert**

```
if(msg.sender != owner) { revert(); }
```

- **assert**

```
assert(msg.sender == owner);
```

require 與 revert 類似，在合約終止後都會退還剩餘手續費用的，但 assert 就帶有點懲罰的意味，一旦交易失敗，剩餘的手續費是不會被退還的！

### ▨ event/log

合約內部的確可以儲存使用者的狀態，但在合約內儲存資料的成本非常高，所以如果只是想要儲存交易結果的話，那麼可以使用較為便宜的 event 儲存，event 的寫法跟函式一樣相當容易，呼叫時也只需要把引數傳入就可以把這些資料記錄在鏈上了。

```
event event_demo(address user, uint256 amount);
function function() payable {
    event_demo(msg.sender, msg.value);
}
```

但便宜是有代價的，event 的資料並不能被智能合約本身讀取喔！通常都是由使用者端的 Web3.js(之後會再說明)讀取交易的結果與紀錄之用。

### ▨ import 其他地址中的 contract/library

要 import 其他地址中的 contract/library 首先你需要先取得該合約底下函式或變數的介面

```
contract demo_interface {
  function demo(address _address,uint256 _amonut) external pure returns (bool);
}
```

想要使用該合約的話需要先實體化該合約

```
demo_interface public demo_obj;
```

實體化之後記得把該合約所位於的地址匯入

```
demo_obj = demo_interface(contract_ddress);
```

## 常用 contract/library

智能合約中最常被使用到的 contract/library 有兩個 :**Safemath** 與 **Ownable**。

### ▨ Safemath

Safemath 主要是在協助簡單的四則運算避免出錯，你可以在 Github[14] 看到原始碼，我把它節錄在下面，你應該可以發現 Safemath 主要是為了處理整數運算後溢位的情形。

```
library SafeMath {
    function add(uint256 a, uint256 b) internal pure returns (uint256) {
        uint256 c = a + b;
        require(c >= a, "SafeMath: addition overflow");
        return c;
    }

    function sub(uint256 a, uint256 b) internal pure returns (uint256) {
        return sub(a, b, "SafeMath: subtraction overflow");
    }

    function sub(uint256 a, uint256 b, string memory errorMessage) internal pure
returns (uint256) {
        require(b <= a, errorMessage);
        uint256 c = a - b;
        return c;
    }
    function mul(uint256 a, uint256 b) internal pure returns (uint256) {
        if (a == 0) {
            return 0;
        }
        uint256 c = a * b;
        require(c / a == b, "SafeMath: multiplication overflow");
        return c;
    }
    function div(uint256 a, uint256 b) internal pure returns (uint256) {
        return div(a, b, "SafeMath: division by zero");
```

14 https://github.com/OpenZeppelin/openzeppelin-contracts/blob/master/contracts/math/SafeMath.sol

```
    }

    function div(uint256 a, uint256 b, string memory errorMessage) internal pure
returns (uint256) {
        require(b > 0, errorMessage);
        uint256 c = a / b;
        return c;
    }
    function mod(uint256 a, uint256 b) internal pure returns (uint256) {
        return mod(a, b, "SafeMath: modulo by zero");
    }
    function mod(uint256 a, uint256 b, string memory errorMessage) internal pure
returns (uint256) {
        require(b != 0, errorMessage);
        return a % b;
    }
}
```

### ▨ Ownable

`Ownable` 則是讓合約持有者擁有某些特殊的權限，我這裡也從 `Github`[15] 摘錄了部分程式碼在下，透過 `Ownable` 地協助可以讓你自己發出去的合約擁有辨識身分或持有者是誰的能力。

```
ontract Ownable is Context {
    address private _owner;
    event OwnershipTransferred(address indexed previousOwner, address indexed
newOwner);
    constructor () internal {
        address msgSender = _msgSender();
        _owner = msgSender;
        emit OwnershipTransferred(address(0), msgSender);
```

15 https://github.com/OpenZeppelin/openzeppelin-contracts/blob/master/contracts/ownership/Ownable.sol

```
    }
    function owner() public view returns (address) {
        return _owner;
    }
    modifier onlyOwner() {
        require(isOwner(), "Ownable: caller is not the owner");
        _;
    }
    function isOwner() public view returns (bool) {
        return _msgSender() == _owner;
    }
    function renounceOwnership() public onlyOwner {
        emit OwnershipTransferred(_owner, address(0));
        _owner = address(0);
    }
    function transferOwnership(address newOwner) public onlyOwner {
        _transferOwnership(newOwner);
    }
    function _transferOwnership(address newOwner) internal {
        require(newOwner != address(0), "Ownable: new owner is the zero address");
        emit OwnershipTransferred(_owner, newOwner);
        _owner = newOwner;
    }
}
```

## 智能合約範例

上面的語法讀完你就可以讀懂八成以上的智能合約了！現在我們來看一下最知名的 ERC20：USDT。你在 Etherscan[16] 上可以看到 USDT 的合約原始碼。

合約的一開始你就可以看到我們剛剛提過的 **Safemath**，接下來你可以看到 **ERC20Basic** 的介面定義了 USDT 的流通量、餘額的查詢、匯款的函式，同時

16 https://etherscan.io/token/0xdac17f958d2ee523a2206206994597c13d831ec7

匯款完畢後也會用 **event** 記錄下這筆交易的結果。

```
contract ERC20Basic {
    uint public _totalSupply;
    function totalSupply() public constant returns (uint);
    function balanceOf(address who) public constant returns (uint);
    function transfer(address to, uint value) public;
    event Transfer(address indexed from, address indexed to, uint value);
}
```

其中的餘額你可以發現就是用 **mapping** 在做儲存的喔。

```
function balanceOf(address _owner) public constant returns (uint balance) {
    return balances[_owner];
}
```

接著 **ERC20** 繼承了 **ERC20Basic** 並且實作出了授權提款的介面。

```
contract ERC20 is ERC20Basic {
    function allowance(address owner, address spender) public constant returns
(uint);
    function transferFrom(address from, address to, uint value) public;
    function approve(address spender, uint value) public;
    event Approval(address indexed owner, address indexed spender, uint value);
}
```

最後你還可以發現 USDT 有默默做了黑名單的功能，甚至可以把黑名單持有的 USDT 直接銷毀！

```
contract BlackList is Ownable, BasicToken {
    function getBlackListStatus(address _maker) external constant returns (bool) {
        return isBlackListed[_maker];
    }
    function getOwner() external constant returns (address) {
        return owner;
    }
    mapping (address => bool) public isBlackListed;
```

```
function addBlackList (address _evilUser) public onlyOwner {
    isBlackListed[_evilUser] = true;
    AddedBlackList(_evilUser);
}
function removeBlackList (address _clearedUser) public onlyOwner {
    isBlackListed[_clearedUser] = false;
    RemovedBlackList(_clearedUser);
}
function destroyBlackFunds (address _blackListedUser) public onlyOwner {
    require(isBlackListed[_blackListedUser]);
    uint dirtyFunds = balanceOf(_blackListedUser);
    balances[_blackListedUser] = 0;
    _totalSupply -= dirtyFunds;
    DestroyedBlackFunds(_blackListedUser, dirtyFunds);
}
event DestroyedBlackFunds(address _blackListedUser, uint _balance);
event AddedBlackList(address _user);
event RemovedBlackList(address _user);
```

# 7-3 智能合約的使用與操作

## 智能合約

在講解完 Ethereum 的架構、手續費機制與基本語法後，我們來試著在一般網頁上使用簡單的合約，我們的重點會放在智能合約如何使用與運作、以及智能合約在使用時有哪些需要特別注意的地方。

### 如何觸發智能合約

觸發智能合約的方式跟一般交易相當類似，使用者會發出一筆交易到智能合約的地址，而這筆交易通常不帶任何 ETH( 其實有需求要帶也可以，照之前所說的加入 **payable 修飾即可** )。跟一般交易不同的是該筆交易的 **input data** 欄位會指定要執行的函式與欲帶入的引數（下圖紅框處），礦工打包到這筆交易後便會執行相對應的函式。比方說下圖這筆交易便是觸發 **`transfer`**( 轉移餘額，就是匯款的意思 )

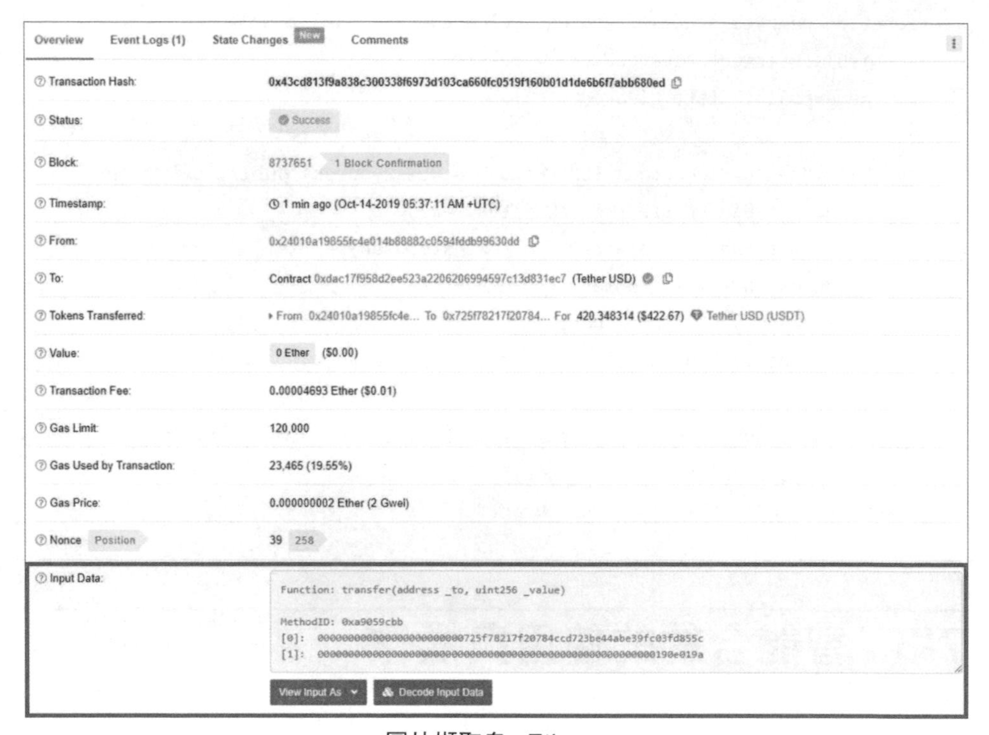


▲ 圖片擷取自：Etherscan

你也可以點選 `Etherscan` 中 `Decode input data` 的按鈕來看編碼後的輸入值，可以看到這筆匯款是匯給 `725f78217f20784ccd723be44abe39fc03fd855c`、金額則是 `420348314`( 換算時記得除以 `1000000`)。

Input Data:

| # | Name | Type | Data |
|---|---|---|---|
| 0 | _to | address | 725f78217f20784ccd723be44abe39fc03fd855c |
| 1 | _value | uint256 | 420348314 |

*Decoded input inspired by Canoe Solidity*

▲ 圖片擷取自：Etherscan

## ▨ Application Binary Interface(ABI)

前幾天我們有提到智能合約編譯成可以被 EVM 執行的 Bytecode 後才會被送上鏈，送上鏈之後便會產生一個特定的合約地址，日後有人想要使用這個合約也只要向這個合約地址發起交易便可以了！但我們要怎麼知道合約有哪些函式、這些函式又需要那些引數呢？

這時候就需要 **Application Binary Interface(ABI)** 來告訴我們智能合約的介面了。

如果你也寫過標頭檔 (.hpp) 或是 API 文件的話就會很好理解 ABI，ABI 像標頭檔一樣是個程式介面，其中詳盡規範與說明了合約中每一個函式的使用方式，如果你沒有相關經驗的話，你可以把 ABI 想像成是該智能合約的操作說明書，你可以到 Etherscan 上看到某些合約的程式碼與 ABI。

▲ 圖片擷取自：Etherscan

另外注意一件事，實際上智能合約編譯成 Bytecode 後就很難反編譯回原本的程式碼，同時也無法直接從 Bytecode 推算出合約的 ABI，你可以在 Etherscan 上看到某些智能合約的程式碼與 ABI 是因為合約持有方對 Etherscan 提供了合約的原始碼，經過 Etherscan 編譯後可以編譯出一模一樣的 Bytecode，藉此證明該原始碼與合約內容是相符的，同時 Etherscan 也可以幫助你公開合約的程式碼與 ABI 供外界檢視與使用。

Solidity 的官方文件[17] 中便有規範 ABI 裏頭的格式，節錄一段在下面可以參考。

```
type: "function", "constructor", or "fallback" (the unnamed “default” function);
name: the name of the function;
inputs: an array of objects, each of which contains:
name: the name of the parameter;-
type: the canonical type of the parameter (more below).
components: used for tuple types (more below).
outputs: an array of objects similar to inputs, can be omitted if function
        doesn't return anything;
stateMutability: a string with one of the following values: pure (specified to
not read - blockchain state), view (specified to not modify the blockchain state),
nonpayable (function does not accept Ether) and payable (function accepts Ether);
payable: true if function accepts Ether, false otherwise;
constant: true if function is either pure or view, false otherwise.
```

## 網頁與 Ethereum 的互動

智能合約目前最大的痛點就是相較一般網頁與 APP 來說使用門檻極高—區塊鏈上都是以地址為身份辨識進行，所以使用智能合約你必須先安裝 / 擁有 Ethereum 的錢包地址才能夠跟智能合約互動。

17 https://solidity.readthedocs.io/en/v0.5.3/abi-spec.html

## Metamask

目前最主流的網頁錢包就是 Chrome 的擴充套件 Metamask[18]，安裝上 Metamask 後就等於擁有了網頁錢包，也可以透過 Metamask 對智能合約發起交易。

▲ 圖片來源：Metamask

## Web3.js

至於要如何讓使用者可以透過網頁與 Metamask 直接操作錢包呢？目前最主流跟 Ethereum 溝通的 toolkit 是由 Javascript 所撰寫的 **Web3.js**，因為 Web3.js 由 Javascript 所撰寫，所以可以直接嵌入網頁的前端中，使用者只需要點選網頁就可以跟智能合約或是 Ethereum 互動。

## 初始化並連接節點

要連接節點後我們才能查詢資料或發出交易請求，因此這裡我們需要透過 API 的協助，目前最主流的節點服務商是 infura[19]，你可以到他們的網頁申請帳號後就可以申請到一組 API_KEY 並且使用他們的服務。

```
var Web3 = require('web3');

if (typeof web3 !== 'undefined') {
    web3 = new Web3(web3.currentProvider);
} else {
    // set the provider you want from Web3.providers
```

18 https://metamask.io/

19 https://infura.io/

```
    web3 = new Web3(new Web3.providers.HttpProvider("https://mainnet.infura.io/
v3/YOUR_API_KEY"));
}
```

## 取得錢包餘額

如果要取得錢包餘額的話，可以使用 **web3.eth.getBalance()** 來獲取特定地址的 ETH 餘額，並起透過 **web3.fromWei(balance, 'ether')** 換算成 ETH，並且取到小數點後三位。

```
var balance = web3.eth.getBalance(YOUR_ADDRESS);
balance = web3.fromWei(balance, 'ether').toFixed(3);
```

## 匯款

匯款的話可以使用 **web3.eth.sendTransaction()**，需要帶入的引數為一個紀錄交易明細的 Json，注意匯款的單位是 Wei 喔。交易完後就可以得到該筆交易的 Hash 值。

```
var transaction_obj = {
    "from": sender,
    "to": receipt,
    "value": web3.toWei(1.5, 'ether'),
    "gas": optional,
    "gasPrice": optional,
    "data": optional,
    "nonce": optional
};
web3.eth.sendTransaction(transaction_obj, function(error, result){
    if(error) {
        //例外處理
    } else {
        var transaction_hash = result;
    }
});
```

## 使用智能合約

智能合約的使用你必須先匯入上面我們提到的 ABI，接著透過合約地址與 ABI 就可以接上智能合約在 Ethereum 上的對口。

```
const abi = require('./abi.json');
const contract_address = 'CONTRACT_ADDRESS';
contract_instance = new web3.eth.Contract(abi, contract_address);
```

使用上有兩種方式 **call**、**send**，如果你只需要讀取合約上的資料，那麼使用 call 就可以了，使用 call 時不需要任何費用，但該函式必須是我們剛剛寫過的 pure、view 或是 public 變數，但如果你想要更動合約上的資料，那麼就必須用 send 來跟上面一樣發出一筆交易，也會耗去部分的手續費。

```
contract_instance.FUNCTION_NAME.call(function(error, result) {
    if (error) {
        //例外處理
    } else {
        //實際執行
    }
});
```

或是你也可以直接透過地址與 METHOD_ID 來查詢合約裡的變數。

```
var result = web3.eth.call({
    to: CONTRACT_ADDRESS,
    data: METHOD_ID
});
```

如果想要更動合約上的資料，就必須使用 **web3.eth.sendRawTransaction()** 來發起一筆交易對合約動作。

# 7-4 ETH 2.0

Ethereum 原先的出塊方式是工作量證明（Proof of Work，PoW），因為區塊大小限制與每筆交易耗費的 Gas 數不一，目前乙太坊上每秒的交易量（Transactions Per Second，TPS）約落在 15 上下，以在去中心化金融（DeFi）上進行兌幣為例，高峰時每次兌幣光需付出的 ETH 手續費就高達 3000 台幣以上，注入流動性更需要超過 5000 台幣，如此高昂的手續費很明顯的與一開始去中心化金融的初衷背道而馳。

Swap

| | Protocol | Fee | Avg Gas Used (Gwei) | Gas Fee (ETH/USD) | |
|---|---|---|---|---|---|
| ☆ | Crypto.com DeFi Swap | 0.3% | 158,847 | 0.026369 | $118.21 |
| 1 | Curve | 0.04% | 112,845 | 0.018732 | $83.97 |
| 2 | SushiSwap | 0.3% | 141,650 | 0.023514 | $105.41 |
| 3 | Mooniswap | 0.3% | 149,767 | 0.024861 | $111.45 |
| 4 | DODO | 0% | 157,185 | 0.026093 | $116.97 |
| 5 | Uniswap V2 | 0.3% | 158,914 | 0.026380 | $118.26 |
| 6 | Balancer | Variable | 206,765 | 0.034323 | $153.87 |

▲ 高峰時在 DeFi 上換幣需要的手續費，截圖自 crypto[20]

若以主要的金融服務相比，VISA 至多每秒可以處理 24,000 筆交易、Paypal 則是每秒 500 筆，乙太坊每秒 15 筆的交易處理速度注定讓其無法走向大眾（比特幣甚至每秒只有 7 筆），在此同時也受到其他主流鏈如 Tron、Solana 的挑戰，受限於 Ethereum 的交易速度與費用，在建立相關應用的首選基礎設施已慢慢不再選擇乙太坊，因此乙太坊迫切需要關於擴容的解決方案。

20 https://crypto.com/defi/dashboard/gas-fees

根據我們先前寫的區塊鏈，調高交易容量有兩種直接做法：加大每個區塊的大小、縮小出塊的時間，前者會導致區塊傳播的時間過長而容易引起暫時性分岔，後者會導致留下來的節點都是網路延遲低甚至地緣相近的節點群。

## 權益證明（Proof of Stake，PoS）

但最早的方案「ETH 2.0」其實早在 2017 年就提出，原定在 2018 左右就要從工作量證明（Proof of Work，PoW）轉往權益證明（Proof of Stake，PoS），除了意味著礦工們的末日即將來到外，也試圖一次性解決交易容量的問題。理想上「ETH 2.0」若同時導入 PoS 與分片鏈的概念，每秒能夠處理的交易數目能夠一次性達到十萬以上，一勞永逸的解決容量與手續費問題。

但修改區塊的產出與廣播機制、改變共識的生成方式相當於把整條鏈的底層全部改寫，可以想像如果我們要把本書最前面的區塊鏈從 PoW 改寫成 PoS，那會有多大的變化，所以過程中也因為開發上的不順導致一路拖延到 2022 年，為了轉向 PoS 而設定的難度炸彈也一直被推遲。

同時乙太坊基金會為了避免混淆，宣布棄用「ETH 1.0」、「ETH 2.0」的說法，避免讓人誤會 ETH 2.0 在後會直接取代 1.0，改成：

- ETH 1.0：執行層（Execution Layer），智能合約運行的地方
- ETH 2.0：共識層（Consensus Layer），確保所有節點都按規則行事，並處罰惡意攻擊或作亂的節點

但我認為講執行層與共識層反而會給初學者帶來更大的困擾，因此本書還是把這小節稱作「ETH 2.0」。

「ETH 2.0」最大的兩變化就是：權益證明（Proof of Stake，PoS）與分片（Sharding），權益證明（Proof of Stake，PoS）改變過去必須持有工作量（算力）才能打包與驗證交易的形式，改採以權益做為基礎，設計中每 32 個 ETH 就能夠參與質押與驗證，除了提升安全性也更加節能。

那為什麼 PoS 一般會認為比 PoW 更加安全呢？

過去的 PoW 可以想像成使用算力作為股份，只要擁有越多的顯卡，取得下一區塊 ETH 獎勵機會就越大，優勢在於可以在區塊鏈剛推出時，透過給予算力提供者（礦工）獎勵，來迅速得到支持區塊鏈所需的節點數目與算力，並且穩定住整個生態系，同時也因為初期的權益多集中在開發團隊上，導致 PoS 不適合在一開始就執行。

PoS 則是以現在擁有的 ETH 的數量當作股份，擁有越多的 ETH，取得下一區塊的機會就會越大，把它想成類似定存的概念可能會比較好理解：定存越多金額進去，得到的利息就會越高。從區塊鏈驗證交易的角度來看其實相當合理，擁有越多 ETH 的權重越大，講話越有份量，因為擁有越多 ETH 的人越不會想搞怪，才能讓 ETH 維持穩定的幣值，也可以避免像 BTC 一樣最後算力集中在少數幾個礦場的情形發生，最後就是避免能源的浪費救救北極熊。

此外 PoS 也預設了有人想動手腳或分岔出新鏈的狀況，如果驗證者最後分支出新的或是兩條鏈來破壞區塊鏈的運作的話，那麼它的 ETH 就會被收回，藉由對攻擊失敗的懲罰，來避免未來可能會發生的攻擊。

為了從 PoW 順利銜接至 PoS，隨著時間過去 PoW 的獎勵會逐漸減少，而 PoS 的獎勵會逐漸增多，直到整個獎勵移至 PoS 為止。

## 分層分片鏈（Sharding）

如果處理過資料庫，對「分片 Shard」應該不陌生，指的是把一個大資料庫分成許多小部分，存在不同的節點上，這樣就可以減輕每個節點的負擔，同時把工作量分擔出去，各自執行不同的任務。

回想一下一開始我們寫的 PoW，讓所有的節點都試圖去打包同樣的交易，並且利用同樣的資料找出 nonce 值，這過程雖然確保了安全性，卻相當沒有效率。當礦工的數目增加，因為全體礦工都在做一樣的事情，也要求所有礦工都必須驗證所有交易，這導致整體的 TPS 卻無法一併提升，整個區塊鏈網路的交易上限就被死死地掐住。

如果能夠把資料分工合作，讓不同的礦工驗證、打包不同的資料，那麼整體的效能就能夠大幅提升！ Vitalik 曾把 Shard 比喻成小島，現行的乙太坊網路就是由許多個小島所構成，同個小島上的居民可以迅速且方便地交易，但如果想進行小島與小島間的交流，就需要額外的驗證。

透過分片技術的實施，理想上驗證者、分片的數目越多，ETH 上交易的容量就能夠更進一步地提升。

而所謂的 Rollup 中文是「彙整」，原理是把複雜的計算留在鏈下，盡量減少留在主鏈上的資料量，如此一來主鏈上就能夠處理更多資料，達到更高的 TPS，並且把鏈上的空間釋放出來。

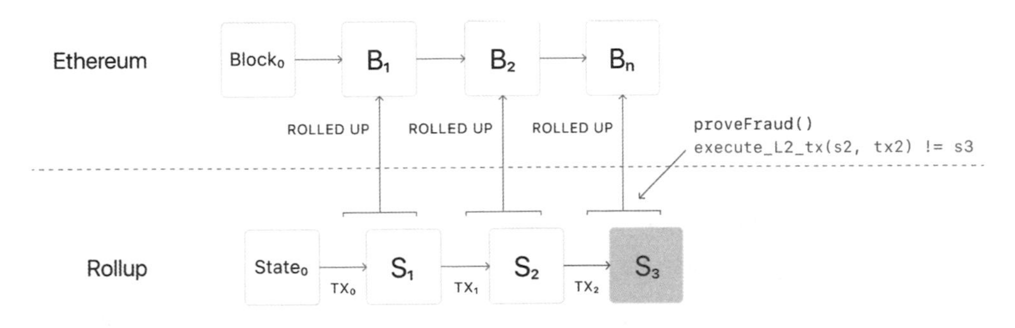


▲ Rollup 中會有許多單獨存在的支鏈，之鏈的處理結果最後會被彙整到主鏈上，圖取自乙太坊基金會[21]

因此 ETH 2.0 中，整個區塊鏈的網路結構大致分成兩部分：

- 信標鏈（Beacon Chain）：相當於 ETH 2.0 上線後的主鏈，負責處理、管理所有的分片鏈和驗證者，並且透過 PoS 機制產出共識。

21 https://ethereum.org/en/developers/docs/scaling/optimistic-rollups/

- 分片鏈（Shard Chain）：從主鏈上分出的區塊鏈，每一條分片鏈都可以視為單獨的新鏈，負責處理主鏈上的部分交易，以減輕主鏈的負擔。

用另一種方式想：可以把交易過程中的「執行」和「共識」分成不同工作，也交由不同節點執行，分片鏈在收到交易時只檢查帳戶餘額是否足夠支付，不須取得這筆交易的共識，信標鏈（Beacon Chain）則負責管理所有驗證者與分片鏈，在求取共識，這也是乙太坊基金會把 ETH 1.0 稱為執行層（Execution Layer）、ETH 2.0 稱為共識層（Consensus Layer）的由來。

想要參與成為驗證者，只需要向信標鏈提出申請並付出 32 ETH 的押金，就可以成為驗證者，同時信標鏈也會分發你到不同的分片鏈參與驗證，如果日後在分片鏈中的表現良好有助驗證，就會得到一部分的區塊獎勵，若違反規則就會從抵押的 32 ETH 中扣除一部分做為處罰。

整個 ETH 2.0 分成三個階段：

1. 階段 0：2020 年末上路，除了原本的 PoW 主鏈外另外推出信標鏈（Beacon Chain），並開放透過質押 32 ETH 的方式成為驗證者，目的是嘗試 PoS 的運作，此時的 PoS 鏈與 PoW 鏈同時運行，同時這批質押的 ETH 在信標鏈正式運作以前都無法取出。
2. 階段 1：2021 年上路，除了信標鏈（Beacon Chain）外加入了分片鏈（Shard Chain），此時把整個區塊鏈分解成 64 條不同的鏈，藉此大幅提升交易效率至少 64 倍，若再計入 PoS 與共識機制帶來的影響，能夠提升上百倍的交易容量。
3. 階段 2：預計 2022 年中上路，逐漸整合並合併信標鏈，把這個區塊鏈從 PoW 逐漸轉成 PoS，稱為「The Merge」。並嘗試分片鏈之間的轉帳交易。

影響最大的就是讓使用者可以用類似定存的方式質押並獲取獎勵，但若要參與 ETH 2.0 的質押除了需要準備硬體與相關知識外，還需要準備價值上百萬的 32 ETH，因此許多交易所也推出了代質押的服務，以下圖的幣安為例，只要把 ETH 交給幣安，幣安就會幫你搞定後續的一切，同時發給 BETH 做為質押的證明，若有急需也可以將 BETH 套現，可以說利用幣安質押 ETH 除了可以獲取質押帶來的利潤外，也同時保留了資金的靈活性。

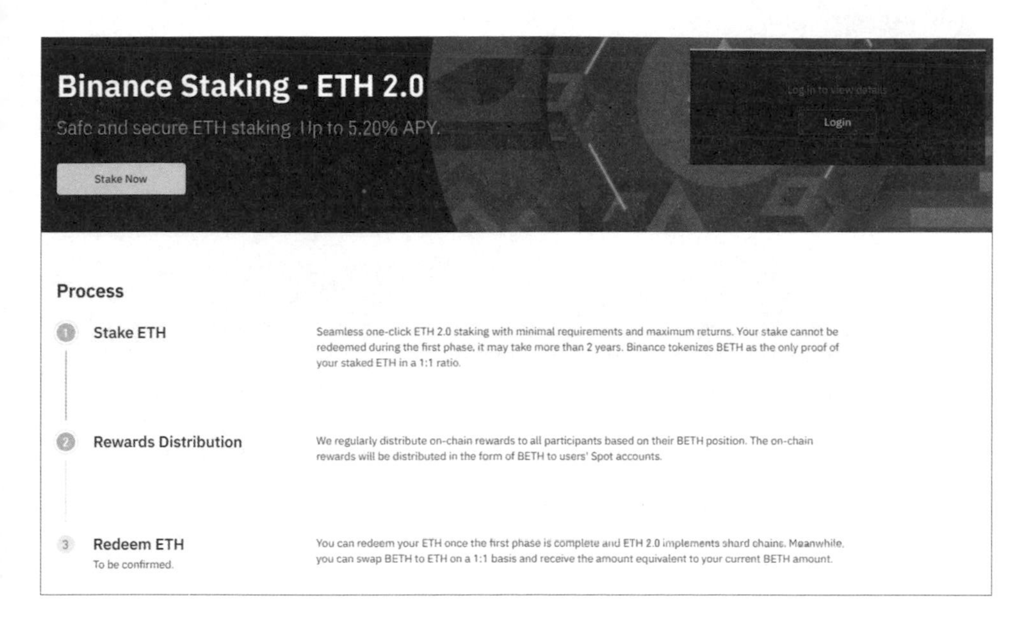


▲ 圖 3 幣安交易所推出的質押服務[22]，減輕大眾參與 ETH 2.0 質押的門檻

除了幣安外，許多去中心化組織如 Lido Finance 也提供了代質押的服務，稍後會在去中心化金融一章中另行說明。

22 https://www.binance.com/en/eth2

# 去中心化金融（Decentralized Finance，DeFi）

## 8-1　智能合約上的金融系統

相較於傳統仰賴銀行、券商、交易所的金融體系，自 2021 年起爆炸性成長的去中心化金融（Decentralized Finance，DeFi）是基於智能合約建立的金融系統，在去中心化金融中允許人們進行交易兌換、存款。相對應於傳統金融的帳戶與密碼，在去中心化金融的帳戶即是公鑰，而密碼則是私鑰，雖說是去中心化金融，但許多 DApp 服務其實提供了開發者極大的權限，並不能說是完全去中心化的。

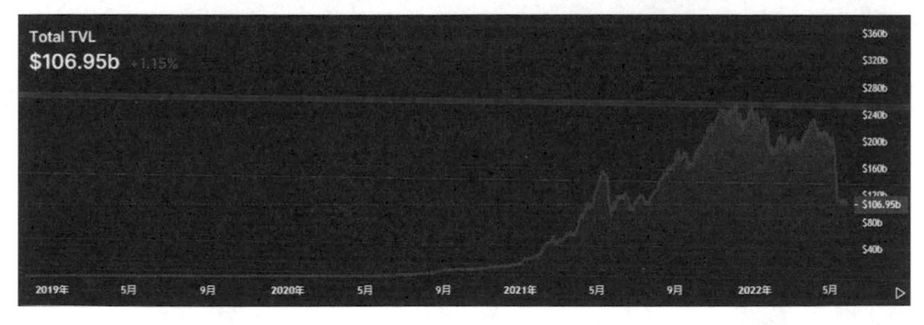


▲ 去中心化金融的總鎖倉量（TVL）從 2020 年的十億美金成長到 2021 高峰的 2000 億美金，截圖自 DefiLlama[1]

1　https://defillama.com/

下圖則是目前總鎖倉量（TVL）前八名的服務，我們會一一說明這些去中心化金融是如何運作的。

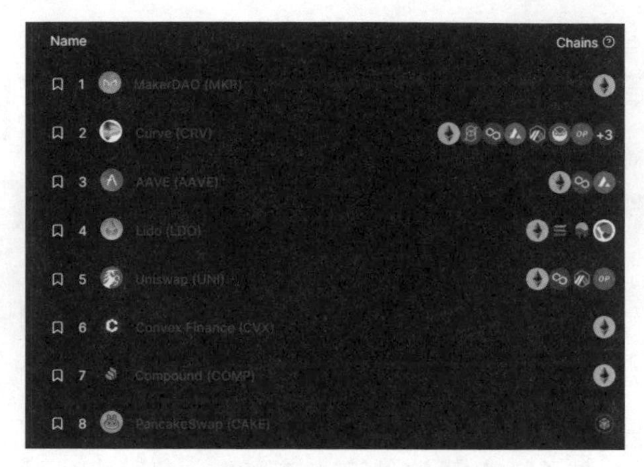


▲ 總鎖倉量（TVL）前八名的服務

## ERC20 標準代幣

ERC20 代幣是均質化代幣的一種，意即所有代幣都等價，且 ERC20 也代表一種標準，所有 ERC20 代幣都有共同的函式介面可以使用，當所有的 ERC20 都有共同的函式可以操作時，後續開發共同的服務或應用就會簡便許多，同時交易所只要能夠支援 ERC20 標準，就可以直接上架所有 ERC20 代幣。

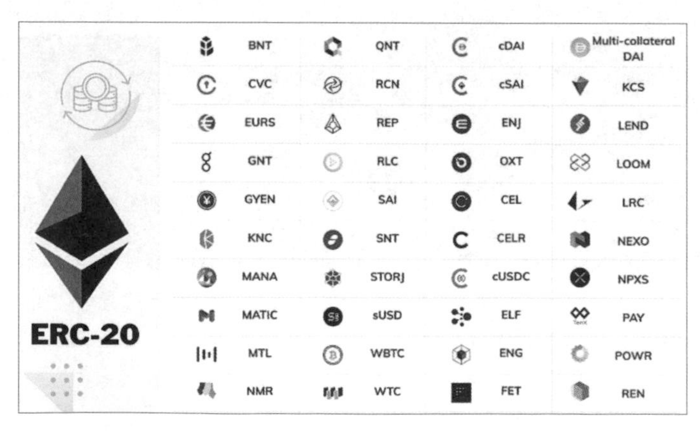


▲ 許多代幣都是以 ERC20 標準發行，Photo Credit：zephyrnet, CC BY-SA 4.0

可以到 Github[2] 上查看 ERC20 標準的原始碼，另外，在 ERC20 標準下也可以自行繼承或擴充原有程式碼，比方說 USDT 便是改寫自 ERC20，以下用 USDT 的原始碼做說明 USDT 除了符合 ERC20 的規範外，還暗藏了哪些功能。

首先是增發，因為 USDT 的發行量需對應儲備金的數目浮動，自然發行量不能為一個定值，至於如何增發、怎麼增發、誰有權力增發其實都寫在程式碼中，以下圖為例，增發前首先會檢查增發後的流通量與餘額皆需大於增發前，這乃是為了避免整數溢位的考量。接著便是把新增的發行量加到合約持有者的餘額中，然後再增加整體流通量便完成了一次增發。

```
// Issue a new amount of tokens
// these tokens are deposited into the owner address
//
// @param _amount Number of tokens to be issued
function issue(uint amount) public onlyOwner {
    require(_totalSupply + amount > _totalSupply);
    require(balances[owner] + amount > balances[owner]);

    balances[owner] += amount; 增加合約所有者的USDT餘額
    _totalSupply += amount; 增加流通量
    Issue(amount);
}
```

▲ USDT 的增發功能，截圖自 USDT

至於匯款功能是如何實做出來的呢？首先會計算本次匯款的手續費，USDT 轉帳手續費為比例制，但同時設有上限，因此當手續費超過上限時便至多抽取上限的金額，最後再把抽到的手續費加回 USDT 合約所有者的餘額中（但目前 USDT 的手續費被設定成 0）。接著實際匯款金額便是轉帳金額減去剛計算出的手續費，再從匯款者的餘額中減去該數目，最後再把收款方的餘額加上該數目後便完成一次轉帳。

2 https://github.com/OpenZeppelin/openzeppelin-contracts/tree/master/contracts/token

```
function transfer(address _to, uint _value) public onlyPayloadSize(2 * 32) {
    uint fee = (_value.mul(basisPointsRate)).div(10000);
    if (fee > maximumFee) { 計算手續費
        fee = maximumFee;
    }
    uint sendAmount = _value.sub(fee); 實際匯款金額 = 原始轉帳金額 - 手續費
    balances[msg.sender] = balances[msg.sender].sub(_value); 匯款方餘額 = 匯款方餘額 - 原始金額
    balances[_to] = balances[_to].add(sendAmount); 收款方餘額 = 收款方餘額 + 實際匯款金額
    if (fee > 0) {
        balances[owner] = balances[owner].add(fee); 手續費匯給 USDT 發行商
        Transfer(msg.sender, owner, fee);
    }
    Transfer(msg.sender, _to, sendAmount);
}
```

▲ USDT 的轉帳功能，截圖自 USDT

為了符合美國洗錢相關的規範，否則 USDT 若被美國政府封殺將很難出入金進行法幣的兑換，因此 USDT 也設置了黑名單功能可以隨時終止特定帳戶的提領，因此你可以透過這個例子知道：去中心化金融是可以被管理的。

```
contract BlackList is Ownable, BasicToken {

    /////// Getters to allow the same blacklist to be used also by other contracts (including upgraded Tether) ///////
    function getBlackListStatus(address _maker) external constant returns (bool) {
        return isBlackListed[_maker];
    }                                                  確認使用者是否為黑名單

    function getOwner() external constant returns (address) {
        return owner;
    }

    mapping (address => bool) public isBlackListed;

    function addBlackList (address _evilUser) public onlyOwner {
        isBlackListed[_evilUser] = true;
        AddedBlackList(_evilUser);                     增加黑名單裡的地址
    }

    function removeBlackList (address _clearedUser) public onlyOwner {
        isBlackListed[_clearedUser] = false;
        RemovedBlackList(_clearedUser);                移除黑名單上的地址
    }

    function destroyBlackFunds (address _blackListedUser) public onlyOwner {
        require(isBlackListed[_blackListedUser]);
        uint dirtyFunds = balanceOf(_blackListedUser);
        balances[_blackListedUser] = 0;                銷毀黑名單裡的所有餘額
        _totalSupply -= dirtyFunds;
        DestroyedBlackFunds(_blackListedUser, dirtyFunds);
    }

    event DestroyedBlackFunds(address _blackListedUser, uint _balance);

    event AddedBlackList(address _user);

    event RemovedBlackList(address _user);

}
```

▲ USDT 的黑名單功能，截圖自 USDT

去中心化金融上的服務多半希望能夠同時處理多幣種的交易，因此 ERC20 標準格外適用：只要能夠支援 ERC20，就能夠上架所有同屬於 ERC20 標準的代幣。

既然去中心化金融處理的交易多半是 ERC20 標準，而虛擬貨幣的兩大幣種：BTC 與 ETH 則是鏈上的原生代幣，主要用於支付鏈上的手續費之用，這卻代表 BTC 與 ETH 無法在以 ERC20 為標準的去中心化金融系統中流通，然而若最大市值的幣不能上架交易或作為交易費用，那對於流動性會是相當大的傷害，為了讓 BTC 與 ETH 能夠同樣在支援 ERC20 的去中心化金融或 DApp 中使用，wBTC（Wrapped BTC）與 wETH（Wrapped BTC）便應運而生。

wETH 與 wBTC 便是把鏈上的原生代幣轉換成 ERC20 使其兼容於其他 ERC20 代幣，因此 wETH 本身就是 ERC20 標準的代幣，同時可以隨時透過智能合約[3]把 ETH 換成等量的 wETH，也可以在同一個合約中把 wETH 換回 ETH。

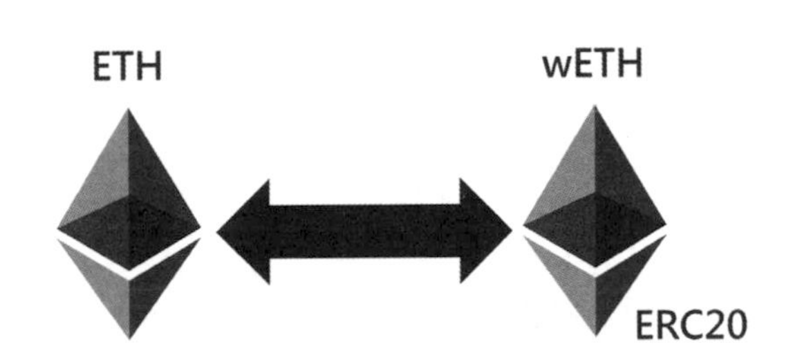


▲ ETH 可與 ERC20 標準的 wETH 互換

因此在去中心化金融上看到的多半是符合 ERC20 標準的 wETH，其價值等同於 ETH，並且透過智能合約代管的方式使其成為 ETH 足夠信賴的替代品。

而 wBTC 亦是 ERC20 標準且錨定 BTC 的代幣，但 BTC 與 ETH 分別在兩條完全不同的主鏈上，如同我們先前寫過的區塊鏈一般：兩條主鏈彼此要溝通意味著須跟鏈外拿取資料，也代表極大的風險，那究竟 wBTC 是如何被實做出來的？

3 https://etherscan.io/address/0xc02aaa39b223fe8d0a0e5c4f27ead9083c756cc2#code

wBTC 在 2019 年 1 月由 Kyber Network 與 Republic Protocol 跟託管公司 BitGo 合作推出，並由去中心化組織（Decentralized Autonomous Organization，DAO）WBTC DAO 維護（但這類型組織其實管理跟運作上都是中心化的）。其目的同樣是希望比特幣能夠在這些蓬勃發展的去中心化金融上運作。

若需把比特幣兌換成 wBTC 並在乙太坊上交易，則需要進行身分認證，並且把比特幣打入託管的帳戶地址中，再在乙太坊上發行同樣數目的 wBTC，也就是說 wBTC 的原理其實是透過類似信託的方式進行，與收款後發行相同流通量穩定幣的原理類似。目前也正有近 30 萬枚 wBTC 在乙太坊上流通。

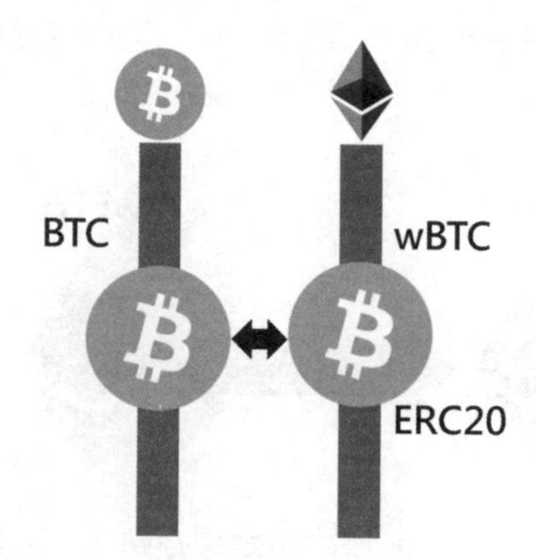


▲ BTC 可以兌換成乙太坊上的 wBTC

如果你有實地寫或執行過前面區塊鏈的話，應該會發現跨鏈本質上就是在跟鏈外 / 鏈下做溝通，然而鏈下資料的可信度一直以來都成為區塊鏈技術的軟肋，也就是說跨鏈往往帶來極高的風險也不一定可被信任。

然而跨鏈的需求龐大，因此雖然有眾多方案試圖解決跨鏈的問題，目前主流可信的做法其實還是託管制：若要在 A、B 鏈交換資產，那就得有可信任的中間商負責收 A 鏈的資產並在 B 鏈上發行，並由 A 鏈上對應的資產擔保價值，反之亦然。

既然是託管制，如果每次跨鏈都需要進行身分驗證的話耗費時間過長，所以往往會把質押資產→取得跨鏈代幣的流程加以自動化，也就是直接交由智能合約或外部程式判斷要不要放行。

如果這時質押資產→取得跨鏈代幣的過程中出錯，那麼整個系統就會直接超發，實際上 Wormhole 就是因為駭客成功讓中間商認為其有順利質押資產（其實根本沒收到），而被盜取了 12 萬枚 ETH。

也因為跨鏈兌換的機制仰賴中間商，因此過程的安全性就是脆弱的，乙太坊的創始者 Vitalik 也認為跨鏈的安全性問題無法避免，特別是容易遭受 51% 回溯攻擊，因此他認為會有多鏈未來（multi-chain），但不會是跨鏈（cross-chain）。

## 8-2 混幣器 Tornado.cash

區塊鏈的最大特色就是金流完全公開，然而在某些情境下我們並不希望金流能夠被所有人檢視，這時候混幣器就可以幫我們把金流隱藏起來，在所有的混幣器協議中，最知名、用途最廣泛的就是 Tornado.cash。

雖說混幣器常被用來隱藏犯罪所得的金流（如下圖的相關報導），但其實 Tornado Cash 為了合法使用的客戶也提供了相對應的證明，持有 Tornado Cash 核發的證明便可以在有需要的時候出示自己資金的來源。

「混幣器」掩蓋金流！　專家：討回資金難上加難

數位資產交易平台產品經理林韋翰表示，「區塊鏈帳本都是公開，大家都追蹤得到，他為了怕大家追蹤錢的流向，所以他用了Tornado Cash的機制，叫混幣器，去把它的地址變的難以追蹤，資金可能追不回來。」

▲ 混幣器的相關報導，截圖自台視新聞網 [4]

4 https://news.ttv.com.tw/news/11011050024800F/amp

## 混幣器的原理

Tornado Cash 透過加密的方式讓使用者存款，存款後使用者會拿到一張存款憑證，日後就可以拿著這張存款憑證提款至特定的地址，此時收款方收到的轉帳來源就只會是 Tornado Cash 的合約地址，並無法得知該筆資金的來源。

以下圖為例，若使用者向 Tornado Cash 匯款 100 ETH，則 Tornado Cash 會在鏈下給我一張存款憑證，透過這張憑證未來就可以將這 100 ETH 在扣除手續費後提領到特定地址裡。

▲ 匯款至 Tornado Cash 的合約地址後會得到一張存款憑證

日後需要提領這 100 ETH 的時候，只需要出示這張存款憑證，就可以將這 100 ETH 提領至任何地址，而收款當下顯示的匯款地址是 Tornado Cash 的合約地址，因此這筆款項最初的來源就被隱藏起來了。

▲ 日後可以憑該存款憑證提領，同時匯款方會是 Tornado Cash

也因此只要使用的人數夠多，根本追不出當下所提領的款項究竟是來自於哪個地址的存款，所以目前大部分攻擊得手的贓款，都會透過 Tornado Cash 將錢洗乾淨。（但來源是 Tornado Cash 的款項一般也不會被認為多乾淨，只是追不出款項最初的源頭罷了）

但問題是：如果存了特殊金額的款項進去，比方說 12.12475 ETH，那麼提領的時候也是提領 12.12475 ETH，這時便可以很輕易地猜出這筆款項的來源。

為了避免這種狀況，Tornado Cash 只支援四種不同的匯款金額：0.1 ETH、1 ETH、10 ETH、100 ETH，也因為所有的款項都是這四種之一，自然追不出究竟提領的款項當初是由哪個地址存入的。

所以，Tornado Cash 在做的事情就是把一大堆 0.1 ETH、1 ETH、10 ETH、100 ETH 全部都混在一起，讓你找不出現在提領的 ETH 究竟是源自於哪筆交易，只要交易數目夠多，在厲害的分析公司都無法找出源頭。

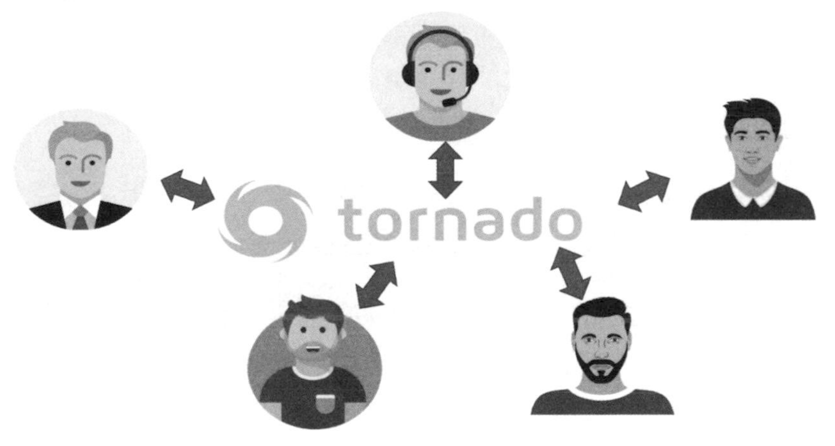


▲ Tornado Cash 把所有用戶的資金混在一起，讓其無法溯源

Tornado Cash 的操作十分容易，只有存款與提款兩個操作，先將 ETH 存入 Tornado Cash 後，便可以得到一張存款憑證，日後就可以透過這張存款憑證從 Tornado Cash 的合約地址匯款到特定帳戶地址。

下圖中也可以看到目前在 Tornado Cash 中總計有 22277 筆 0.1 ETH 的存款，如果此時存款後再提領，自然無法得知當下提領的款項當初是來自於 22277 筆中的哪一筆交易。

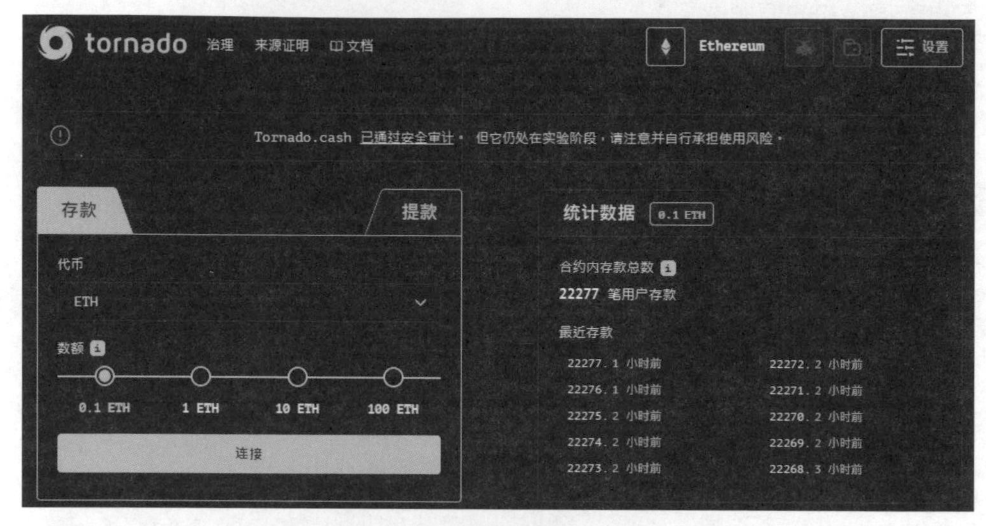


▲ Tornado Cash 的操作畫面，截圖自官網[5]

## 存款憑證

每次存款後 Tornado Cash 都會提供一張存款憑證，持有存款憑證就能夠向 Tornado Cash 提領這筆款項，其功能就像是支票一般，

存款憑證的功能除了提款外，也提供了此次存款的「證明」，這是為了保護合法客戶，並且讓客戶在有需要時可以提供證明自清資金的來源，透過存款憑證可以在 Tornado Cash 的官網上生成法遵證明如下圖，裡頭記載了關於此次交易的細節，包含金額、日期、交易雜湊值、匯款地址、收款地址。

5 https://tornado.cash/

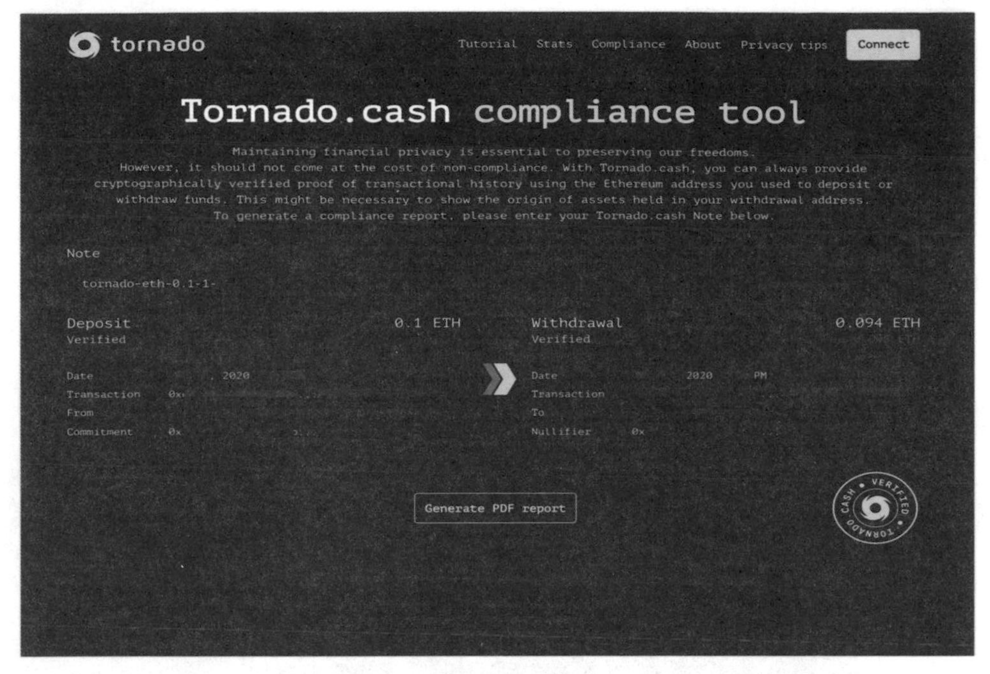


▲ Tornado Cash 的法遵證明，截圖自 Tornado Cash 官網[6]

因為 Tornado Cash 的特性，許多交易所或機構對來自 Tornado Cash 的資金來源有疑慮，甚至拒絕承認來自 Tornado Cash 的所有匯款，萬一有一天很不幸地遭到執法單位調查時，這時候就可以出示這張法遵證明，證明自己資金來源的合法性。

不過這種方式其實也會傷害到 Tornado Cash 的匿名性，比方說目前 Tornado Cash 裏如果有 N 筆存款，其中的 N-1 人願意出示法遵證明，那剩下的唯一一筆無法遵證明的匯款便可以輕易地被匹配出來。

6 https://tornado-cash.medium.com/tornado-cash-compliance-9abbf254a370

# 8-3 乙太坊上的「當鋪」

乙太坊上去中心化金融的始祖是「當鋪」，非常適合信仰十足但需要定期繳交電費的礦工們：將 ETH 抵押後借出穩定幣繳交電費，即便日後乙太幣上漲後也可以透過付利息的方式「贖回」原本抵押的 ETH，如此一來便不需要真的出售 ETH 便可取得資金運用，讓我們來看看它是如何運行的。

▲ 乙太坊上也存在著當鋪一樣的機構

## MakerDAO

MakerDAO 發表了乙太坊上的第一個借貸協議，在協議中允許使用者在不經中間人的狀況下直接借出穩定幣。

在 MakerDAO 的 Oasis 上你可以抵押乙太幣，並取得一部分的穩定幣 DAI，以下圖為例，若設定抵押率為 150%，代表抵押價值 150 美金的乙太幣後，就能夠兌換出 100 美金的 DAI，日後想要贖回這批乙太幣也只需要還清 100 美金的 DAI 加上這段時間的利息即可。

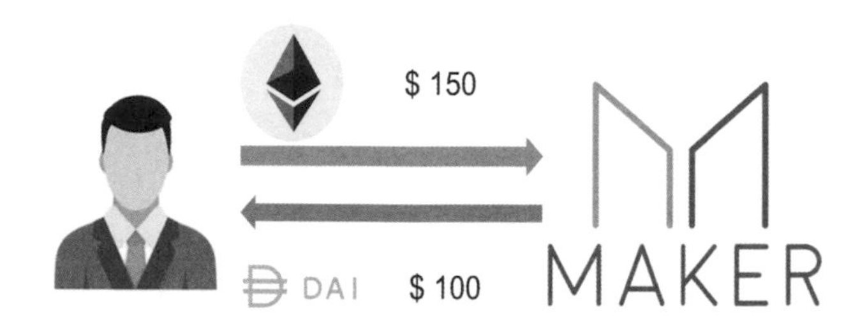


抵押率 = 150%

▲ 若抵押率為 150%，抵押價值 150 美金的 ETH 便可以鑄造 100 枚 DAI

其實這就是傳統金融中的「抵押債倉（Collateralized Debt Position，CDP）」，如果你對金融市場敏感的話，應該能夠想像的到下一步有哪些衍生金融產品。

把得到的 100 DAI 全數拿去買 ETH，再拿這些價值 100 美金的 ETH 去抵押取得 66.67 DAI，不斷重複這些操作便可以有跟開槓桿同樣的效果，以抵押率 150% 來說，可以開出至多 300% 的槓桿如下圖。

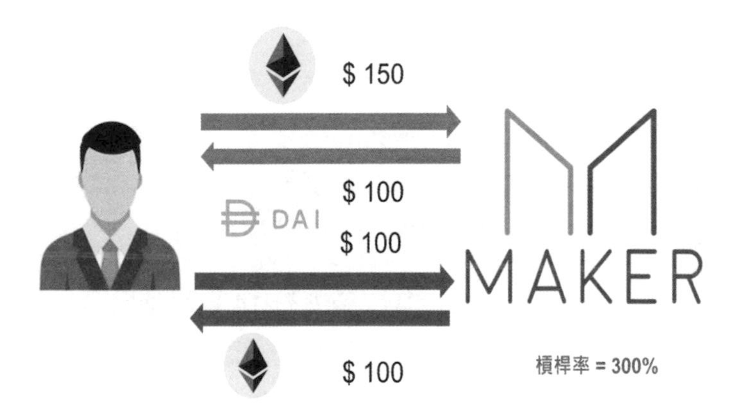


▲ 透過把 100 美元的借款再次購買 ETH 的方式來加大槓桿

目前 MakerDAO 不只接受 ETH 做為抵押品，也增加了許多選擇，讓資金的利用可以更加彈性。此外，上述加大槓桿的過程也無須手動重複操作，MakerDAO 提供了一鍵加大槓桿的功能，讓使用者可以一次完成所有操作。

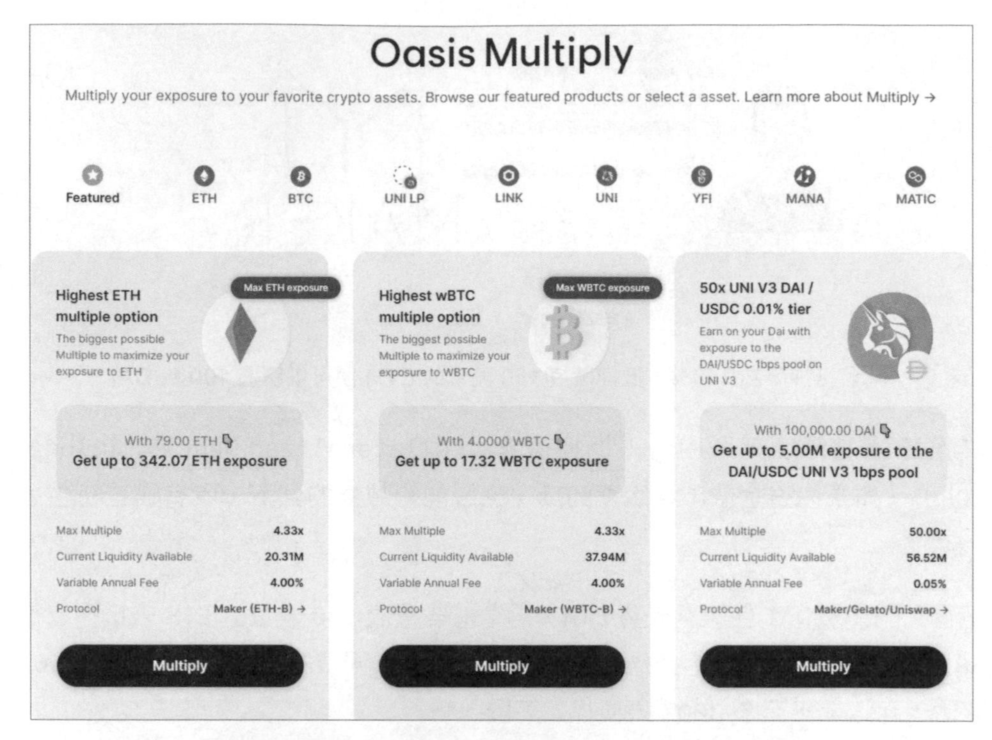


▲ MakerDAO 的 Oasis[7] 接受多種抵押品並直接加大槓桿

但整個系統仰賴一個問題：「1 ETH 到底值多少？」，在鏈上是無法知道目前外部交易所的市價，而交易所卻占了絕大部分的交易量，因此若無法得知正確的市場價格，整個系統就可能因為超發 DAI 而崩潰（比方說系統誤認目前 ETH 市價為 150 萬美金，代表 1 ETH 就可以借出 100 萬枚 DAI）。

MakerDAO 利用預言機來解決這問題，其在鏈上有 14 個地址負責報價，再取出這 14 個地址報價的中位數，如此便可以避免極端值的影響，想要成功攻擊 MakerDAO 的報價系統，那麼你必須同時攻擊過半的報價地址才能成功。

7 https://oasis.app/multiply

至於這些報價地址是如何決定的呢？Maker 是 MakerDAO 組織的治理代幣，持有 Maker 的人可以對 MakerDAO 上的項目進行投票，也因此可以決定 MakerDAO 的未來的開發走向與報價來源地址，最重要的是，MakerDAO 採取的是固定利率制，其利率同樣是由社群決定。

但即便如此，通常開發團隊的提案最後還是會盡數通過，畢竟除了開發團隊外，多數社群成員並沒有開發的能力與時間。

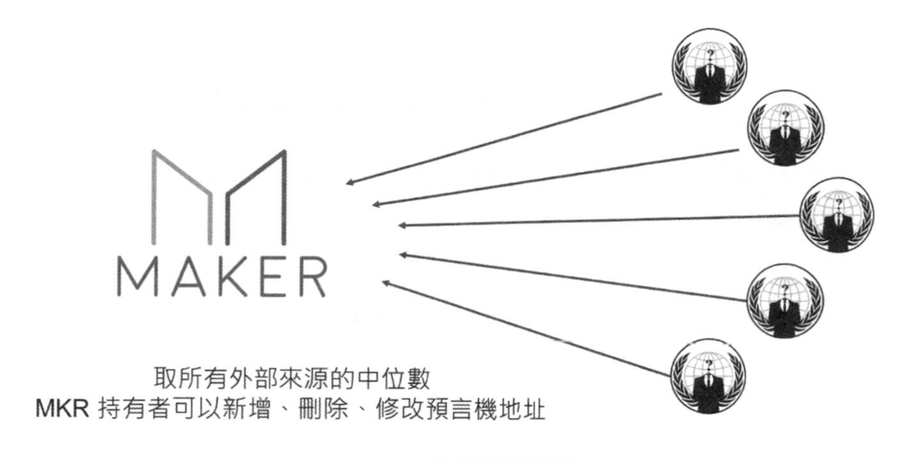


▲ MakerDAO 的預言機機制

## Compound

相對於 MakerDAO 透過抵押虛擬貨幣（其中又以 ETH 最多）換取穩定幣 DAI，Compound 的機制與 MakerDAO 類似，但提供了更多種不同資產的組合，Compound 允許借出與借入不同虛擬貨幣，比方說你可以抵押 wBTC 並借出 ETH，或是透過抵押 DAI 借出 wBTC。

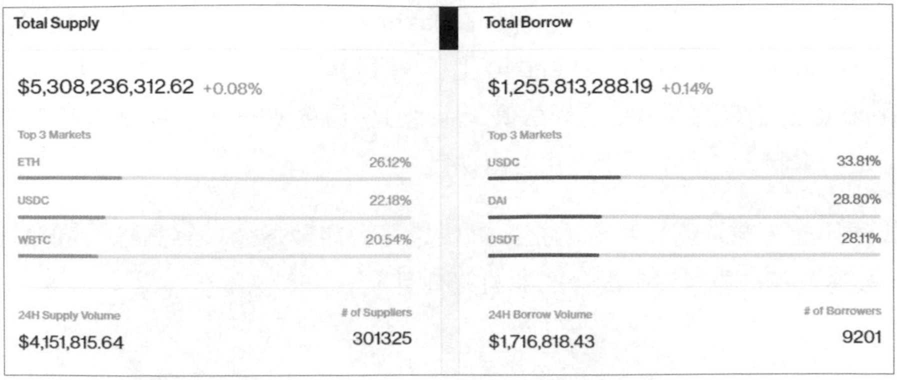

| Total Supply | | Total Borrow | |
|---|---|---|---|
| $5,308,236,312.62 +0.08% | | $1,255,813,288.19 +0.14% | |
| Top 3 Markets | | Top 3 Markets | |
| ETH | 26.12% | USDC | 33.81% |
| USDC | 22.18% | DAI | 28.80% |
| WBTC | 20.54% | USDT | 28.11% |
| 24H Supply Volume | # of Suppliers | 24H Borrow Volume | # of Borrowers |
| $4,151,815.64 | 301325 | $1,716,818.43 | 9201 |

▲ Compound 上的資產、存款、貸款統計

但是相對於 DAI 由 MakerDAO 收到抵押品後直接鑄造，這種方式仰賴初始資金提供不同幣種的流動性，因此 Compound 更加像一般的銀行，可以在裏頭進行存款或借款的操作，並藉此取得利息，而中間的流程全部仰賴智能合約完成，無須傳統金融繁雜的驗證手續，在 Compound 官網中（下圖）可以直接看到 Compound 支援的各種幣別與相對應的存借款利率。

| Market | Total Supply | Supply APY | Total Borrow | Borrow APY |
|---|---|---|---|---|
| Ether ETH | $1,449.98M -0.94% | 0.06% +0.02 | $40.56M +47.32% | 2.63% +0.11 |
| USD Coin USDC | $1,177.97M +0.74% | 0.70% – | $428.64M +0.89% | 2.10% – |
| Wrapped BTC WBTC | $1,141.37M -0.09% | 0.06% – | $28.70M -0.95% | 2.97% -0.01 |
| Dai DAI | $721.65M +0.03% | 1.22% – | $361.23M -0.01% | 2.90% – |
| Tether USDT | $584.87M -0.06% | 1.94% – | $353.13M +0.02% | 3.50% – |
| TrueUSD TUSD | $88.52M – | 1.70% – | $50.05M – | 3.28% – |

▲ Compound[8] 上支援的貨幣與利息

8 https://compound.finance/markets

但存款或借款利率是怎麼決定出來的？傳統金融由中央銀行決定利率，而 Compound 由市場供需決定利率，若流動池內的資金幾乎被借罄，則升高存款利率鼓勵使用者存款並使借款者提前還款，以 ETH 為例，借款利率與資金利用率呈現正比的線性關係（如下圖右），但由於借款者給付的利息在抽取手續費後需平分給所有流動性提供者（存款方），因此當資金利用率越低，存借款之間的利差也就越大，而 DAI 為穩定幣，使用情境更加多元，需求也較大，因此借款利率為兩段式的線性（如下圖左）。

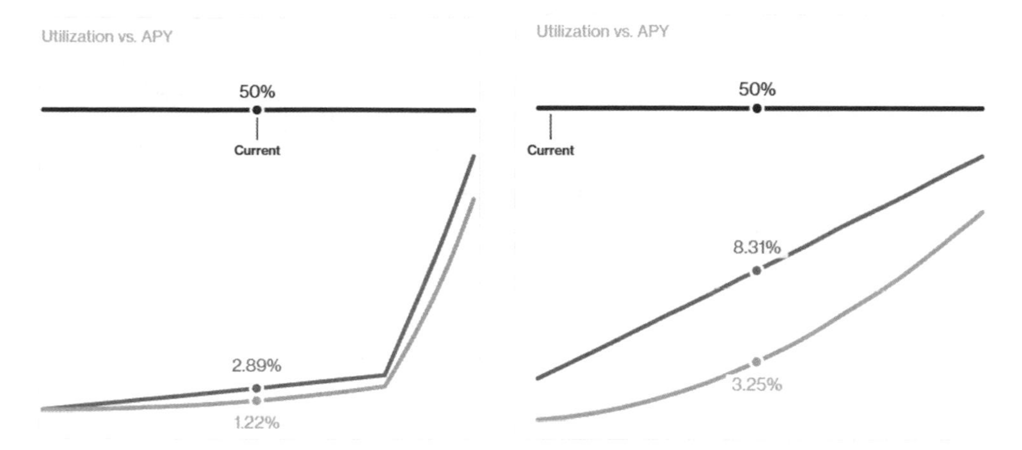


▲ 以 ETH 為例（右），若資金利用率為 50%，存款與放款年利率分別為 3.25% 與 8.31%

用嚴謹的數學來定義「資金利用率 Utilization Rate」，可以用下式表達：

$$\text{Utilization Rate} = \frac{\text{totalBorrows}}{\text{totalCash} + \text{totalBorrows} - \text{totalReserves}}$$

其中 totalBorrows 指目前被借出的數目、totalCash 為流動池中剩餘的數目、totalReserves 為 Compound 抽取的手續費並作為團隊利潤保留，也就是說資金利用率是所有被存進來的款項中，已經被借出的比例，至多為 100%（但其實還要扣除團隊保留的利潤）。

至於借款年利率則是線性的，由基礎利率、資金使用率、加給利率計算出：

借款年利率 = 基礎利率 +（資金使用率 × 加給利率）

存款的利率則要考量到借款方付的利息需再扣除平台手續費後平均分配給所有的存款方，因此可透過下式計算出來：

**存款年利率 = 借款年利率 × 資金使用率 ×(1- 平台手續費 )**

因此也有人將手上的存款盡數換成 DAI 後存入 Compound 取得比定存更高的利息，相較銀行存款有存款紀錄，Compound 每次存款後同樣會有憑證，以 DAI 的存款為例，每次存 DAI 至 Compound 資金池中，就會獲得同等價值的 cDAI 作為憑證，這些 cDAI 也可以隨時轉換回原本的 DAI。

▲ 存款 DAI 到 Compound 並換取 cDAI

但智能合約所需的手續費高昂，若固定每日、每月或每次有人還款都派發利息很明顯地不符合需求，並且乙太坊上的智能合約也只能由交易被動觸發，並無法設定固定排程，因此 Compound 上利息的分派不像傳統金融固定時間派發利息至帳戶中，而是透過 cDAI 與 DAI 之間的匯率差來做到。

若流動池內原本固定有 100 DAI，並鑄造了 4000 cDAI 在外流通，此時每存入 1 DAI，系統就會自動鑄造 40 cDAI，此時 cDAI 價值約 0.025 USD，但當時間過去，每次有人還款後流動池內的 DAI 就會增加，而 cDAI 的流通量卻保持不變，若此時流動池內有 120 DAI，代表 cDAI 價值約 0.03 USD，也就是說雖然存款方手上的 cDAI 數目一直不變，但價值卻會隨時間不斷增加。

上面只是粗淺的說明，也未考慮平台抽取的手續費，實際上的兌換率可由下列公式計算出：

$$\text{Exchange Rate} = \frac{\text{totalCash+totalBorrows-totalReserves}}{\text{totalSupply}}$$

其中 totalBorrows、totalCash、totalReserves 的定義同上，totalSupply 則是 cDAI 的總共應量，以下圖為例可以看到 cDAI 的價值隨時間是緩慢上漲的，目前的年利率約落在 2~3% 中間。

除了利息之外，Compoud 當初推出時也發行了 Compound 治理代幣，持有代幣可以對項目的發展投票，同時提供了「借貸挖礦」的功能，每一個乙太坊（約 15 秒）的區塊內都會額外發放 0.5 顆 Compound 代幣，借款與放款各 0.25 顆，並且依照借貸產生的利息數目按比例分發，也就是說借貸方能夠透過借貸取得額外的 Compound 代幣，在初期甚至能夠用借貸取得的 Compound 代幣完整 Cover 掉利息還有利潤，產生借越多、賺越多的詭異情形，這讓 Compound 有一陣子的總鎖倉量甚至超越了老大哥 MakerDAO，直到後來用戶數上升後這種情形才消失，並且在後期為了減少 Compound 代幣的通膨，也把借貸挖礦產出的 Compound 代幣數目縮減。

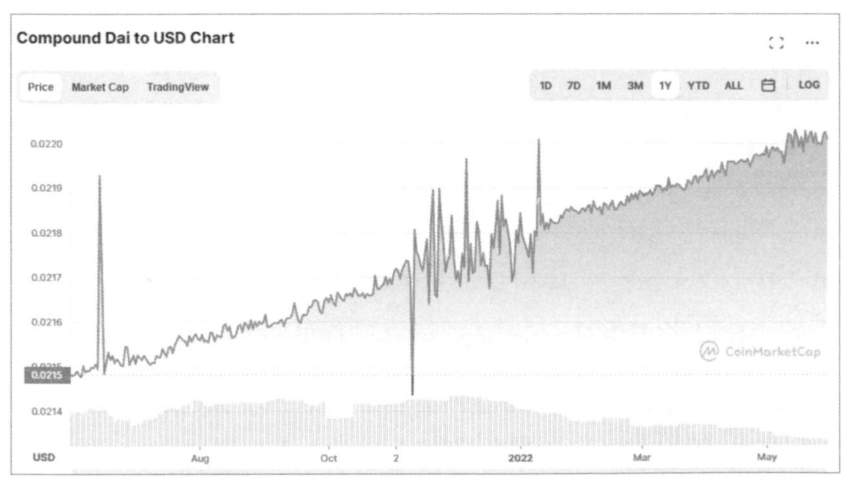


▲ cDAI 的價值隨時間增加，截圖自 CoinMarketCap[9]

9 https://coinmarketcap.com/currencies/compound-dai/

## Aave 與閃電貸

Aave 同樣是去中心化的借貸系統，其前身是 ETHLEND，原理機制都與 Compound 雷同，同樣地每存入 ETH 就會得到 aETH 作為憑證。

相較於 Compound 的穩重，Aave 在業務擴展上的野心與步伐相較 Compound 快上許多，並且積極取得法規的核可，讓傳統金融可以直接嫁接，同時引入稍後會介紹的 AMM 自動造市商機制，因此在借貸領域中，Aave 的總鎖倉量已經領先於 Compound。

其中 Aave 最知名的就是首先上架閃電貸的功能：不需要任何抵押品的借款。

閃電貸是 Marble 在 2018 年推出，相較於剛剛提到的所有借款都需要相對應的抵押品，閃電貸不需要任何抵押品，但若沒有抵押品，要如何確保借款者一定能還款呢？

閃電貸貸出的前提便是：「還得出來我再借」，也就是要求「借款」和「還款」必須在同一筆交易內完成，如此便可以在確保還款的同時收取利息。

常見閃電貸的應用便是套利，當不同去中心化交易所出現價差時，比方說 A 交易所出現 1 DAI = 0.9 USD 的滑價時，就可以利用閃電貸完成以下操作：

1. 從閃電貸貸出 900 USDT
2. 從 A 去中心化交易所把 900 USDT 兌換成 1000 DAI
3. 從 B 去中心化交易所把 1000 DAI 兌換成 1000 USDT
4. 償還閃電貸的 900 USDT+ 利息，並保留剩下的作為利潤

但閃電貸這種可在同一交易內調度大量資金的能力也讓它成為攻擊的工具，這裡我用 2020 年的第一次閃電貸攻擊為例，不過在說明以前你必須先知道 Fulcrum 提供永續槓桿倉位，會自動把槓桿錨定在同倍率上：

1. 從借貸協議 dYdX 取得 ETH 閃電貸
2. 將閃電貸的部分資金發送到 Compound 處貸出 wBTC

3. 將閃電貸的剩下資金發送到 Fulcrum 上，做空 wBTC/ETH，代表 Fulcrum 必須同時做多 wBTC 當對手盤
4. Fulcrum 因此透過 Kyber 在 Uniswap 收購 wBTC，因 wBTC 流動性不足使 wBTC 價格上漲，wBTC/ETH 的匯率一度從 38 被推升至 109.8
5. 把從 Compound 貸出的 wBTC 在 Uniswap 上以較高的價格出售
6. 出售後的利潤償還閃電貸的借款後仍有剩餘

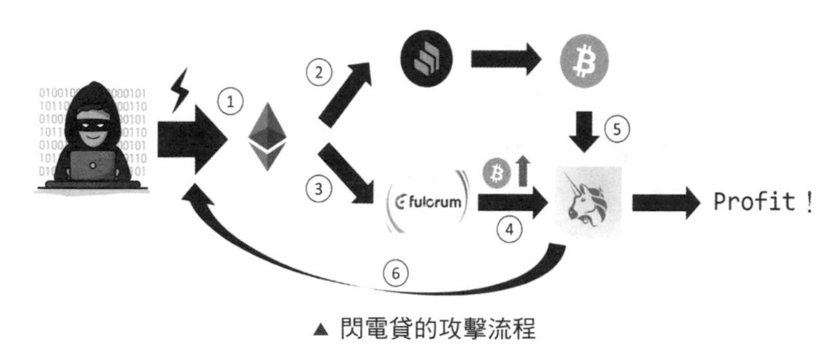


▲ 閃電貸的攻擊流程

結論就是 Fulcrum 被攻擊者欺騙，用遠高於市場的價格收購 wBTC。要避免這類攻擊就必須準備高頻的價格更新機制，或是利用預言機找出正確的價格避免價格被操縱。

# 8-4 兌幣協議

上述的借貸協議基本上都仰賴預言機來提供外部資訊：即市場上真實的報價才得以正確運行，但預言機本身其實正是這類型協議最大的漏洞與風險，如果預言機的報價出錯，那整個系統就會一夕間崩潰。例如 Compound 的 DAI 價格便取自 Uniswap 和 Coinbase Pro，當這兩處的報價出現異常，整個系統就會出現風險，例如在 2020 年 11 月份由於 DAI 在 Coinbase Pro 上的價格異常上升，導致 Compound 透過抵押借出 DAI 的使用者資產遭受清算，共計有 4600 萬美元的資產受到影響。

DeFi突發！Compound 疑遭預言機攻擊，
釀「1 億美元」史上最大清算規模

by Jason Liu — 2020-11-27 in defi

0

▲ Compound 遭受攻擊的報導，截圖自動區動趨 [10]

但畢竟「價格」幾乎是每個金融系統的核心，如果沒有正確的價格，那建立金融服務便是不可能的任務。既然預言機有其風險，那如何建立起一個可靠的兌幣協議呢？

## 自動做市商（Automated Market-Makers，AMM）

自動做市商（Automated Market-Makers，AMM）便是仰賴一個簡潔的數學公式建立起交易之間的匯率：

$$X * Y = K$$

其中 X、Y 分別代表不同幣的數量，如果將 X*Y=1 繪出便會得到下圖，X、Y 成反比：

10 https://www.blocktempo.com/compound-suffer-from-oracle-attack/

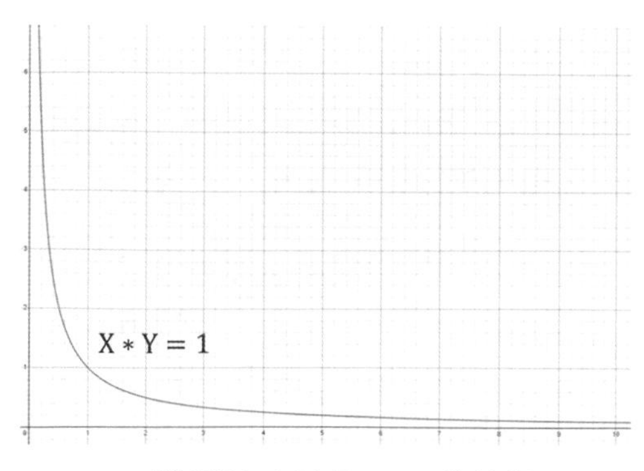


▲ 將 X*Y=1 以 Desmos[11] 繪出

在 AMM 協議中有兩種角色：流動性提供者（Liquidity Provider，LP）與交易者（Trader），流動性提供者首先會用兩種代幣建立一個流動池，在該流動池中不論何時這兩種幣的市值都應該被視為相等，這兩種代幣的數目即為 X 與 Y，在所有的交易過程中，X 與 Y 的乘積應始終維持定值 K。

但每次交易中都會影響 X 與 Y 的數目，我們可以計算每次交易後，X 與 Y 要如何變化才可以維持交易後的 X 與 Y 的乘積仍維持定值 K，假設這裏我們想要用 Δ X 的 X 代幣換取Δ Y 的 Y 代幣。

$$X * Y = (X + \Delta X)(Y - \Delta Y) = K$$

$$\Delta Y = \frac{(\Delta X * Y)}{(X + \Delta X)}$$

即交易者可以用Δ X 的 X 代幣換取 ( Δ X*Y)/(X+ Δ X) 的 Y 代幣，兌換後 X 與 Y 的乘積仍維持定值 K，也就是當 X 代幣越多，能換取的 Y 代幣越少，當流動池內的代幣 X 越多，就代表 X 越不值錢。在這過程中，X 與 Y 的市值始終被視為相等。另外也可以觀察當換的代幣數目遠小於流動池的資金時：

$$\lim_{\Delta X \to 0} \frac{\Delta Y}{\Delta X} = \lim_{\Delta X \to 0} \frac{(\Delta X * Y)}{\Delta X * (X + \Delta X)} = \lim_{\Delta X \to 0} \frac{Y}{X + \Delta X} = \frac{Y}{X}$$

11 https://www.desmos.com/

當換的代幣數目遠小於流動池的資金時，其匯率約莫等於 $\frac{Y}{X}$！也就是說流動池中 X 代幣與 Y 代幣的數量比其實就是當下的匯率！這也是為什麼會說 X 代幣與 Y 代幣的市值始終被視為相等的原因所在。

在這裡我用傳統交易策略中的「無限網格」來解釋流動性提供者的利潤是怎麼來的：一般的網格交易中通常會設定上下限，當價格在上下限之間波動的話便可以獲取利潤，但是當價格突破區間，則有可能導致被清算的風險。

因此有個相對保守的網格策略是「無限網格」：不論價格多少，手上均會持有同等價值的現金與股票（即各 50%），如此一來當價格下跌，便會用現金買入股票，使現金與股票的價值重新平衡；但是若股票價格上漲，就會賣出一部分的股票，使現金與股票的價值始終相等，並且這個策略可以保證永遠不會因為準備金不夠遭到清算。

比方說一開始持有本金 100，股票的價格為 100，開始時把本金的一半拿去買股票 0.5 張，使手上持有現金與股票各價值 50，當股票價格上漲至 110，就出售部分的股票到 0.477 張，讓手上的現金與股票分別價值 52.5，但若價格回落至 100，就進行價值的再平衡，重新購入股票，讓手上有 0.501 張的股票。

最後你會發現，雖然價格上去 110 後又下來 100，看似價格不變，但此時手上的現金與股票總價值卻增加到 100.23 元。

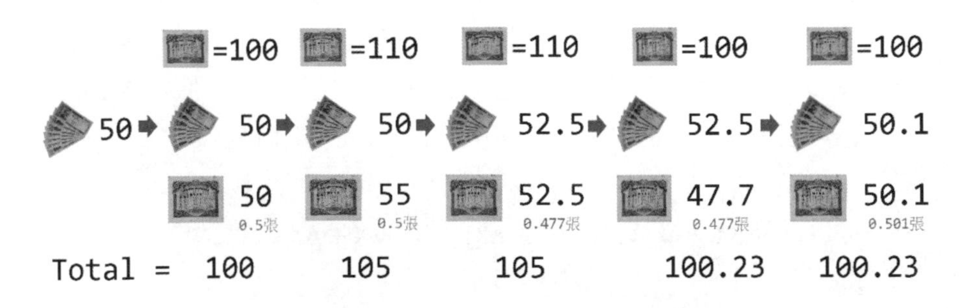


▲ 無限網格策略遇價格波動時的獲利情形

無限網格策略相對保守：上漲時賺的比別人少，下跌時賠的也比別人少，但同時遇到波動時可以緩慢增加本金。同樣的道理，AMM 中流動性的提供者其實就是在進行無限網格策略，不斷地讓外界進行交易或套利的同時低買高賣。

所以，外部交易者始終可以利用 Y/X 匯率進行交易，如果此匯率與外面交易所不同，就會吸引套利者前來，在套利後讓 Y/X 匯率相近於外部交易所，比方說若目前幣安的 ETH 價格為 2000 USD，而 AMM 中的 ETH 數目 / USDT 數目為 1/2500，代表在 AMM 的交易池中可以將 1 ETH 以約 2500 USDT 的價格賣出（暫不考慮滑價），這時套利者便會進場往流動池內傾倒 ETH，並取走大量 USDT，在不斷增加 ETH 數目、減少 USDT 的狀況下，ETH 的價格會逐漸下降，直到與外部交易所相近。

因此，AMM 機制其實就是透過讓利給套利者，讓套利者在交易時獲取利益，並同時協助交易池中的匯率盡可能地與外界相等。

但其實你也會發現，如果死守 X*Y=K 的公式，那麼即便價格上升再滑落，X*Y 的乘積始終為 K，代表流動性提供者不會得到任何利潤，所以每次交易時，交易者都還需要抽取額外的滑價與手續費給流動性提供者，透過收取手續費的方式，乘積 K 就會慢慢長大。

為了鼓勵使用者，許多 AMM 也會分發治理代幣給流動池提供者與交易者，讓這些使用者持有代幣後可以對項目的未來投票並表達意見，產生更強的向心力，以 Uniswap 為例，它曾對過去使用過服務的每一位使用者分發 400 枚 Uniswap 代幣，在最高峰時一枚 Uni 代幣曾價值 40 美金，也就是說只要用過一次服務，Uniswap 就免費送 50 萬台幣給你！

此外，與 Compound 的機制相似，每次注入資金到流動池中，都會得到一個 Liquidity Provider Token（LP Token）作為此次存款的憑證，用該憑證便可以在日後取回對應的資金。

## 無常損失（Impermanent Loss）

AMM 機制解決了代幣對代幣的兌換問題，之看似完美的機制卻有個最大的弊端：若雙幣交易中的某一代幣崩盤變成一文不值，那最後手上只會有滿滿的垃圾代幣。

以稍後會介紹的 Luna 代幣崩盤事件來說，原本 1 Luna = 100 USDT，假設池中原先有 1 Luna 與 100 USDT，此時池內的流動性提供者約有 200 USDT 的資金：

$$1\ Luna \times 100\ USDT = 100$$

但是當 Luna 的價格崩至 0.0001 USD 時，此時池內的資金為：

$$1000\ Luna \times 0.1\ USDT = 100$$

結果最後流動性提供者手上有價值的 USDT 盡數被換成沒用的 Luna，此時流動性提供者僅剩約 0.2 USDT 的資金。

但注意即便沒有將資金置入 AMM，初始的資金 1 Luna 與 100 USDT 仍然會縮水，這部分不能算是 AMM 的鍋，因此無常損失（Impermanent Loss）的定義是置入 AMM 的資金相對於單純持有兩份代幣的額外損失，數學定義如下：

$$Impermanent\ loss = \frac{Value\ in\ pool\text{-}Value\ while\ holding}{Value\ while\ holding} \times 100\%$$

同時如果 Luna 不斷上漲，則上漲中的 Luna 會不斷被買走，導致手中的 Luna 越來越少，也就是說在單邊行情下，AMM 會比單純持有各 50% 的初始資金有更少的利潤與更大的損失。

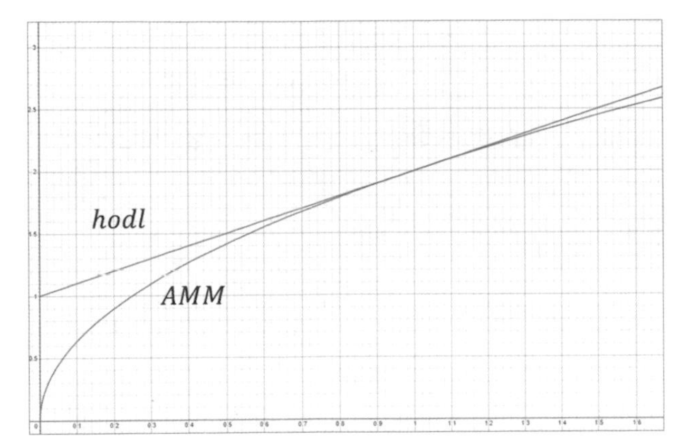


▲ 比較單純持有各 50% 資金與置入 AMM 的情形，橫軸為價格變化，縱軸為資產價值，可以發現 AMM 在單邊上漲行情中的利潤較低，且在不斷下跌的環境中也承受額外的損失，繪圖自 Desmos[12]

根據 X*Y=K 的公式，在不考慮手續費的狀況下先將 Y 代幣設定成 USDT 以方便計算，又因為流動池中 X 代幣、Y 代幣的市值相等，也就是說流動性提供者持有的市值約 2Y，且 X 的價格為 Y/X。假設 X 的價格跌為原本的 t 倍，即：

$$X' * Y' = \mathrm{K}$$

$$\frac{Y'}{X'} = t\frac{Y}{X}$$

$$X' * t\frac{Y}{X}X' = \mathrm{K} = \mathrm{X} * \mathrm{Y}$$

$$t * X'^2 = \mathrm{X}^2$$

$$X' = \frac{X}{\sqrt{t}}$$

$$Y' = \frac{\mathrm{K}}{\mathrm{X}'} = \frac{\sqrt{t}\,K}{X} = \sqrt{t}Y$$

12 https://www.desmos.com/calculator/9djvvexkq7

代表 X 的價格若成為 t 倍，Y 的數目會變成$\sqrt{t}Y$，X 的數目會變成 X/$\sqrt{t}$，最後流動池內剩下 2$\sqrt{t}Y$ 的資金。若帶入上面 Luna 的例子，當 Luna 的價格變成原本的 $10^{-6}$ 倍時，流動池內的資金價值會從 2Y 變成 0.002Y。

根據無常損失的定義：

$$Impermanent\ loss = \frac{2\sqrt{t}Y - (tX + Y)}{tX + Y} \times 100\%$$

帶入初始時 X = Y：

$$\frac{Impermanent\ loss}{100} = \frac{2\sqrt{t}Y - (t+1)Y}{(t+1)Y} = \frac{2\sqrt{t} - (t+1)}{(t+1)}$$

若同樣繪製成圖，可以發現只要是單邊行情，無論是下跌或上漲，AMM 都會承受額外的損失，而這也是造市者的風險所在。

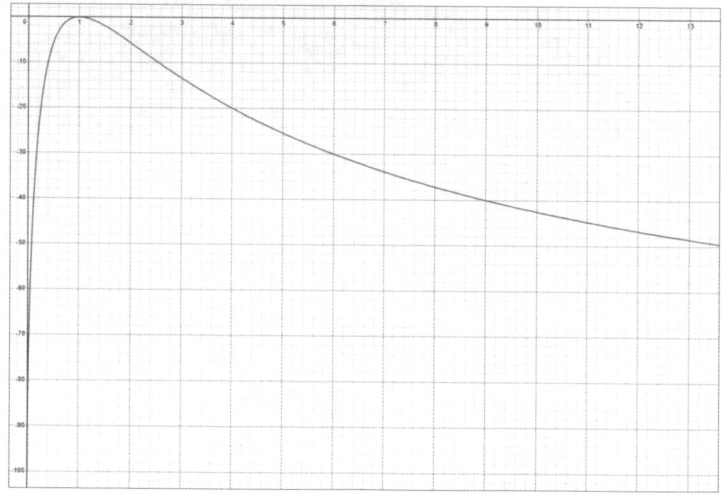

▲ 無常損失與價格的關係，縱軸為損失比例（%），橫軸為價格變化，圖繪自 Desmos[13]

13 https://www.desmos.com/calculator/llusr0s4nf

## Uniswap

▲ Uniswap 的 Logo

Uniswap 是基於上述 AMM 機制而建立的去中心化交易所之一，可以說是 AMM 交易所的始祖與扛霸子，許多後進者如 Sushiswap、Pancakeswap 基本上都是修改自 Uniswap，所以只要會操作 Uniswap，其餘 AMM 機制的去中心化交易所基本上都沒有問題。

大抵而言 Uniswap 的操作有兩種：作為流動性提供者（Liquidity Provider，LP）與交易者（Trader），前者負責建立交易池提供流動性供交易者使用，後者則利用交易池兌幣並繳交手續費。

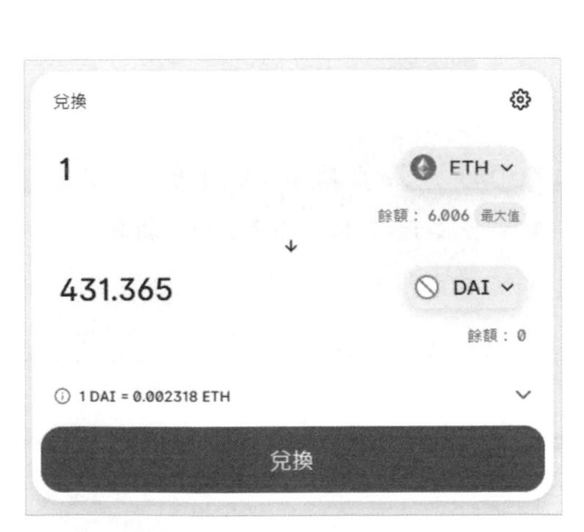

▲ Uniswap 兌幣時的使用畫面，截圖自 Uniswap，可以注意到因為在測試網上故深度不足，每次兌換的匯率差異甚大

首先用測試網上的流程來看，目標是透過 ETH 建立 ETH-DAI 流動池，第一步需要準備同等價值的 ETH 與 DAI 才能加入流動池，因此先將 1 ETH 換成約 431.365 DAI。其中的兌換率影響便是在 X*Y=K 曲線上產生的滑價。

交易完成後，便會在錢包中出現 DAI 代幣。

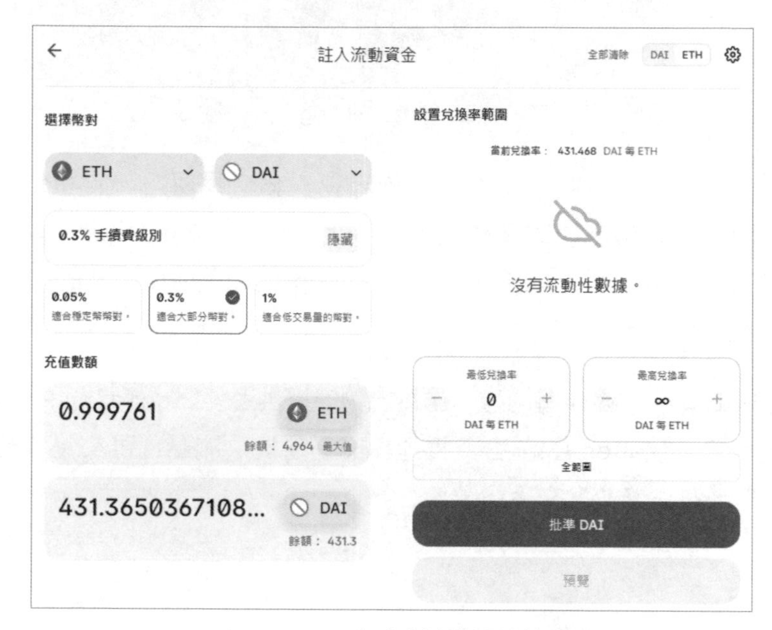


▲ 在 Uniswap 上建立流動池時的畫面

接著就可以建立流動池，同樣地，一開始流動池內的兩種代幣市值必須相等，所以這裡把剛剛用 1 ETH 兌幣換得的 431 DAI 注入流動池（如上圖），成功注入後就可以看到下圖的流動池正在運作中，此後每次有人使用該流動池交易，池內的 DAI/ETH 便會發生變化，同時也能夠抽取部分手續費。

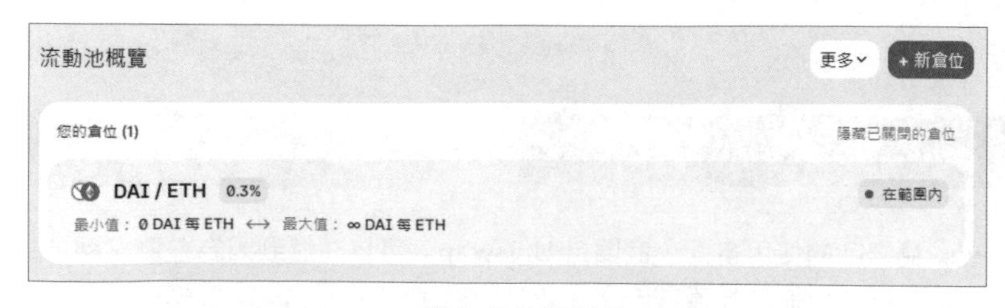


▲ 運作中的流動池

也可以點入個別流動池就可以了解目前流動池內的狀況：

▲ 個別流動池目前的情形

Uniswap 至今有三個主要版本：V1、V2、V3，以下簡單介紹各別版本的差異。

Uniswap V1 證明了 AMM 機制是可行的，對於流動性提供者而言也是可以營利的一種方式，同時也能夠吸引持幣者加入流動池賺取利潤，在流動性增加的同時兌幣時產生的滑價也進一步降低。但 Uniswap 的滑價相較於傳統金融還是甚大，同時受到乙太坊交易速度的限制，價格遭操縱的事情仍時有所聞。

為了改善 Uniswap V1 的交易深度與滑價問題，Uniswap V2 提升價格操縱的難度，具體作法有兩種：抓取市場平衡價格與時間加權平均價格。

抓取市場平衡價格的方式是讓每一個區塊內的起始價格由上一個區塊中的最後一筆交易決定，並藉此計算出積累價格（Cumulative Price）。

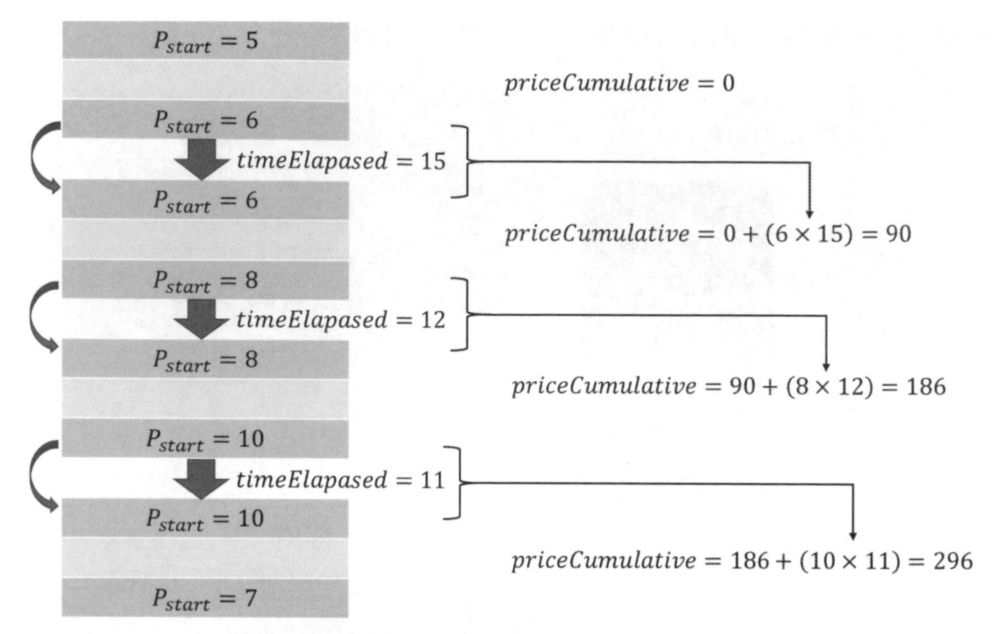


▲ 積累價格（Cumulative Price）的計算方式

以上圖為例，區塊開始時的價格由上一個區塊中的最後一筆交易決定，同時積累價格（Cumulative Price）是由上一個區塊的積累價格加上區塊產生時間乘上區塊開始時的價格。

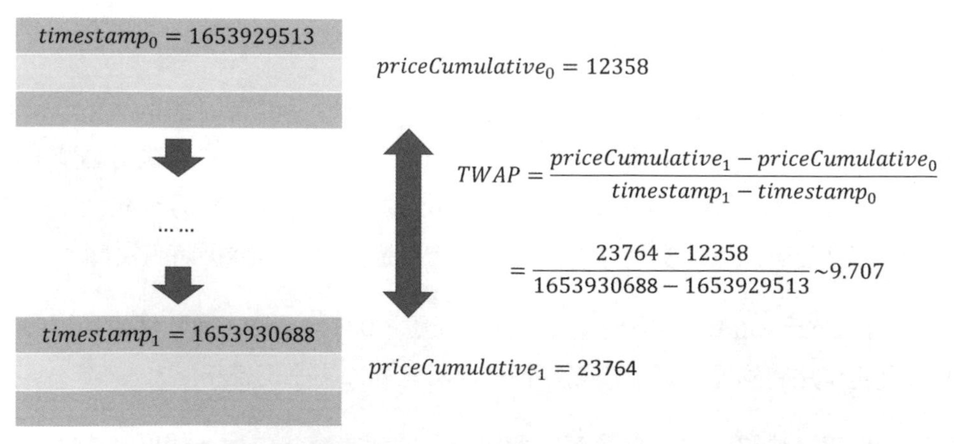


▲ 時間加權平均價格（Time-Weighted Average Price，TWAP）的計算方式

有了這些資料後，我們就可以來計算時間加權平均價格（Time-Weighted Average Price，TWAP），定義如下：

$$\text{TWAP} = \frac{priceCumulative_1 - priceCumulative_0}{timestamp_1 - timestamp_0}$$

透過時間加權平均價格就可以避免價格在短時間內因為遭到人為操縱而失真。此外 Uniswap V2 也增加了 ERC20/ERC20 的流動池與閃電貸功能。

Uniswap V3 則重視資金的利用率，傳統 AMM 機制的問題就是資金利用率低下，以穩定幣交易對 DAI-USDT 為例，多數的交易都在 1：1 附近發生，這導致了資金在大多數時候都處於閒置的狀態，Uniswap V3 改變了過去 X*Y=K 導致的資金利用率不足的問題。

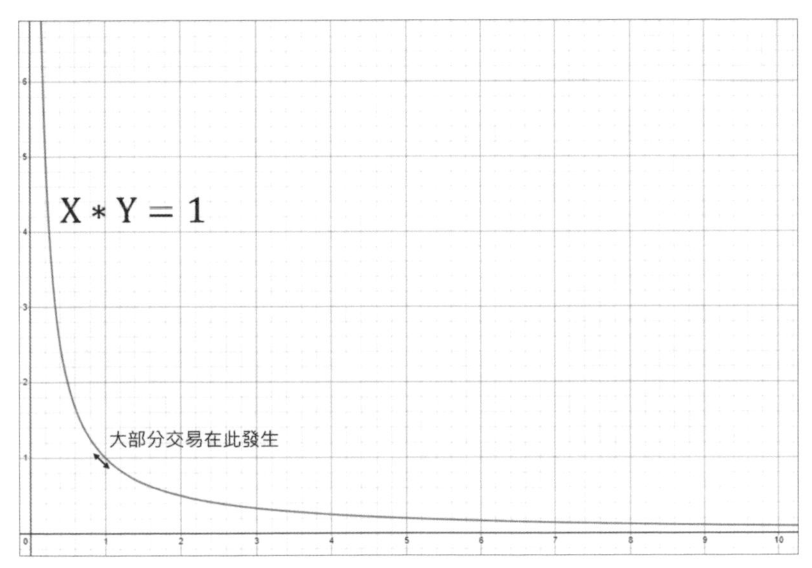


▲ 大部分穩定幣交易對的交易都在 1：1 附近發生

以先前提到過的公式為例：

$$\Delta \text{Y} = \frac{(\Delta \text{X*Y})}{(\text{X}+ \Delta \text{X})}$$

假設流動池內 X 代幣與 Y 代幣皆為穩定幣，且初始數目相同，帶入 ΔY=0.99ΔX，代表使用者只能接受 1% 的滑價，可以得到：

$$0.99\,\Delta Y = \frac{(\Delta X^{*}Y)}{(X+\Delta X)}$$

$$0.99\,\Delta X=0.01X$$

$$\Delta X\sim 0.0101X$$

也就是說當使用者只能接受 1% 的滑價，則每次兌幣都只能兌出流動池中約 0.5% 的資金（總資金量為 X+Y=2X，每次只能兌換 ΔX~0.0101X 的量），這導致 99.5% 的資金在多數情況下都是閒置的。

為了解決這個問題，Uniswap V3 開放讓使用者自己設定價格區間，這也是為什麼在加入 Uniswap V3 的流動池時，有最高兌換率、最低兌換率可以設定，不過設定後一旦價格超出該區間，則交易池內的幣會變成單一幣種。

若同樣以穩定幣交易對 DAI-USDT 為例，把區間設定在 [0.5,1.5] 時，X*Y=K 會變成：

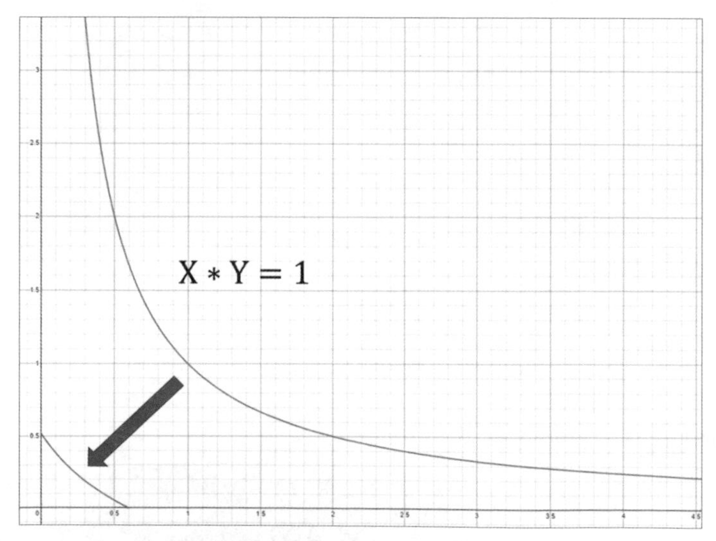


▲ 兌換匯率區間設定成 [0.5,1.5] 時的曲線變化

可以發現 X*Y=K 往內縮，並且整條曲線的斜率也差不多，代表兌換的匯率在該區間中大致為一個定值，但當 DAI 價格 < 0.5 USD，則流動池內的 USDT 便會枯竭只剩下 DAI，而當 DAI 價格 > 1.5 USD 時，流動性內的 DAI 便會枯竭只剩下 USDT。

同時 Uniswap V3 也提供三種交易池手續費：0.05%、0.3%、1% 可自行設定。

整體而言，Uniswap V1 確定了 AMM 機制的可行性；Uniswap V2 解決了價格容易被操縱的問題；Uniswap V3 則大幅增加了資金的利用率。

## Lido Finance

ETH 2.0 容許使用者在信標鏈上質押 32 顆 ETH 來參與，並從中獲取 Proof of Stake（PoS）的報酬，但對於一般人來說參與 PoS 仍遙不可及，原因有四點：

1. 32 顆 ETH 需要上百萬，甚至最高峰時將近五百萬台幣的資金
2. 需要有一台效能尚可的電腦（官方建議 i7 四代以上），並保持在連線狀態
3. 需自行架設並安裝節點，並驗證 ETH 2.0
4. 至 ETH 2.0 上線前，質押的 ETH 無法取回

因此一般人是無法參與 ETH 2.0 的質押的，所以才出現如幣安一樣的代質押服務，交付 ETH 給幣安，幣安返還 BETH 作為質押的憑證，好處是不再受到 32 顆 ETH 限制、不需要準備硬體、不需要具備相關知識、在 ETH 2.0 上線以前仍可以透過 BETH 流動性的方式出售。

相較於幣安是中心化的交易所，去中心化的代質押服務也應運而生，Lido 便是其中的佼佼者，其優點也同於上述所說的。以下圖為例，每次使用者匯款給 Lido 都會得到同等數目的 Lido Staked ETH（stETH），Lido 再把這些 ETH 收集起來送去質押，最後等 ETH 2.0 的信標鏈（Beacon chain）正式上線開放提領後便可以利用 stETH 贖回 ETH。

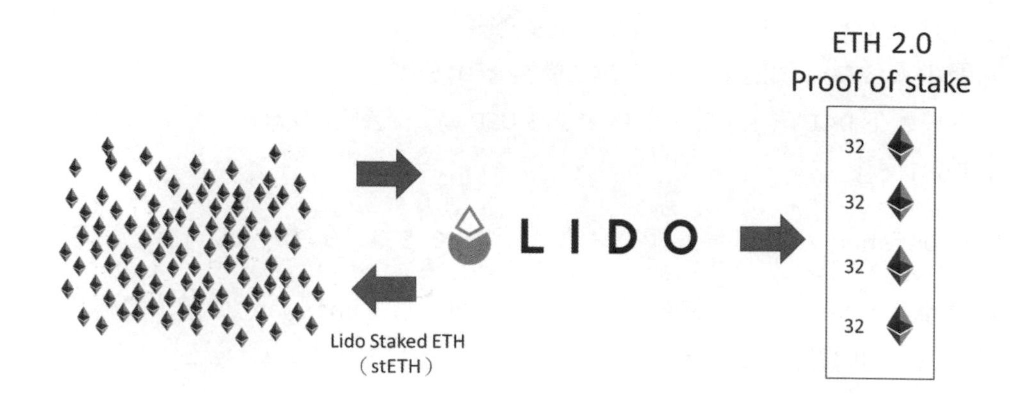


▲ 用戶可透過匯款給 Lido 的方式取得 stETH，Lido 再將收集來的資金湊成 32 顆進行質押

在 Lido 官網上（下圖）就可以看到 Lido 提供了不同幣種的質押服務，只要把這些幣匯給 Lido，Lido 就會幫你送去質押獲取收益。

▲ Lido 上的質押方案，截圖自 Lido 官網[14]

因質押的總利益大致相等，所以質押的利率則由網路上的總質押數目決定，以下圖為例當下在 Lido 上的質押利率約為 4%。

14 https://lido.fi/

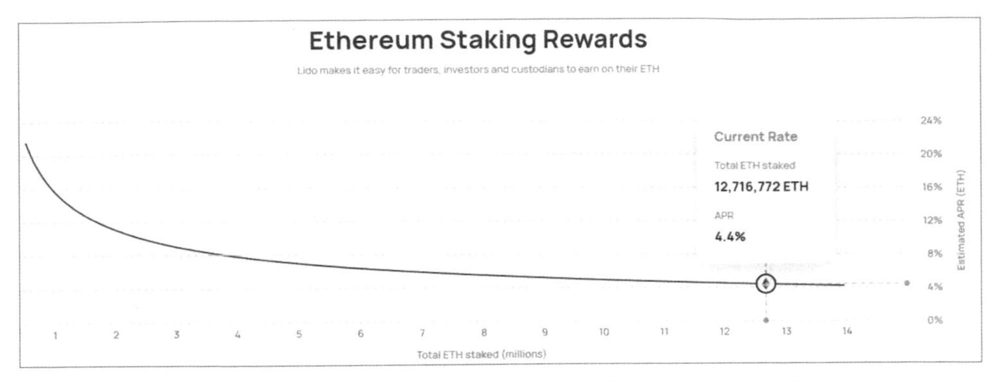


▲ ETH 的質押利率與質押數目有關，截圖自 Lido 官網[15]

但質押最麻煩的地方就是資金會被鎖定，在 ETH 2.0 上線前無法提領，對個人資金的利用是很大的困擾，無法應對生活上的急需，但既然都有 stETH，那建立一個 ETH-stETH 交易對的交易池就可以解決這個問題！因此 stETH 又可以在去中心化交易所中兌換回 ETH，除了賺取 PoS 的收益外，也保留了資金的靈活性。

▲ Uniswap 上 stETH 可以兌換回 ETH

目前 Lido 已經發行了約 350 萬枚 stETH，代表有同等數量的 ETH 透過 Lido 的服務在質押中，且使用者除了持續持有 stETH 等待到期贖回外，也可以利用

15 https://lido.fi/ethereum

手上的 stETH 提供更多操作，其中相關服務中流動性最強大的是 Curve，關於 Curve 的介紹稍後會再說明。

若想將利益最大化，典型的操作是：

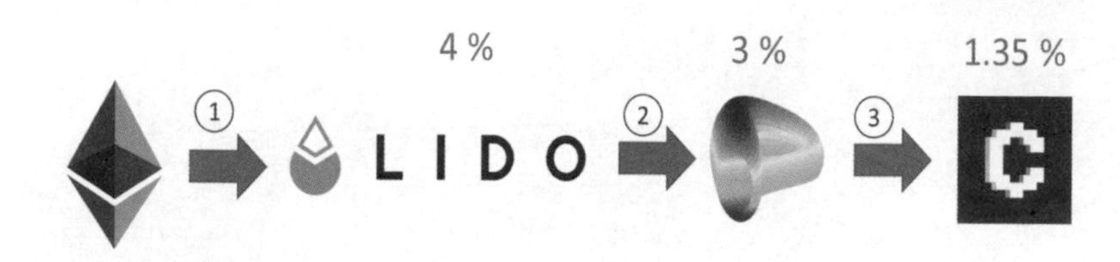


▲ 透過一連串質押來加大利率

1. 把 ETH 送至 Lido 換取 stETH，有約 4% 的年利率
2. 把 stETH 送至 Curve 交易池中的 ETH-stETH 交易對，得到 LP Token，並有約 3% 的年利率
3. 再把 LP Token 送到 Convex Finance 中，換取再多 1.35% 的年利率。

最後透過不斷地質押、提供流動性，至多可以獲得將近 10% 的年收益！

| Pool | Base vAPY ?<br>Rewards tAPR ? | Volume ▼ | TVL |
|---|---|---|---|
| tricrypto2 CRYPTO V2 [?]<br>USDT + wBTC + WETH | 1.46%<br>+3.95% →9.87% CRV | $45.6m | $390.8m |
| 3pool USD<br>DAI + USDC + USDT | -0.30%<br>+0.46% →1.15% CRV | $148.7m | $1.5b |
| sUSD USD<br>DAI + USDC + USDT + sUSD | 2.27%<br>+2.38% →5.95% CRV<br>+1.11% SNX | $28.1m | $98.3m |
| steth ETH<br>ETH + stETH | 3.00%<br>+0.57% →1.42% CRV<br>+1.40% LDO | $23.2m | $1.9b |
| sbtc BTC<br>renBTC + wBTC + sBTC | 2.66%<br>+0.05% →0.12% CRV | $18.5m | $53.3m |
| ibCHF/sCHF USD FACTORY<br>ibCHF + sCHF | 2.75%<br>+2.29% →5.73% CRV<br>+0.18% rKP3R | $8.3m | $16.9m |

▲ Curve[16] 上的交易池 ETH-stETH 有約 3% 的年利率

16 https://curve.fi/steth

| | | | | | |
|---|---|---|---|---|---|
| aave<br>aDAI+aUSDC+aUSDT | $0 | 2.31% (proj. 2.04%)<br>CRV boost: 2.5x | – a3Crv | $18.9m | |
| steth<br>ETH+stETH | $0 | 4.35% (proj. 5.97%)<br>CRV boost: 1.94x | – stethCrv | $1,546.5m | |
| saave<br>aDAI+aSUSD | $0 | 2.5% (proj. 2.73%)<br>CRV boost: 2.28x | – saCrv | $2.4m | |

▲ 在 Convex[17] 上存入 ETH-stETH 的 LP Token 共可得到 4.35% 的年利率（4.35% 包含 Curve 上的利率）

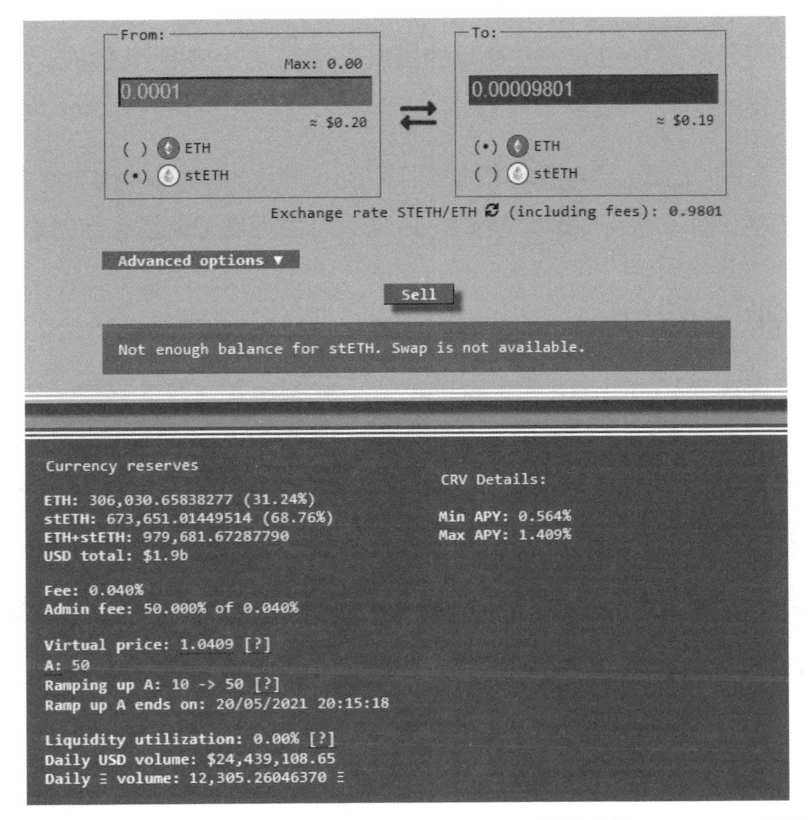


▲ Curve 交易池[18] 上 ETH-stETH 脫鉤，導致 1 stETH 僅能兌換 0.98 ETH，同時資金池中 stETH 占了近七成的資金

17 https://www.convexfinance.com/stake

18 https://curve.fi/steth

但在利率增大的同時，風險也在變大，以 ETH → Lido → Curve → Convex 的情境中，總共使用了三種不同服務，在提供流動性的同時也暴露了更大的風險，只要這三種服務其中一個被攻擊，就可能發生血本無歸的狀況，同時也因市場對於過度槓桿化的疑慮，在 2022 年 5 月間就出現了 stETH 對 ETH 的匯率產生 2%~3% 的脫鉤，如上圖。

stETH 本身是相較安全的，但在不斷質押的過程中也間接加大風險，比如說在 Aave 上抵押了一百多萬枚 stETH，當這些 stETH 做為抵押品借出其餘資金，一旦 ETH 下跌就可能導致這些槓桿的維持率不夠致使這批 stETH 遭到清算後跟 ETH 價格脫鉤。

另一個疑慮是，Lido 因為這項服務質押了 350 萬枚的 ETH，在 1200 多萬的總質押 ETH 中就佔了超過 30%，這讓 Lido 擁有了主導整個驗證網路的能力。

## Curve Finance

方才提過 AMM 機制對於穩定幣的交易相當不利，在大多數人只能接受不到 1% 的滑價下，會有 99.5% 的資金總是在閒置，因此 Curve Finance 主打低滑點的穩定幣交易，因此手續費極低（0.04%），使其在穩定幣兌換有極大優勢，同時也發行治理代幣 CRV 做為提供流動性的獎勵。

Curve 結合了兩種不同函式：

1. AMM 交易機制中的 $X * Y = constant$
2. 理想穩定幣交易對的 $X + Y = constant$

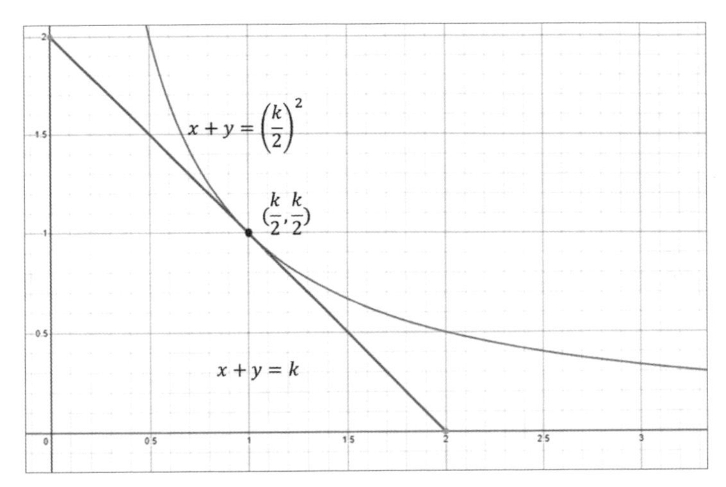


▲ 理想上的穩定幣交易對為 X+Y=constant，AMM 機制為 X*Y=constant，圖繪自 Desmos[19]

$x * y = \left(\frac{k}{2}\right)^2$ 的優點是可以確保資金池不被耗盡流動性，但缺點是滑價導致的資金利用率低落，$x + y = k$ 可以確保兌換率始終是一個定值，但是如果其中一種穩定幣的幣價產生脫鉤，就會導致流動性池中的其中一種幣迅速枯竭。

既然兩者都有其優缺點，簡單合併兩者的方式就是進行分別乘以一個係數 $\alpha$ 與 $\beta$ 再加權平均，且因為次方的不同 $x + y = k$，需另乘一個 $k$。

$$[x * y = \left(\frac{k}{2}\right)^2] \times \alpha \rightarrow \alpha(x \times y) = \alpha\left(\frac{k}{2}\right)^2$$

$$[x + y = k] \times (\beta \times k) \rightarrow \beta \times k(x + y) = \beta \times k^2$$

$$\alpha(x \times y) + \beta \times k(x + y) = \alpha\left(\frac{k}{2}\right)^2 + \beta \times k^2$$

透過調整 $\alpha$ 與 $\beta$ 的值就可以決定其偏向哪一種函式，實際上只有 $\alpha$ 與 $\beta$ 的比例會影響結果，所以如果把 $\alpha/\beta$ 寫成 $R$，並同除以 $R$：

19 https://www.desmos.com/calculator/fqbkqpeftf

$$\frac{\alpha}{\beta}(x \times y) + \frac{\beta}{\beta} \times k(x + y) = \frac{\alpha}{\beta}\left(\frac{k}{2}\right)^2 + \frac{\beta}{\beta} \times k^2$$

$$R(x \times y) + k(x + y) = R\left(\frac{k}{2}\right)^2 + k^2$$

也就是若希望匯率越穩定，$R$ 應該盡量接近 0，最後的曲線會越接近 $x + y = k$，但流動池此時容易枯竭，若希望流動池不易枯竭，則應把 $R$ 設定成越接近∞，最後的曲線就會越接近 $x * y = \left(\frac{k}{2}\right)^2$，使得流動性不易枯竭，但此時滑價也相對大，但只要 $R$ 不是∞，流動池就有枯竭的可能。

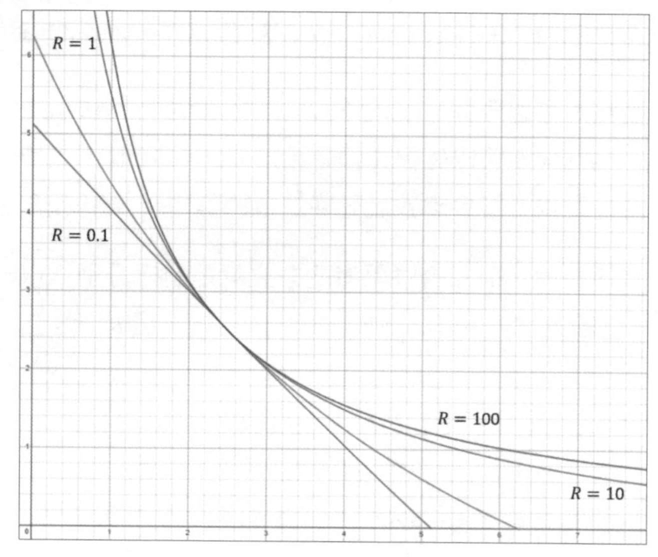


▲ R 的值決定最後曲線偏向哪一類型，圖繪自 Desmos[20]

所以我們希望 $R$ 能夠依照目前狀況自動調整，並且發現當兩種代幣偏離平衡點時，$xy$ 的乘積也會同步下降，故希望 $R$ 的值能夠在 $xy$ 下降的同時，越來越大，因此讓 $R$ 跟 $xy$ 透過參數 C 連動如下：

20 https://www.desmos.com/calculator/8jtquajuti

$$R = C \times \frac{\left(\frac{k}{2}\right)^2}{xy}$$

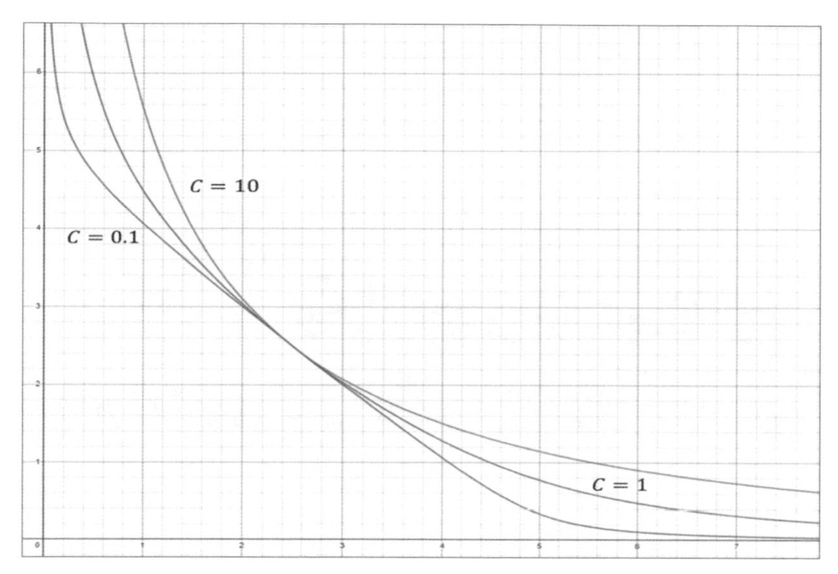


▲ 透過 C 的設定，可以讓 R 的值浮動並確保流動池永不枯竭，圖繪自 Desmos[21]

可以發現此時 C 的值越大，越接近 $x * y = \left(\frac{k}{2}\right)^2$，C 越小則越接近 $x + y = k$，同時這個方式也可以確保流動池內永不枯竭。實際上當幣的波動性越小，C 的值也會設定的越小，但若波動性越大，C 的值也會設定的越大。

```
ETH: 306,030.65838277 (31.24%)
stETH: 673,651.01449514 (68.76%)          Min APY: 0.564%
ETH+stETH: 979,681.67287790               Max APY: 1.409%
USD total: $1.9b

Fee: 0.040%
Admin fee: 50.000% of 0.040%

Virtual price: 1.0409 [?]
```

▲ stETH 占了流動池[22]內 68.76% 的資金，卻僅有 2~4% 的滑價

21 https://www.desmos.com/calculator/1fhkfoaq4s

22 https://curve.fi/steth

此外 Curve 上也有多幣對，也就是交易池中有超過兩種以上的代幣，此時 $x * y = k$ 就會變成：

$$\prod_i x_i = constant$$

同時 Curve 也有自己的治理代幣 CRV，但運行上跟其他治理代幣較為不同，需要將 CRV 代幣鎖倉才擁有投票與手續費分潤的權力，以官網上的說明為例：

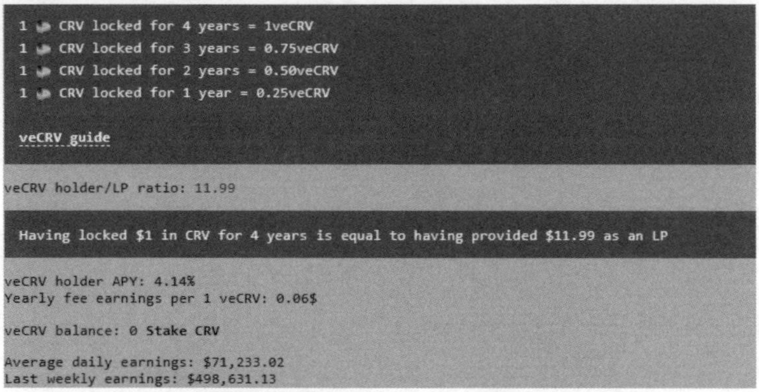

```
1 CRV locked for 4 years = 1veCRV
1 CRV locked for 3 years = 0.75veCRV
1 CRV locked for 2 years = 0.50veCRV
1 CRV locked for 1 year = 0.25veCRV

veCRV guide

veCRV holder/LP ratio: 11.99

Having locked $1 in CRV for 4 years is equal to having provided $11.99 as an LP

veCRV holder APY: 4.14%
Yearly fee earnings per 1 veCRV: 0.06$

veCRV balance: 0 Stake CRV

Average daily earnings: $71,233.02
Last weekly earnings: $498,631.13
```

▲ Curve 官網[23] 上對於 CRV 代幣的使用說明

每一枚 CRV 代幣鎖倉 1 年可以得到 1 veCRV，並獲得投票與分配手續費的權利，例如：

- 鎖倉 1 CRV 4 年 = 1 veCRV
- 鎖倉 1 CRV 3 年 = 0.75 veCRV
- 鎖倉 1 CRV 2 年 = 0.5 veCRV
- 鎖倉 1 CRV 1 年 = 0.25 veCRV

分潤方面，每價值 1 USD 的 CRV 鎖倉四年就可以得到相當於提供 11.99 USD 流動性所得到的手續費分潤，另外也可以看到平均每天 Curve 可以賺進超過 200 萬台幣的手續費收入，有時甚至可以達到每天 500 萬台幣以上。

23 https://curve.fi/usecrv

## Convex Finance

在 Curve 上質押、提供流動性可以取得 LP Token，並藉此得到治理代幣 CRV 的獎勵，Convex Finance 便是利用這點依附在 Curve 下，若把 Curve 或在 Curve 中提供流動性得到的 LP Token 放置在 Convex 上便可以獲取額外收益。

一般在 Curve 上質押 CRV 後可以得到 veCRV，並同時取得投票的權利，而若把 Curve 轉到 Convex 中換成 cvxCRV（Convex 上的 CRV 代幣），可以同樣獲得 CRV 代幣在 Curve 上的所有利潤，且不須鎖倉就可以額外獲得 CVX 代幣（Convex 的治理代幣）。

以下圖為例，在 Convex 中質押 Curve 後，平均可以得到：

- CRV 收益 11.86%
- CVX 收益 8.42%
- 3crv 收益 5.65%

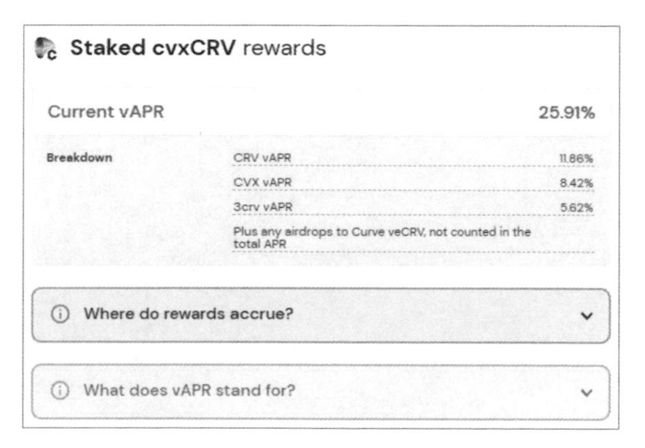


▲ cvxCRV 的收益，截圖自 Convex[24]

Convex 的收入來源同樣是 Convex Finance 上的流動性提供者與交易者的手續費，除此之外因 Convex 取得大多數的 veCRV，這使 Convex 已經對 Curve

24 https://www.convexfinance.com/stake

上的治理項目投票有極大的影響力。也因為這巨大的影響力，讓其可以在另外的 Voltium 協議上出售治理權（其實就是賣票），並取得額外收益。

但一旦在 Convex 中把 CRV 換成 cvxCRV，就無法轉回，中間過程是不可逆的，要轉回原本的 CRV 只能到 Curve 上 cvxCRV-CRV 的流動池進行轉換。

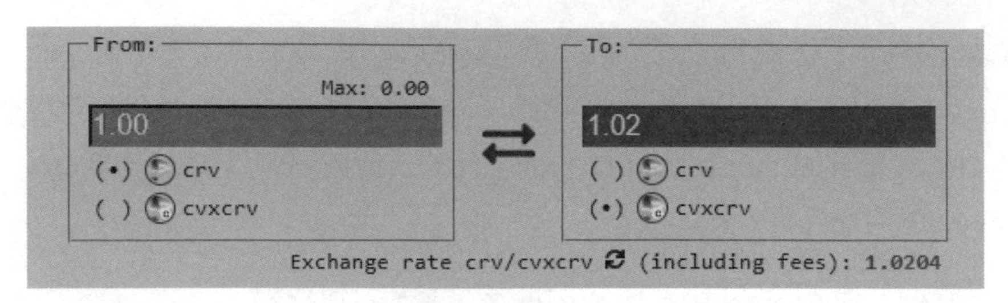


▲ Curve 上的 cvxCRV-CRV 的交易池[25]

至於剛剛在 Lido Finance 中提過可以把 stETH 放入 Curve 取得 LP Token，再把 LP Token 置入 Convex，在 Convex 中獲取額外的收益。

**steth** pool rewards

| Current vAPR | | 5.66% |
| --- | --- | --- |
| Breakdown | Base Curve vAPR | 2.99% |
| | CRV vAPR (incl 1.94x boost) | 0.76% |
| | CVX vAPR | 0.54% |
| | Additional rewards vAPR | LDO 1.35% |

| Projected vAPR | | 5.96% |
| --- | --- | --- |
| Breakdown | Base Curve vAPR | 2.99% |
| | CRV vAPR (incl 1.94x boost) | 0.91% |
| | CVX vAPR | 0.65% |
| | Additional rewards vAPR | LDO 1.39% |

▲ Convex[26] 中對於質押 stETH-ETH 的 LP Token 說明

25 https://curve.fi/factory/22

26 https://www.convexfinance.com/stake

上圖則是將 LP Token 置入 Convex 後總共可以獲得的收益，其中 vAPR 代表 Variable Annual Percentage Rate，亦即上述的年利率會隨交易情形浮動並不固定，其中的收益分別代表：

- Base Curve vAPR：從 Curve 的 stETH-ETH 交易池中取得的收益，可以從 Curve 中提領而非 Convex，這部分的多寡與 Convex 無關，而跟 Curve 的交易狀況有關
- CRV vAPR：額外獲得的 CRV 收益
- CVX vAPR：額外獲得的 CVX 收益
- LDO：Lido 的平台幣獎勵

同時根據 Convex，所有在 Convex 上產生的收續費會有 17% 用以下規則分配：

- 10% 分配給 cvxCRV 的質押者（stakers）
- 5% 分配給 CVX 的質押者（stakers）與鎖倉者（lockers）
- 1% 額外分給鎖倉者（lockers）
- 1% 分給協助平台更新資料的收穫者（harvesters）

## 8-5 算法穩定幣 Luna 的四百億美金帝國

因為美金在區塊鏈上無法直接交易的特性，因此誕生了價值錨定—美金的「穩定幣」，用來作為交易、計價的單位，而穩定幣又可以分成兩個類型：

- 抵押穩定幣：持有美金、公債、資產做為保證
- 算法穩定幣：利用演算法來維持價格在 1 美金上下

常見的抵押穩定幣為 USDT、USDC、BUSD 等，雖然 USDT 作為其中的老大哥曾多次被質疑，但最後在 2021 年開始 USDT 的發行商 Tether 開始定期發布審計報告，透漏了其儲備金的來源主要是由現金、現金的等價物、短期存款等

構成，其中現金等價物由美國國債、銀行存款、貨幣基金構成，同時為了避免波動也逐步降低商業票據佔的比例並增加美國國債，也就是說我們用來購入 USDT 的資金會有一部分被 Tether 轉投資到低波動性的資產，同時這些資產尤其是美國國債擁有強大的流動性，可以在需要時迅速轉為現金。

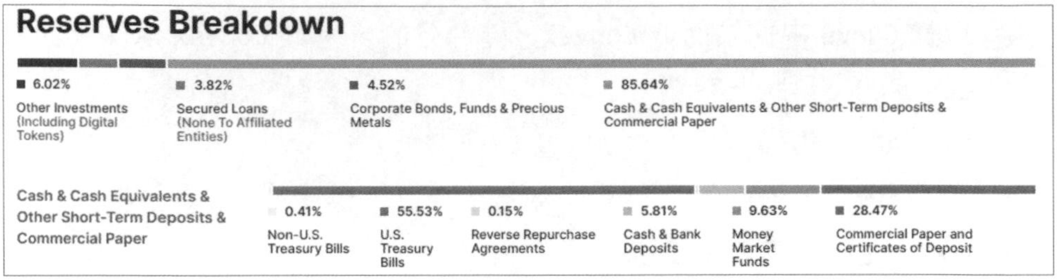

Reserves Breakdown

6.02%
Other Investments (Including Digital Tokens)
3.82%
Secured Loans (None To Affiliated Entities)
4.52%
Corporate Bonds, Funds & Precious Metals
85.64%
Cash & Cash Equivalents & Other Short-Term Deposits & Commercial Paper

Cash & Cash Equivalents & Other Short-Term Deposits & Commercial Paper
0.41%
Non-U.S. Treasury Bills
55.53%
U.S. Treasury Bills
0.15%
Reverse Repurchase Agreements
5.81%
Cash & Bank Deposits
9.63%
Money Market Funds
28.47%
Commercial Paper and Certificates of Deposit

▲ Tether 的 USDT 儲備，截圖自 Tether 官網

而算法穩定幣並非如此，它是由演算法來維持代幣在一美金的上下，在了解 UST 之前，必須先知道 UST 是怎麼來的。

## Terra 與 UST 的建立

Do Kwon 基於 Cosmos SDK 開發出 Terra，其中 Cosmos 標榜的是可以自行在主鏈外架設支鏈，如此一來便可以解決跨鏈的問題，並且每一種服務都可以架設在各自的支鏈上同時運行並且有自己的參數，而 Terra 就是架設在 Cosmos 上的一條支鏈，目標是為金融服務作為支撐。

Terra 的創辦人 Do Kwon 發言風格相當辛辣，有人指出 UST 的機制在恐慌時會發生崩盤時直接回應「我不在 Twitter 上和窮人辯論，很抱歉我現在身上沒有零錢給她。」，或是回嗆批評者「你可以記住他們現在都很窮，然後去跑步。」，也因此 Do Kwon 在 Twitter 上有近一百萬的追隨者。

其中負責維護 Terra 區塊鏈生態系的非營利組織是 Luna Foundation Guard（LFG），Terraform Labs 則是登記為營利公司替 Terra 進行開發，分別在韓國與新加坡登記。雖然分成不同組織但基本上可以看作是同一個團隊。

Terra 區塊鏈發行了 Luna 代幣作為治理代幣，擁有 Luna 便擁有 Terra 上項目的投票權利，並且在 Terra 上另外發行了 UST 算法穩定幣。UST 維持價值的機制是這樣的：

- 每鑄造 1 UST 時，便燒毀 1 USD 價值的 Luna，相當於用當下的價格購入價值一美金的 Luna。
- 每銷毀 1 UST 時，便製造 1 USD 價值的 Luna，相當於用當下的價格賣出價值一美金的 Luna。

當 UST 的價格產生波動，便會吸引套利者進場賺取價差，如果現在 UST 的價格僅 0.7 美元，就會吸引套利者進場把 1 UST 兌換成價值 1 美元的 Luna 並出售 Luna 獲取利益。反之如果 UST 的價格為 1.2 美元，就會吸引套利者進場銷毀 1 美元的 Luna 並轉成 1 UST 後出售，如此便可以弭平 UST 與美金的價差。

## 瘋狂的資金潮

但另一個問題是：在生態系不完全的狀況下，用戶沒有誘因購買 UST。為了解決這問題，LFG 在 Terra 上發布 Anchor Protocol[27] 提供了高達 20% 的年利率，也就是說只要你購入 UST 並放入 Anchor Protocol，便可以賺取高達 20% 的利息！

「穩定幣 20% 的利息」相較於傳統銀行至多 1%、2% 的利率席捲了許多使用者，網路上也出現了許多教學教你如何購入 UST 再放入 Anchor Protocol 賺取 20% 的利息。這些後來的買家多半都不知道 UST 是如何與美元錨定，那 20% 的利息又是從何而來。

27 https://www.anchorprotocol.com/

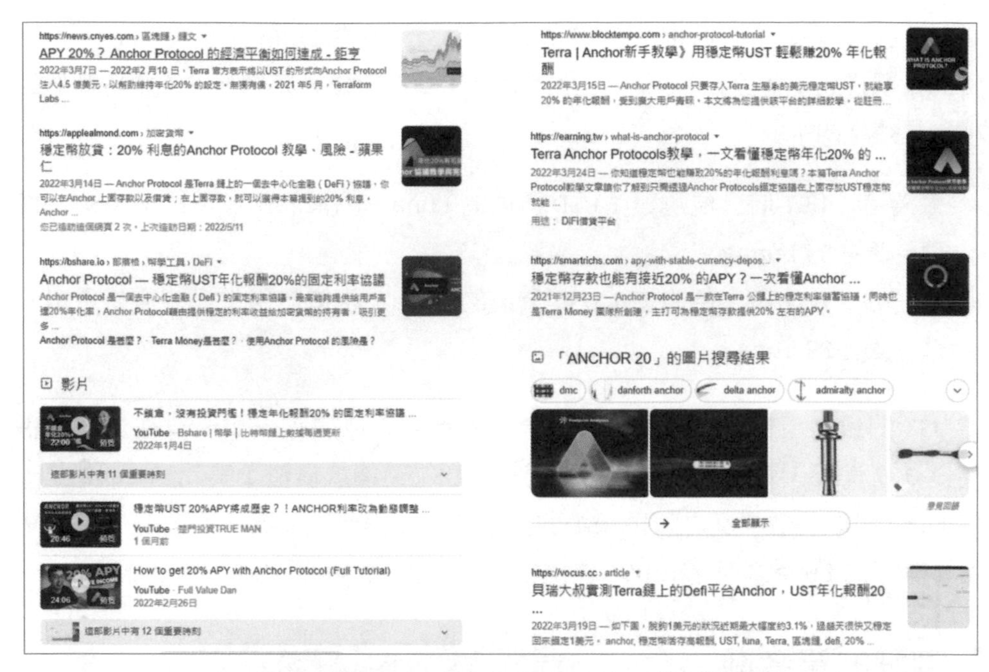


▲ 網路上滿滿 UST 與 Anchor Protocol 的教學文章

在眾多人追求 20% 高利定存的氛圍下，UST 的發行量一年內增加了超過十倍，從十億美金一路攀升到近兩百億美金。

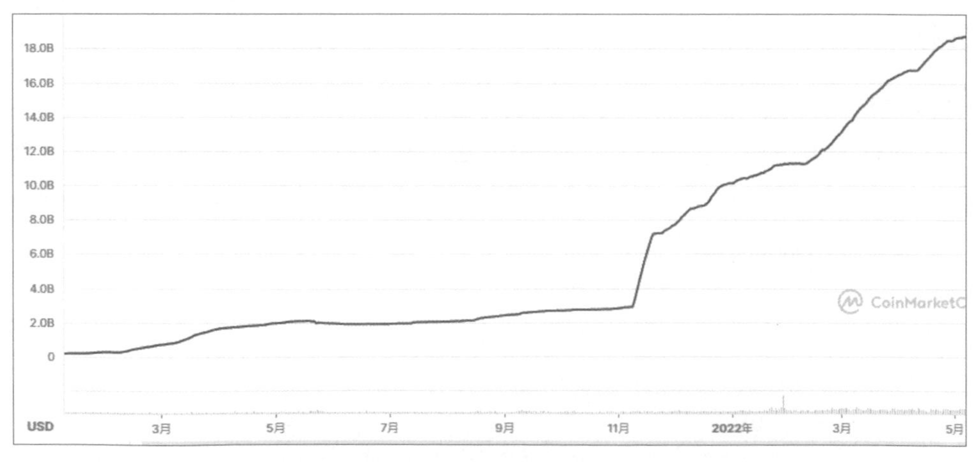


▲ UST 的發行量從十億美金攀升到近兩百億美金，截圖自 CoinMarketCap

如先前提到的，購入 UST 的資金相當於燒毀對應價值的 Luna，UST 高峰時發行了 180 億美金，就相當於有 180 億美金的買盤在過去購入 Luna，這也讓 Luna 的價格一路從 5 美金在一年內飆漲到 100 美金。

▲ Luna 的價格從 2021 年 5 月的 5 美金內飆漲到 2021 年四月的 100 美金

看起來很完美的機制導致 Luna 在全盛時期市值約 400 億美金，相對應 UST 約 100 多億美金的市值應該是足夠應付，但 UST 的問題究竟在哪？

## 死亡螺旋

根據先前提到的 UST 鑄造機制，UST 是利用 Luna 作為儲備，只要沒有人願意接盤 Luna，UST 就沒有價值。再來看下面兩個不同狀況：

- 在 Luna = 100 USD 時鑄造 100 UST → 燒毀 1 Luna
- 在 Luna = 50 USD 時燒毀 100 UST → 製造 2 Luna

也就是說一來一往憑空多出了 1 Luna，只要價格持續崩落，就會有更多 Luna 被產出，對於 Terra 生態系的信心就會持續下降，而只要 UST 跟 Luna 的價格同時崩盤，那就會有海量的 Luna 進入市場，比如：

- 在 Luna = 100 USD 時鑄造 100 UST → 燒毀 1 Luna
- 在 Luna = 1 USD 時燒毀 100 UST → 製造 100 Luna

憑空多出了 99 Luna，也就是說 Luna 的價格一但崩落，通貨膨脹就會像惡性循環一樣摧毀整個系統：

拋售 UST 導致 1 UST < 1 USD

↓

燒毀 UST 換取便宜的 Luna

↓

Luna 下跌，更多 Luna 進入市場

↓

恐慌拋售 UST 導致 1 UST < 1 USD

↓

燒毀 UST 換取便宜的 Luna

↓

Luna 下跌

…

…

Luna 市值 < UST 市值

↓

崩盤

其中所謂的 Luna 市值 < UST 市值其實只是反映出使用者的信心，更何況市值不等於價值，Luna 最高峰的 400 億美金市值是虛胖的，實際上 Luna 根本套現不出這麼多的美金給使用者兌換。UST 全盛時市值 175 億美金，相對的，LFG 在高峰時卻僅擁有 30 億美金的儲備。

但 UST 最多發行了 180 億枚，代表至少有 180 億美金的資金流入整個生態系，但最後 LFG 卻只剩 30 億美金的儲備，其他錢大部分去哪了？

答案是：流去一開始有 Luna 的發行方，也因此 Terra 被一些人認為是泡沫或龐氏騙局。了解這點後就會知道有些消息看起來格外諷刺，例如：

「Terra 的開發公司 Terraform Labs（TFL）今日向 Terra 生態發展組織 Luna Foundation Guard（LFG）捐贈了額外的 1000 萬枚 LUNA，價值約為 8.875 億美元。」

這些 Luna 本質上就是憑空產出的空氣幣，而 LFG、TFL 背後也是同一個團隊在經營，所謂的大方捐贈不過是把空氣從左手換到右手。

在 2022 年的 5 月 8 日，UST 正式被狙擊，起初 LFG 為了組建新的 4Crv 池，從 UST-3Crv 池撤走 1.5 億美元的資金，這導致流動性大減，於是開始有人大量在交易所傾倒 UST，使的 UST 脫勾不再等值於 1 美元，這時候 1 UST 約價值 0.95 美元。而脫鉤的價格引發了恐慌與擠兌，也因為調節機制造成 Luna 更大的賣壓。

龐大的賣壓導致 Luna 在短短三天內迅速從 100 USD 跌到 0.0001 USD，同時 Luna 迅速崩盤進一步導致更多 Luna 進入市場陷入死亡螺旋，原本號稱錨定一美元的穩定幣瞬間崩到不值 0.1 美元。

Luna 與 UST 崩盤後，美國的 Reddit 論壇上充滿了絕望、勸世文。就論壇上的消息，真的有人為了 20% 利息壓身家下去，像是拿房屋貸款去 Anchor 領利差結果現在還不出錢準備睡公園、拿結婚基金去放貸結果現在老婆跑了、拿小孩的教育基金去玩結果把小孩的未來玩掉。

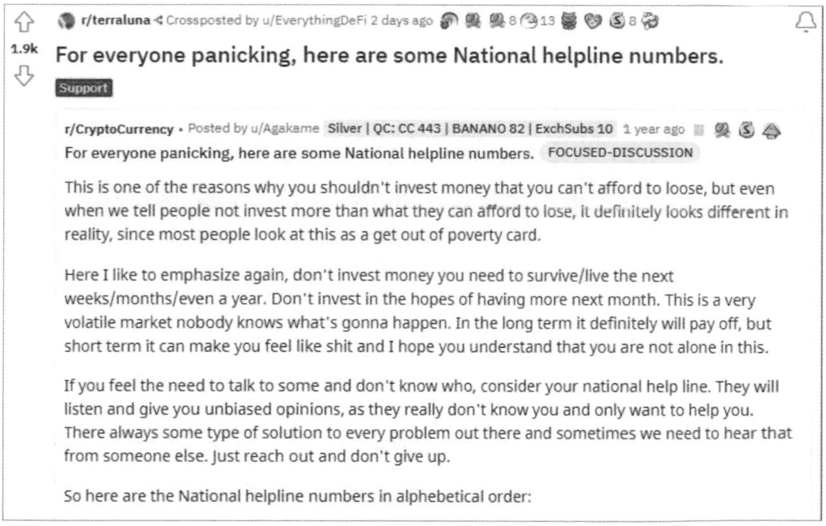
r/terraluna Crossposted by u/EverythingDeFi 2 days ago 8 13 8

1.9k

For everyone panicking, here are some National helpline numbers.

Support

r/CryptoCurrency • Posted by u/Agakame Silver | QC: CC 443 | BANANO 82 | ExchSubs 10 1 year ago

For everyone panicking, here are some National helpline numbers. FOCUSED-DISCUSSION

This is one of the reasons why you shouldn't invest money that you can't afford to loose, but even when we tell people not invest more than what they can afford to lose, it definitely looks different in reality, since most people look at this as a get out of poverty card.

Here I like to emphasize again, don't invest money you need to survive/live the next weeks/months/even a year. Don't invest in the hopes of having more next month. This is a very volatile market nobody knows what's gonna happen. In the long term it definitely will pay off, but short term it can make you feel like shit and I hope you understand that you are not alone in this.

If you feel the need to talk to some and don't know who, consider your national help line. They will listen and give you unbiased opinions, as they really don't know you and only want to help you. There always some type of solution to every problem out there and sometimes we need to hear that from someone else. Just reach out and don't give up.

So here are the National helpline numbers in alphebetical order:

▲ 崩盤後美國 Reddit 論壇上的勸世文

我不認為這些人笨或是活該，基本上看這些發文者就可以知道會梭身家下去投機的幾乎都是本來就沒有選擇的人，也就是這些人的財務原本就比較脆弱才會選擇投機。畢竟每年能穩穩收租過活誰還跟你貸款梭哈？說穿了算法穩定幣就是「不足額抵押」，而為什麼項目方會選擇「不足額抵押」？還不就是因為拿不出「足額抵押」的擔保品就想印鈔空手套白狼。

另一個問題是，算法穩定幣真的能夠存在嗎？

如果你讀過貨幣銀行學，那麼就會知道算法穩定幣跟永動機本質上是一樣的。

Chapter 09

# 踏入虛擬貨幣

## 9-1 相關媒體

### 區塊客

「區塊客」於 2017 年 4 月成立，是全球首個繁體中文的區塊鏈資訊平台，同時是台灣歷史最悠久的區塊鏈媒體之一，其創辦宗旨是希望透過廣泛整理全球的區塊鏈資訊，來增進中文閱聽眾及投資人對區塊鏈的了解。

區塊客積極從世界各地的資訊管道蒐羅各式題材並傳遞回台灣。目前網站上的文章分成：新聞消息、專欄、名人觀點、MICA 市場分析、應用介紹 、資料百科及區塊鏈趣聞等。除傳遞第一手消息，區塊客還致力透過線下主題／趨勢論壇活動，為開發者、投資者、愛好者構築橋樑。

▲ 區塊客的網址：https://blockcast.it/

## 區塊勢

區塊勢是目前區塊鏈媒體中唯一的訂閱制媒體，目前訂閱費用為美金 80 元 / 年 8 美金 / 月，除了定期發布會員限定文章外也會不定期舉辦線下活動，區塊勢的創辦人與唯一作者是台大電子所畢業的許明恩，曾獲 Medium 評選為比特幣頂尖作者（top writer in Bitcoin），為獲選的唯一華文作者。

許明恩在 2017 年騰出空間讓朋友（那個朋友就是我）借放以太幣（ETH）礦機，並開始對加密貨幣背後的區塊鏈機制產生好奇，藉由閱讀大量技術文件和白皮書後，轉而迷上研究區塊鏈到底能夠解決現實生活中什麼問題。

區塊勢標榜所有內容都由許明恩全職製作，不接受任何付費委託，且標榜是一份「說人話的區塊鏈電子報」，強調透過寫作把知識與技術轉換成一般人都能懂的語文。同時也不接受任何要求寫出特定的論點、喜好或是推薦，且不刊登置入性行銷（業配文）、不在內容中暗藏廣告。

目前區塊勢除了每周兩次出刊外，每周也會更新一次 Podcast。

區塊勢的網址為：https://blocktrend.substack.com/

## 9-2 購置虛擬貨幣

若要入手虛擬貨幣的話，可以先區分「代購商」、「交易所」兩個不同概念。代購商就相當於販賣虛擬貨幣的零售商，你可以直接向他們購買虛擬貨幣，但因為虛擬貨幣的特性讓 KYC 比一般商家來的嚴謹。

所謂的 KYC 就是 Know Your Customer 的縮寫，為了避免虛擬貨幣被用於洗錢或是非法用途，政府跟主管機關都會強制要求代購商對買家的身分進行認證，以防之後若要追蹤金錢流向時，才能夠有所依循。也因此千萬不要把自己在代購商的錢包租借給他人，這種行為就相當於擔任詐騙集團的人頭帳戶，一旦吃上官司等同於共犯。

而交易所就相當於一個交易平台，你並不是跟平台購買，而是平台幫忙做買賣方的搓合，所以在大多數情形下，交易所得到的價格會比較好，但因需要等待成交，過程較為麻煩、時間也會拉得較長。

另外有一點需要特別注意：

不要使用來路不明的交易所。

目前中心化交易所已經有開源的程式碼，也就是開設交易所的成本非常低廉，同時也因為這些交易所是透過集中管理你的虛擬貨幣，在儲值方面更是匯入交易所的錢包進行儲值，也就是交易所隨時可以提領跟使用你的虛擬貨幣。一旦交易所以超高額的反傭或報酬吸引你入金，它隨時可以捲款而逃。也因此強烈建議使用老牌交易所，台灣的交易所目前出過狀況的就有比特之星、幣寶、Cobinhood，一旦交易所出狀況，往往只能自認倒楣。

至於要怎麼選擇交易所？可以上網搜尋 coingecko 這個網站，裏頭有每個交易所的列表與可信度 (Trust Score)，沒有在上頭的交易所請盡量避免！

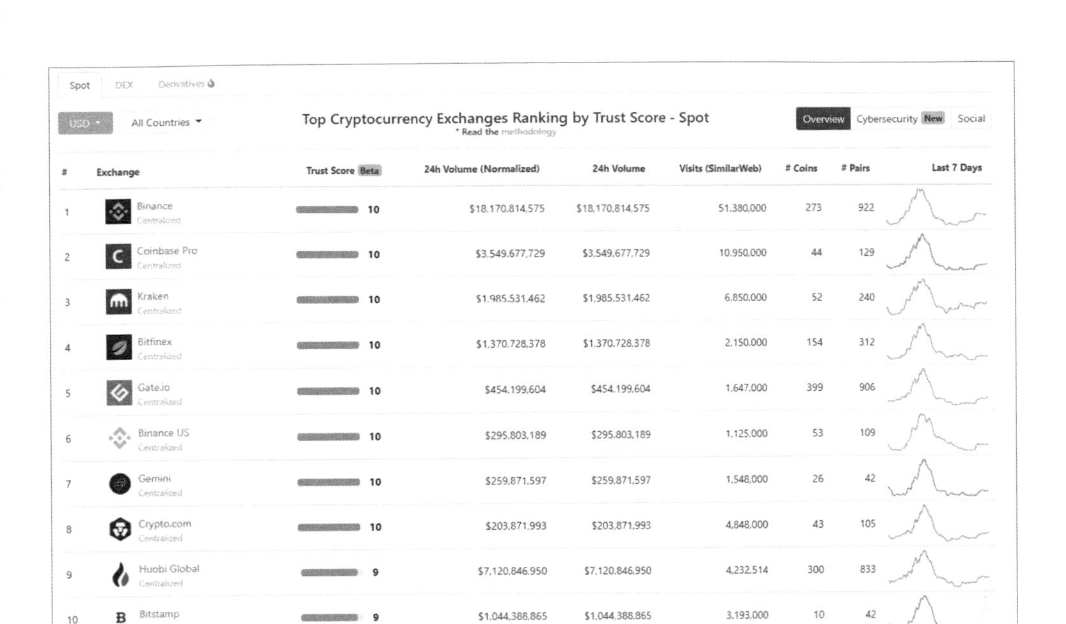
Spot DEX Derivatives

USD All Countries

Top Cryptocurrency Exchanges Ranking by Trust Score - Spot

* Read the methodology

Overview Cybersecurity New Social

| # | Exchange | Trust Score Beta | 24h Volume (Normalized) | 24h Volume | Visits (SimilarWeb) | # Coins | # Pairs | Last 7 Days |
|---|---|---|---|---|---|---|---|---|
| 1 | Binance Centralized | 10 | $18,170,814,575 | $18,170,814,575 | 51,380,000 | 273 | 922 | |
| 2 | Coinbase Pro Centralized | 10 | $3,549,677,729 | $3,549,677,729 | 10,950,000 | 44 | 129 | |
| 3 | Kraken Centralized | 10 | $1,985,531,462 | $1,985,531,462 | 6,850,000 | 52 | 240 | |
| 4 | Bitfinex Centralized | 10 | $1,370,728,378 | $1,370,728,378 | 2,150,000 | 154 | 312 | |
| 5 | Gate.io Centralized | 10 | $454,199,604 | $454,199,604 | 1,647,000 | 399 | 906 | |
| 6 | Binance US Centralized | 10 | $295,803,189 | $295,803,189 | 1,125,000 | 53 | 109 | |
| 7 | Gemini Centralized | 10 | $259,871,597 | $259,871,597 | 1,548,000 | 26 | 42 | |
| 8 | Crypto.com Centralized | 10 | $203,871,993 | $203,871,993 | 4,848,000 | 43 | 105 | |
| 9 | Huobi Global Centralized | 9 | $7,120,846,950 | $7,120,846,950 | 4,232,514 | 300 | 833 | |
| 10 | Bitstamp Centralized | 9 | $1,044,388,865 | $1,044,388,865 | 3,193,000 | 10 | 42 | |

▲ 圖片擷取自：coingecko[1]

## 代購商

台灣的最大兩個虛擬貨幣的代購商就是 Maicoin 與 Bitoex，這兩家都是在 2014 年左右一路經營至今，是相對可以信任的平台。在過往這兩個平台的買賣價差都會差到 10% 上下，但因近年交易所蓬勃發展，入金方式多元，買賣價差都已經縮小到 1% 左右，同時，在代購商購買的話，是可以得到購買金額 1% 的發票。所以筆者是建議，如果金額不大的話，那麼直接透過這兩個平台做購買就可以了！

這兩個平台的使用方式跟定位類似，你可以用固定的價格購入虛擬貨幣，不需要擔心交易所會滑價的問題，但因虛擬貨幣的波動劇烈，下單後十分鐘內必須完成匯款，否則該價格就會失效。

1 https://www.coingecko.com/zh-tw

為了防制洗錢，這兩家代購商都需要綁定特定銀行帳戶，在入金時也只能透過該帳戶匯款，目前這兩家也都支援從全家便利商店直接繳費的功能。

Maicoin：https://www.maicoin.com/

Maicoin 實際使用畫面如下，目前可以交易的幣種有 PAXG、COMP、LINK、Dai、BTC、USDT、USDC、ETH、LTC。

並且 Maicoin 也有提供類似短期定存領利息的功能「收滿益」，年利率約落在 8.5%。

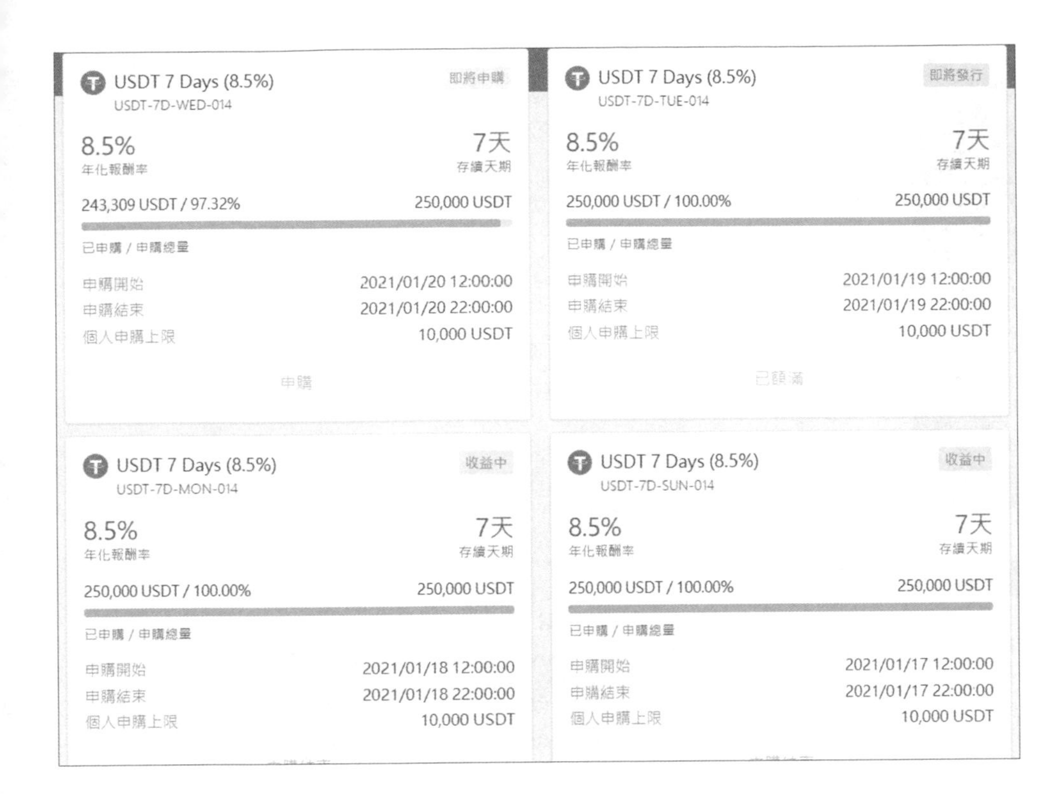


Bitoex：https://www.bitoex.com/

Bitoex 實際使用畫面如下，可以交易的幣種有 BTC、ETH、USDT、BCH。

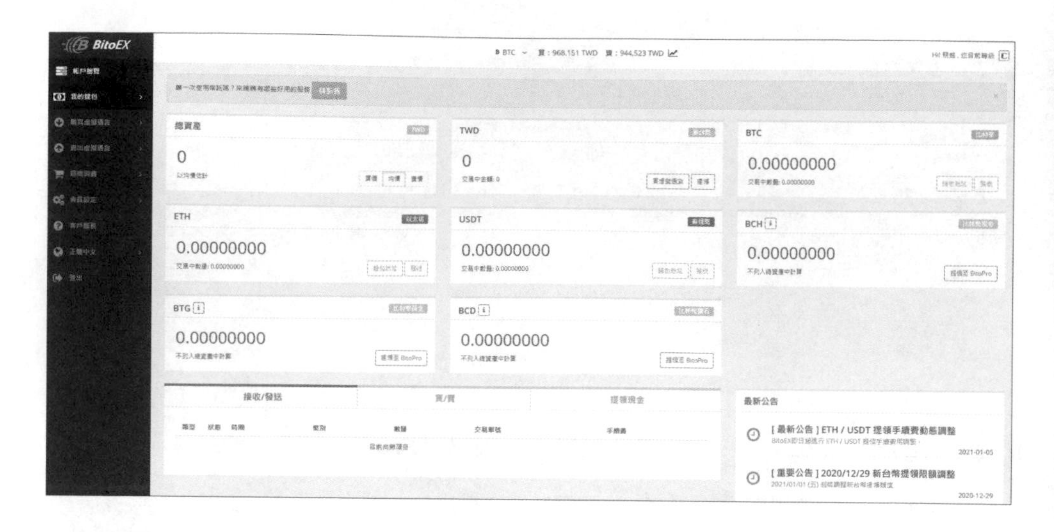


## 國內交易所

Maicoin 跟 Bitoex 都是以代購商起家，在 2017 年的虛擬貨幣熱潮來臨之後，也分別開設了 Max 與 Bitopro 交易所，並且在後續也分別進行了 ICO，差異在於 Bitopro 的 ICO：Bito 有進行公開募資，而 Max 則無進行公開募資。

這些交易所的好處是能夠直接以台幣進行交易、設立地點與負責人都在國內，在使用上也相對安全，若是遭駭客入侵或是盜用，也能夠配合台灣警方的調查。筆者有朋友的帳號被盜用而導致虛擬貨幣全數被轉走，但因事發交易所設立在國外導致後續追查不易，所以國內交易所在使用上會比國外交易所安全。

但是國內交易所最大的缺點就是掛單深度不足，因為使用者僅限於國內，導致用戶數目較少、市場深度不足，在這種情形下是不適合單次進行大量買賣的。

但是，前 Bito母公司負責人林書維曾在臉書上表示：「幣託過去幾年被 OOO 個人數次「投資操作不當」而虧空了好幾千顆比特幣，他隨便手殘搞一次虧損都比駭客駭一次進來還多。我太太和我本人一個是幣託母公司負責人，一個是台灣分公司負責人，任何人都可以想像我們有多麼提心吊膽。」

實際上幣托的財務狀況如何並不被外界知道，因為這類公司的財務報表不需要直接接露手上還持有多少，因此使用時請格外小心。

Max 交易所：https://max.maicoin.com/

Max 交易所實際執行畫面：

Bitopro 交易所：https://bito.bitopro.com/

Bitopro 交易所實際執行畫面：

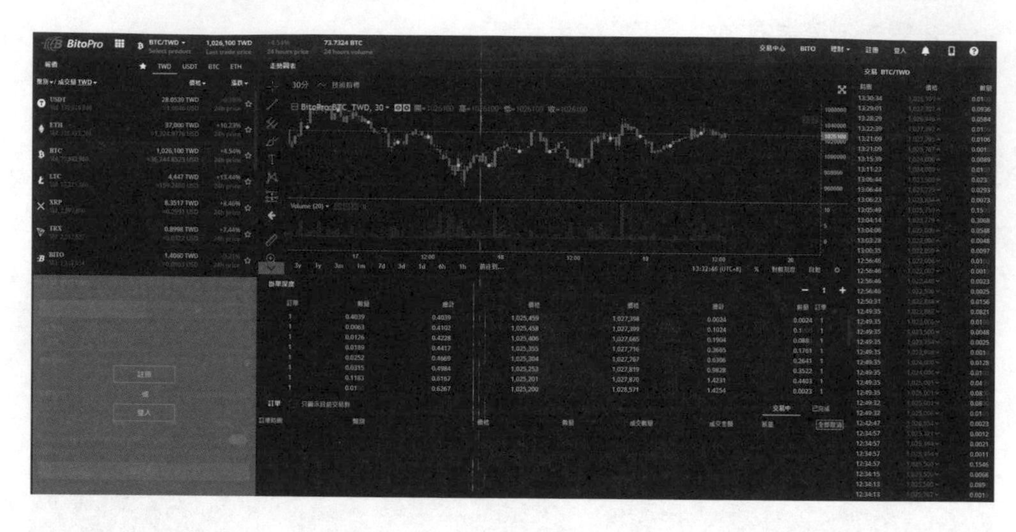

## 國外交易所

國外交易所筆者只推薦目前較大、可信、使用上較方便的兩家：Binance(幣安)與 Bitfinex。在選擇國外交易所時同樣的請只考慮前幾大的交易所，但規模大並不代表絕對安全，下面會介紹的 Binance 與 Bitfinex 其實都曾經出現過被攻擊成功的例子，但大型交易所擁有較好的風險承擔能力，也較不會出現經營團隊監守自盜的狀況，以 Binance 跟 Bitfinex 為例，這兩家交易所在遭受攻擊後並沒有直接倒閉，而是採取以自身營收來補償使用者損失的方式解決。

Binance 是目前世界最大的虛擬貨幣交易所(沒有之一)，Binance 在剛面世的時候之所以能夠迅速打敗其他眾多老字號交易所有兩大原因：給推廣人手續費返傭造成大批病毒式宣傳、勇於上架交易量還不多的非主流幣。

在交易所剛上線時 Binance 也同時進行了 ICO — BNB，持有 BNB 能夠享有部分的手續費折抵或是不定期的空投，憑藉著交易所世界第一的交易量作為後盾，BNB 目前也穩居世值前 20 大的虛擬貨幣。Binance 實際使用畫面如下：

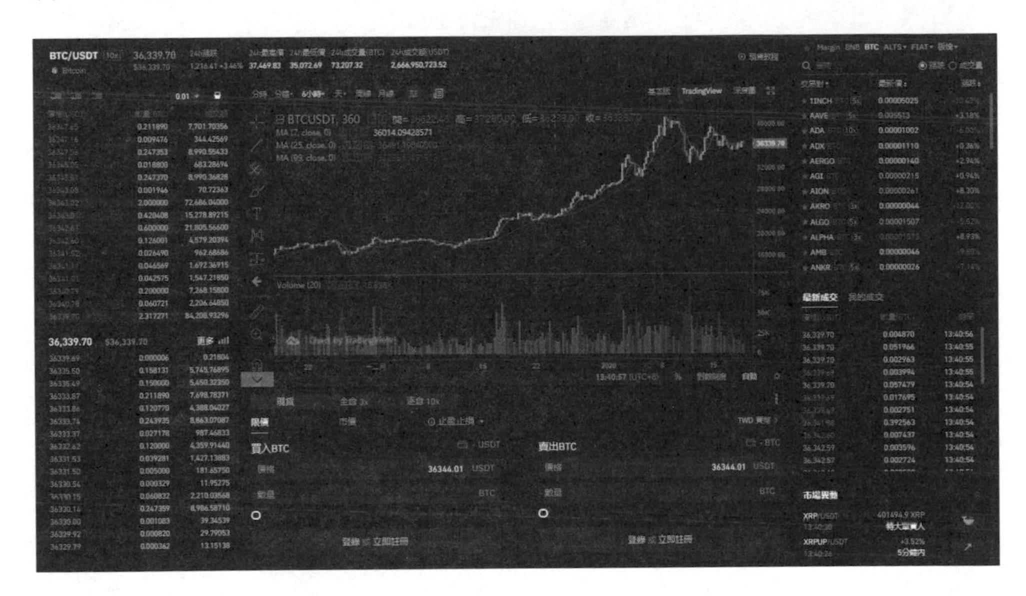


目前 Binance 也推出自己的區塊鏈—幣安鏈，幣安鏈透過持有量證明共識算法來促進快速去中心化交易，讓每一區塊的出塊時間壓在 3 秒以下，與此同時乙太坊的出塊時間落在 15 秒上下。為了與 Bitfinex 的放貸功能競爭，Binance 目前也推出類似活期存款的功能，以穩定幣為例約有年利率 6% 的收益，下圖便是幣安所推出的理財工具，使用上可以看做是有固定報酬的定存 / 活存。

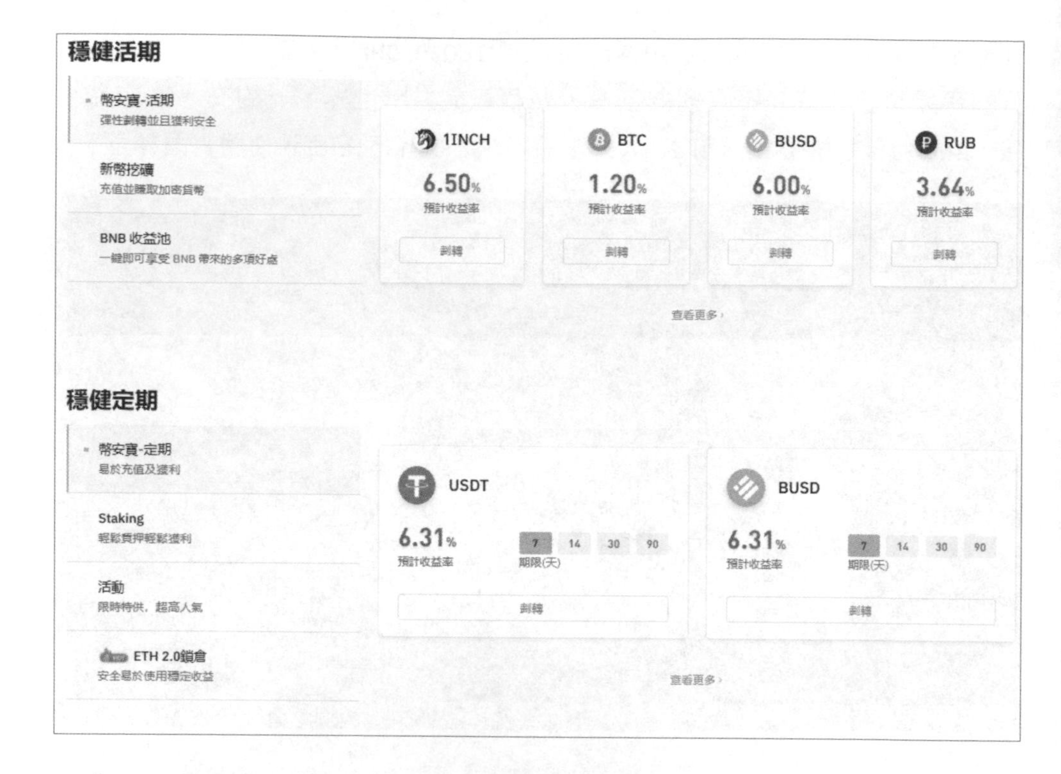


Binance 網址：https://www.binance.com/

另一間是 Bitfinex，其 Logo 是相當有特色的綠葉。Bitfinex 在 2012 年就成立，在幣圈裡是相當少數創立快十年的老牌交易所，但也因為如此往往淪為駭客攻擊的首要目標，最受矚目的便是 2016 年被盜走 12 萬顆比特幣，事件發生後甚至一度造成比特幣暴跌 20%。Bitfinex 實際執行畫面如下：

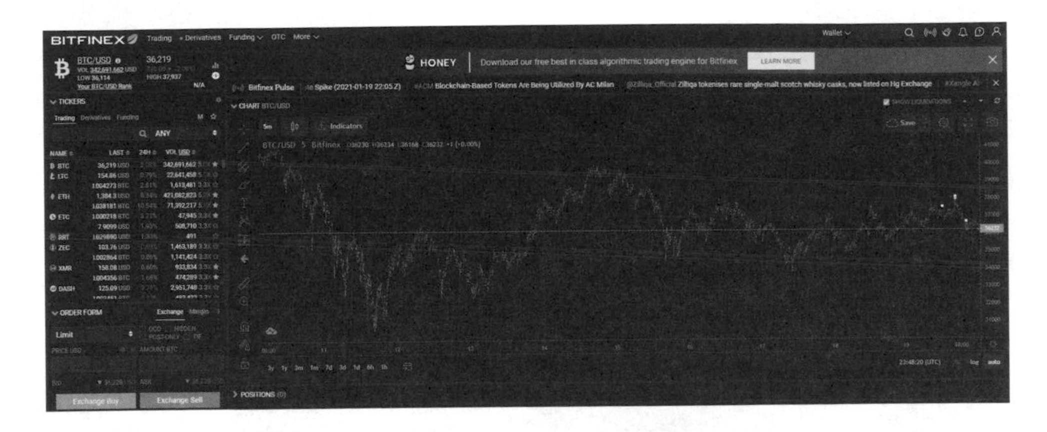


Bitfinex 在台灣最為知名的是它的放貸功能，你可以在上頭放貸穩定幣藉此獲得約 20% 的年報酬率！詳細放貸過程之後會再補充。此外，Bitfinex 也是美元穩定幣 USDT 的發行商，若你有美國銀行帳戶的話，更可以透過 Bitfinex 直接進行場外交易或入金。

Bitfinex：https://www.bitfinex.com/

## 冷錢包

上述所提的 Max、Bitopro、Binance、Bitfinex 都是中心化交易所，這些中心化交易所扮演了如同銀行般的角色幫你託管虛擬貨幣，但同時也讓原始去中心化的目的蕩然無存，另外，這些中心化交易所的安全性一直以來都備受考驗，區塊鏈是安全的，但託管方不是。

因此把資產放在中心化交易所無異於把錢託付給第三方管理，這方式甚至比傳統的銀行更糟─至少銀行受法律管制，一旦被駭或造成損失還有很大的機會討回。

而且比特幣的初始願景不就是「Be your own bank.」嗎？結果到最後還是交由交易所來代替銀行的功能，還需要承擔比傳統銀行更大的資安風險。這裡有個簡單的方法可以區分你到底是不是直接持有虛擬貨幣：

### 只有你有目前錢包地址的私鑰嗎？

的確你如果會寫程式的話，可以自行下載並運行節點、開設錢包、收取款項，這時候你就會得到一組錢包地址以及其私鑰，或是像我們前面所述的執行特定軟體來產生，通常我們會把地址與私鑰寫在紙上記錄下來放在保險箱，畢竟存在電腦裡還是得承擔電腦被入侵的風險，但往往多數人並不熟悉這些複雜的操作，為了方便大眾使用，「冷錢包」便應運而生。

冷錢包其實就是離線的錢包，因為平時沒有連上網路，所以相較起來被攻擊的可能較小，與之相對應的便是交易所的熱錢包，交易所裡存放私鑰的主機隨時連網，以方便使用者隨時開設帳戶或提領資產。

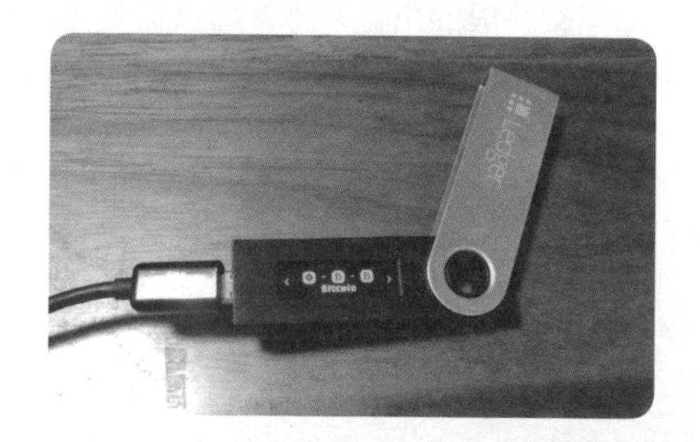


相較起來冷錢包的安全性遠遠高過於熱錢包，只有在需要發送交易的時候我們才會連網，那臨時需要收款時怎麼辦呢？大多數的區塊鏈就像我們在本書開頭寫的區塊鏈一樣，收款是不需要任何憑證，只需要出示你的錢包地址就可以

了，也因此平時把私鑰透過冷錢包的方式儲存起來，只有在需要動用款項的時候再連網就能夠盡可能的保障安全性。

所以，如果你把你產生的公私鑰寫在白紙上，那麼這張白紙就相當於你的「冷錢包」，但冷錢包也是有風險的：一旦你遺失了冷錢包，這些虛擬貨幣就再也找不回來了……

為了讓使用者更方便安全地掌握手上的數位資產，有許多像 Ledger、Trezor 這類的公司便特製販售一些硬體錢包，這些硬體裡做了加密處理，必須經由特定程序才能解開，也因為私鑰往往是由不規則的字母或單字構成，為了方便使用者使用，許多冷錢包的作法是在上頭設置按鈕，一旦需要核可某筆交易便按下該按鈕，按下後冷錢包就會直接幫你用存在裏頭的私鑰加密該筆交易後直接送出到區塊鏈上。

# 9-3 常見交易方式

### 定期與永久期貨

在講期貨前，先聽我一個勸：

**不要碰虛擬貨幣的期貨。**

如果你平時有在接觸金融商品的話，對於期貨這兩字應該並不陌生，典型的期貨有點像是在對賭某個時間點的商品價格會是多少，在交易時通常為了放大獲利也會加入槓桿，傳統券商與主管機關也會因為其高風險、高報酬的特性會為散戶加諸許多限制。而虛擬貨幣則完全沒有這些限制，你可以在虛擬貨幣的期貨市場開到百倍以上的槓桿，暴富或是賠光都在轉眼間，不過對散戶而言大部分都是賠光……

虛擬貨幣的期貨大抵而言分成兩種：定期期貨與永久期貨，前者擁有固定的結算時間，時間一到便進行清算，而永久期貨並沒有結算的時間。

那永久期貨是怎麼維持價格與市場的穩定呢？透過資金費率。

期貨商會自各大交易所抓取現貨的即時價格，如果交易所的現貨價格比期貨商的價格低，代表永久期貨目前處於溢價的狀態，為了保持平衡，買多的交易者就必須定期付給買空的交易者一筆「資金費率」，反之亦然，藉此就可以吸引交易者買空來平衡價格。下面會介紹的 BitMEX 是每 8 小時給付一次資金費率，而 FTX 則是每小時給付一次。

著名的虛擬貨幣期貨商有 BitMEX 與 FTX，兩家最大的差異是 BitMEX 是用比特幣作為結算單位，出入金也只能使用比特幣；而 FTX 在結算帳面金額時是使用美元穩定幣，出金或入金都可以使用多種虛擬貨幣，事實上 FTX 在使用上更像是一個交易所。

BitMEX

首先介紹 BitMEX，因歷史較長 (2014 年創立 )，在最初又沒有競爭對手，因此在 2020 以前一直穩定位居虛擬貨幣期貨之王，直到在 2020 年 10 月初，BitMEX 遭到了美國商品期貨交易委員會（CFTC）調查後才被 FTX 追趕過。

順帶一提，虛擬貨幣市場通常有著「贏家全拿」的特性，因為最大的交易所或期貨平台擁有最好的市場深度，能夠吸引最多的交易者進入，在此同時又可以拉大與其他平台的距離。

相較於 FTX，BitMEX 上能夠交易的幣種少得多，BitMEX 上的比特幣代稱是 XBT，使用 XBT 的原因是 ISO 4217 裡規範了每一種貨幣的代號，每一貨幣代號都是用三個字母構成，像是 USD 代表美元、TWD 代表台幣，那為什麼不能使用原本的 BTC 呢？那是因為 BTC 中的 BT 與不丹 (Bhutan) 撞名，而 X 又有「超越國家」的意涵在裡面，於是便有了 XBT 這個代號。但其實 XBT 從未進入正式的 ISO 4217 代碼。

BitMEX：https://www.bitmex.com/

FTX 是在 2019 年 4 月創立，創立者是 Alameda Research，他們團隊是虛擬貨幣市場中最大的造市商，FTX 因為堅實的團隊與技術背景，目前已經彎道超車超越 BitMEX。FTX 推出當下也有進行 ICO — FTT，當時是以每 FTT 1 美元的價格進行。下圖便是 FTX 交易所的實際交易畫面。

FTX 推出後能夠迅速在一兩年內力壓 BitMEX 在於其推出服務的創新與速度，FTX 像是自帶期貨槓桿交易功能的交易所，平時會進行數種 ICO 來炒熱氣氛，你也可以在上頭購買不同種虛擬貨幣，同時它首推出最破壞性創新的功能─股權通證。你可以在上面購買 Tesla、Airbnb、Google、Amazon 甚至台積電的股權通證，持有股權通證就相當於持有股票，不僅價格比照真實股票市場，每年還可以領取股利！下圖則是 FTX 裏頭所提供的股權通證。

| 幣種 | 名稱 | ↓ 24小時成交量 | 價格 | 24小時變化 |
|---|---|---|---|---|
| BABA/USD | Alibaba | US$144,881.29 | 252.05 | +3.87% |
| BYND/USD | Beyond Meat Inc | US$69,983.18 | 141.96 | +0.73% |
| GLXY/USD | Galaxy Digital Holdings | US$43,852.89 | 8.217 | +1.48% |
| BILI/USD | Bilibili Inc | US$36,162.51 | 128.570 | +4.91% |
| CBSE/USD | Coinbase | US$22,965.75 | 297.1975 | +2.49% |
| BNTX/USD | BioNTech | US$5,806.36 | 105.66 | +3.75% |
| ARKK/USD | ARK Innovation ETF | US$3,961.36 | 147.33 | +3.63% |
| ETHE/USD | Grayscale Ethereum Trust | US$3,026.23 | 16.756 | +15.83% |
| TSLA/USD | 特斯拉 | US$2,648.62 | 846.35 | +2.16% |
| AMZN/USD | Amazon | US$2,586.02 | 3,130.4 | +0.43% |

除了期貨外，FTX 也率先提出「槓桿代幣」的功能，這些槓桿代幣自帶槓桿，槓桿大多落在三倍。那期貨與槓桿代幣有甚麼不同呢？比方說你在 150 USD 的價格用 50 USD 的保證金開了三倍槓桿購入虛擬貨幣一顆，那麼如果現在漲到 300 USD，那麼槓桿會變成：

$$\frac{300}{50+150} \sim 1.5$$

隨著利潤的增加，槓桿倍率卻減少成 1.5 倍槓桿。如果我們看另一種情形，你在 150 USD 的價格用 50 USD 的保證金開了三倍槓桿購入虛擬貨幣一顆，那麼如果現在跌到 140 USD，那麼槓桿則會變成：

$$\frac{140}{50-30}\sim7$$

隨著虧損增加，你的槓桿倍數便會迅速膨脹逼近爆倉邊緣，而槓桿代幣的功能就是幫你調整倉位，讓槓桿能夠維持在固定的倍數，如果你買多，則在上漲時就購入更多虛擬貨幣增加槓桿，下跌時就減持虛擬貨幣減少槓桿。

但槓桿代幣最大的問題就是不適合長期持有，你可以假設我們以 100 元購入該虛擬貨幣的三倍上漲槓桿代幣（相當持有 100 元的虛擬貨幣三顆），隨後下跌到 80 元，不久後又回漲到 100 元，這時候的盈虧會如何變化？

首先我們先計算下跌的部分：

$$100-(100-80)\times3=40$$

計入虧損 60 元後，我們手上目前只有 40 元，因為槓桿為 3 倍，所以只能持有 120 元的虛擬貨幣，這時候槓桿代幣的系統會自動幫你減倉成持有 120 元，相當於 1.5 顆價格 80 元的虛擬貨幣。

$$40\times3=120$$

如果這時候漲回 100 元呢？

$$40+(100-80)\times1.5=70$$

這時候手上虛擬貨幣的淨值變成 70 元！到這裡你也可以發現在上漲下跌的過程中，槓桿代幣的價值是不段磨損的，特別是在波段行情中，你手上的槓桿代幣會不斷磨損，下圖便是 ETH 槓桿代幣的走勢，可以發現隨著時間過去，代幣的價格大方向都是往下走的，所以槓桿代幣並不適合長期持有，對於散戶而言最好別碰，以持有現貨為主要方式才會安全。

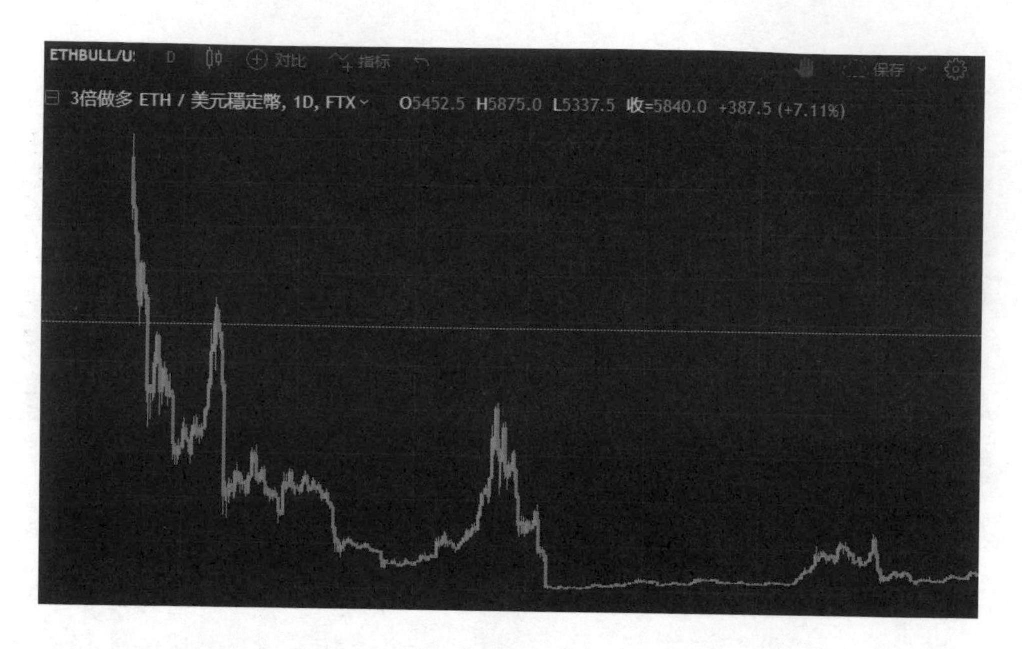


FTX：https://ftx.com/

### ▨ 穩定幣活期高利定存

另一種資產的使用方式便是拿去放貸，其中最知名、規模最大的平台便是剛剛提到過的 Bitfinex 以下介紹的也都是 Bitfinex 的情形，通常在 Bitfinex 放貸美元穩定幣可以換取年報酬約 20% 的高額利息，但你可能會有疑問：這些利息從哪裡來，會不會是資金盤或老鼠會？

Bitfinex 的借貸模式就像是 P2P 借貸，當有人有資金需求時，它可以向平台方抵押虛擬貨幣藉此向借貸方借入虛擬貨幣，那借入的虛擬貨幣去哪了呢？拿去購買或放空了！在 Bitfinex 的官網上是這樣描述的：

「*Bitfinex Borrow is a P2P lending platform that allows users to borrow funds from other users by using their cryptocurrency assets as collateral.*」

以股票市場為例，其實就是質押股票後借入現金買入更多股票，相當於開槓桿買多，或是借入股票後賣出，日後再買回歸還，這便是放空的概念。

所以，你拿去放貸的虛擬貨幣事實上是被另一組投資人借出使用，雖然年報酬率 20% 看似驚人，但換算成日利率只有約 0.05%，虛擬貨幣市場中的漲跌可以輕易超過這個數字。

如果不願意承擔虛擬貨幣的漲跌風險的話，那麼使用與美元錨定的穩定幣放貸便是另一個好選擇，因為放貸、收取利息使用的都是美元，不需要額外承擔幣價下跌的損失，所以穩定幣放貸也成為許多風險趨避者的首選。不過這其中真的沒有任何風險嗎？當然還是有的，否則利率與報酬不會與傳統定存差異那麼大。

### 1. 市場黑天鵝

目前 Bitfinex 的抵押率是 30%，亦即想借入價值 30 元的資產，就必須先行抵押 100 元的虛擬貨幣，要是抵押率低於 50% 時，系統就會進行強制清算，也就是把債務人當初抵押的虛擬貨幣拿去市場拍賣後還給債權人，所以在大部分的狀況下債權人是有保障的。但只要瞬間漲跌超過 20%，就算拍賣所有債務人當初抵押的虛擬貨幣也有可能無法還給債權人，這時候就會發生虧損，但主流幣 (BTC、ETH) 在幾秒之內瞬間漲跌超過 20% 這件事情發生過嗎？從來沒有，而且通常平台會從利息抽取部分的手續費成立準備金的制度，像 Bitfinex 的話就是從每筆利息收入中抽取 15% 的手續費，萬一發生黑天鵝事件就會從該準備金中填補投資人的虧損。所以至今還沒有發生過因為市場黑天鵝導致投資者虧損。

### 2. 平台倒閉

另一個風險就是借貸平台如 Bitfinex 倒閉，像之前提過 Bitfinex 在 2016 年被攻擊損失了 12 萬顆比特幣，事件過後 Bitfinex 選擇用自身的利潤全額補償所有用戶的損失 ( 也可以發現當初交易所是多賺錢的行業 .....)，在那之後 Bitfinex 也進行大規模的安全性補強，從此之後就沒有發生過類似事件，但仍無法完全排除未來 Bitfinex 倒閉或被駭的風險。

### 3. USDT 超發

幣圈裡行之已久的穩定幣 USDT 目前是嚴重超發、準備金不足，這部分稍後我們也會另外說明。也就是如果選擇的是 USDT 放貸，那 USDT 有可能突然變一文不值，這部分可以選用其他較合規的穩定幣或直接用法幣替代，如果想要長期放貸獲取現金流，請不要使用 USDT ！

但整體而言，放貸在眾多投資方式裡仍然屬於風險較低的一種，在這裡也簡介一下要如何進入。

1. 請先到 Bitfinex 官網 (https://www.bitfinex.com/) 註冊帳號並進行 KYC，這部分會需要第一個做是因為 Bitfinex 審核 KYC 的過程非常長，而且如果要使用穩定幣或法幣進行的話，所需要的 KYC 也最為嚴苛，Bitfinex 是我用過的所有交易所裏頭 KYC 需要的資料最多、最複雜的。
2. 到台灣的虛擬貨幣代購商購買穩定幣，因為現在代購商的價差不大，所以筆者推薦為了方便起見可以直接到之前提過的 Maicoin 或 Bitoex 購買穩定幣或虛擬貨幣，這裡同樣也需要 KYC，不過因為這兩家都是台灣公司，所以在資料備齊的狀況下 KYC 通常只需要 1~2 天便可以通過。
3. 把虛擬貨幣打到 Bitfinex 的 Funding Wallet，Bitfinex 的錢包可以粗分成交易用的 Exchange Wallet 與放貸用的 Funding Wallet，如果匯款時使用的是 BTC 或 ETH，也可以選擇先匯到 Exchange Wallet 換成穩定幣或美元後再轉到 Funding Wallet。若想直接放貸 ETH 或 BTC 的話，也可以直接把 ETH 或 BTC 轉到 Funding Wallet。
4. 在 Funding 介面選擇放貸，並且設定時間與利率後選擇自動續借，這樣 Bitfinex 就會在借貸期滿後自動幫你借出。

### ▨ 搬磚

搬磚這個詞如果先前已經有在虛擬貨幣圈裡頭應該不難聽到，通常會想到的都是交易所間的搬磚。因為各交易所間的價格不一，導致中間有機會進行套利，比方説幣安的比特幣價格如果高於 Bitfinex，便可以由 Bitfinex 購入比特幣後再到幣安轉賣，反之亦然。

**Bitcoin Markets** Spot Derivatives See All Markets >

| # | Source | Pairs | Price | Volume | Volume % | Liquidity | Confidence | Updated |
|---|---|---|---|---|---|---|---|---|
| 1 | Binance | BTC/USDT | $37,029.01 | $4,499,444,591 | 5.70% | 852 | High | Recently |
| 2 | Huobi Global | BTC/USDT | $37,007.70 | $1,866,029,707 | 2.36% | 867 | High | Recently |
| 3 | Coinbase Pro | BTC/USD | $37,052.90 | $1,582,366,326 | 2.00% | 827 | High | Recently |
| 4 | HitBTC | BTC/USDT | $37,095.74 | $1,146,404,735 | 1.45% | 744 | High | Recently |
| 5 | OKEx | BTC/USDT | $37,012.94 | $867,646,847 | 1.10% | 859 | High | Recently |
| 6 | Binance | BTC/BUSD | $37,058.81 | $864,454,396 | 1.09% | 750 | High | Recently |

這種方式其實跟傳統低買高賣的貿易方式很像，差別就在搬磚通常全部都由電腦即時達成，而且這種搬磚方式通常有低風險的特性，不管如何經過一輪手上的幣都會變多，需要承擔的風險就是當幣值下跌的時候手上的幣可能變得一文不值，另外也有可能因為延遲搶不到其中一邊的的單而導致虧損。

值得一提的是，通常因為交易所間的匯款會收取高昂的手續費，也會耗去不少時間，因此如果要進行交易所間的搬磚套利，會同時在兩交易所中事先儲值好要搬的幣種，以利在匯差產生時便即時下單交易。例如如果要在幣安與 Bitfinex 間進行比特幣與 USDT 的搬磚，則必須要在兩交易所內事先儲值好 USDT 與 BTC，當幣安價格高於 Bitfinex 時，立刻賣出幣安裡的 BTC，並同時買入 Bitfinex 內的 BTC。

但這裡筆者要介紹的是另外一種搬磚方式—交易所之內的搬磚，我們以幣安交易所為例，幣安交易所上面有四種交易對：BNB/BTC/ETH/USDT，如果交易對間產生價差，便可以透過中間價差來賺取微薄的利潤。

但實際上還需要扣去交易所的手續費，以幣安交易所為例，它的交易手續費約 0.1%，以 BNB 付款的手續費約 0.075%，再以註冊推薦碼反傭 20% 計算後大約 0.06%。( 持有 500BNB 可以反傭 40%)。

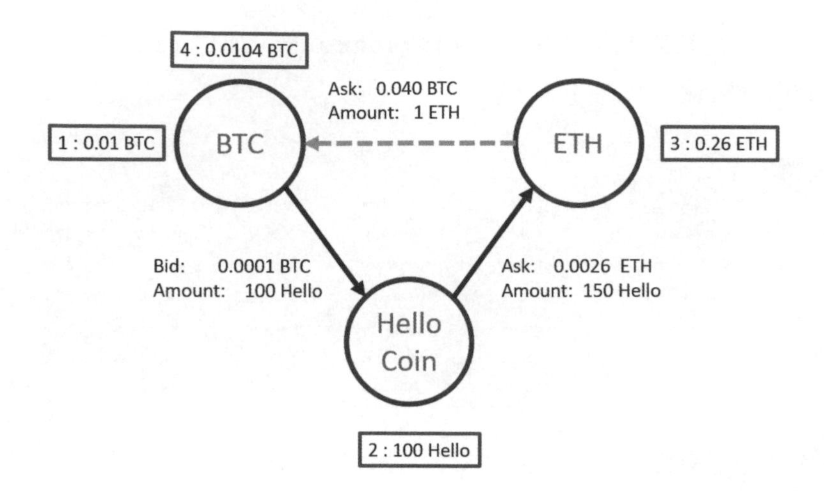


交易流程以上圖 Hello Coin 的例子來説，首先以 BTC 購入 100 Hello，再把手上的 100 Hello 轉成 ETH 賣出，完成一個流程便可以賺到約 4% 的價差，而且最後的 BTC<->ETH 交易對在本金足夠而且節省手續費的情形下可以不做。以一般人能夠取得的幣安手續費約 0.06%*2=0.12%，只要價差超過 0.12% 就可以啟動自動交易了！

以上圖為例，搬磚利潤的計算公式如下

$$\text{ETH Ask/BTC Bid*ETHBTC} = 0.0026/0.0001*0.04 = 1.04$$

能夠搬的數量就是

$$\text{min(BTC Bid Amount,ETH Ask Amount)}$$

```
=================== OST ===================
Server Time: 2018-08-26 15:40:29.841000
Local  Time: 2018-08-26 15:40:30.552567
Time   Diff: 69724
Profit(%):  0.6947101123595534
ETHBTC:  0.040969
BTC->Coin->ETH : 1.0060479494252874
BTC Price(Buy):  2.175e-05
BTC Amount(Buy):  323.0
ETH Price(Sell):  0.0005341
ETH Amount(Sell):  130.0
```

實際來看筆者實際撰寫程式測試時，OST 曾出現的狀況，在這情形下搬一次磚大概有

$$0.0005341/0.00002175*0.040969=1.006947$$

0.7% 左右的收益 !!

接著瞭解基本原理後，便可以把所有的流程都透過程式完成，這裡要注意的是，建議使用 websocket 而非一般的 API 來接收資料。websocket 跟一般的 API 不同的是：一般 API 需要從本地端發出請求後伺服器才會回傳資訊，而 websocket 就像是訂閱制的用戶一樣，一旦伺服器資料有改變，伺服器便會自動推播資料到用戶端，在時間上自然就會比較即時。

來試跑一下程式，你實際上會發現完全搶不到單。並會發現已經有很多組人馬在競標了。因為搶不到單，索性就用市價單去搶看看有沒有利潤，最後被我頂出這麼大一根。

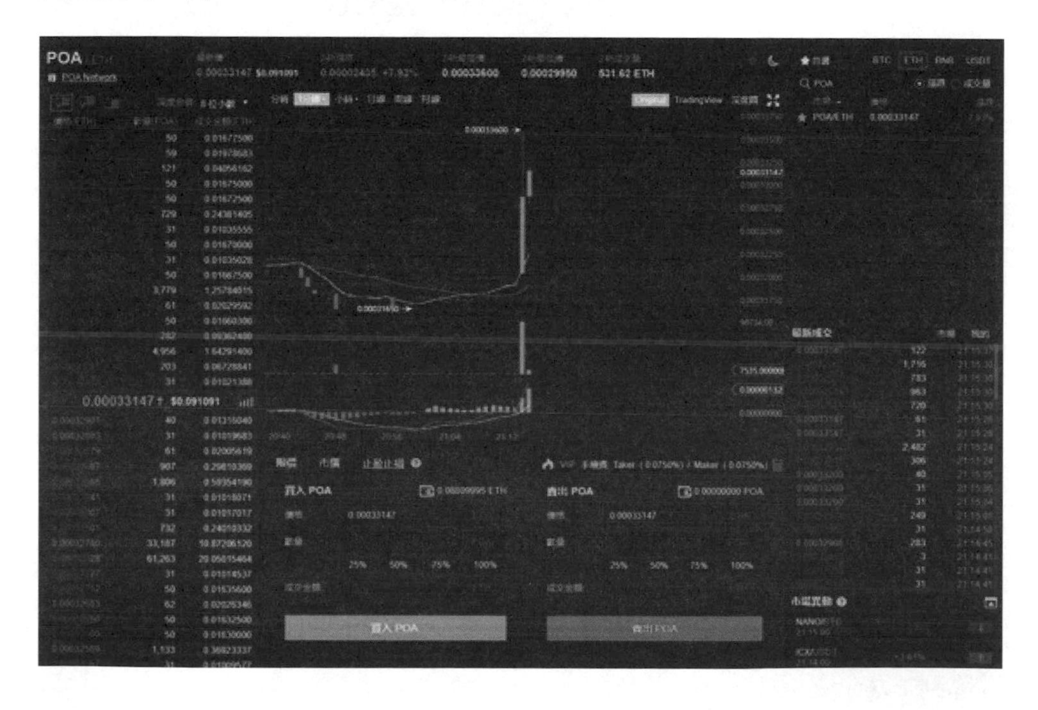

查看了原始資料，因為屢次搶不到，直接用市價單去搶搶看，看能不能加減喝到一點湯，可以發現在 23:55:56 發生可以套利的價差時，馬上有多組機器人進場搶單，很不幸的 ...... 紅色框起來的是我，最後一名 ......

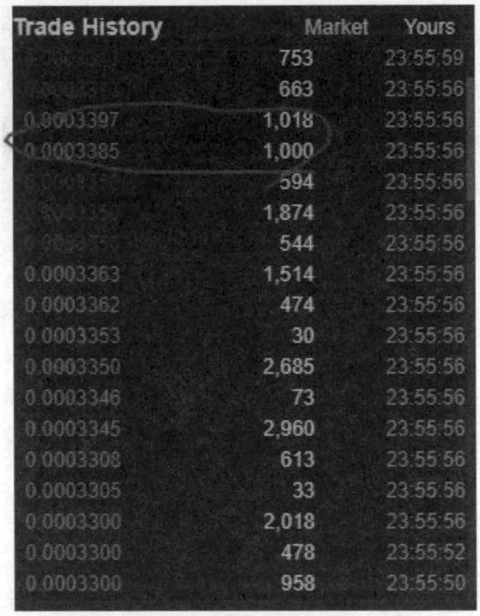

| Trade History | Market | Yours |
|---|---|---|
| [illegible] | 753 | 23:55:59 |
| [illegible] | 663 | 23:55:56 |
| 0.0003397 | 1,018 | 23:55:56 |
| 0.0003385 | 1,000 | 23:55:56 |
| [illegible] | 594 | 23:55:56 |
| [illegible] | 1,874 | 23:55:56 |
| [illegible] | 544 | 23:55:56 |
| 0.0003363 | 1,514 | 23:55:56 |
| 0.0003362 | 474 | 23:55:56 |
| 0.0003353 | 30 | 23:55:56 |
| 0.0003350 | 2,685 | 23:55:56 |
| 0.0003346 | 73 | 23:55:56 |
| 0.0003345 | 2,960 | 23:55:56 |
| 0.0003308 | 613 | 23:55:56 |
| 0.0003305 | 33 | 23:55:56 |
| 0.0003300 | 2,018 | 23:55:56 |
| 0.0003300 | 478 | 23:55:52 |
| 0.0003300 | 958 | 23:55:50 |

為了找尋原因，索性 Ping 了一下幣安的伺服器，假設網站跟後台是在同個 ip 的狀況下，延遲大約落在 14~57ms 中間，似乎有點太高了，或許是這個原因造成的。

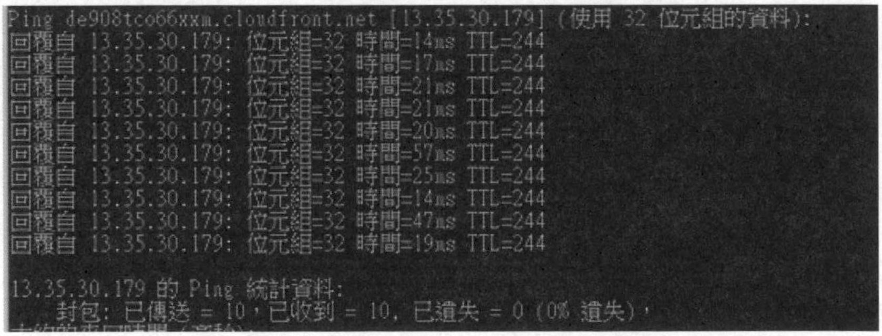

```
Ping de908tco66xxm.cloudfront.net [13.35.30.179] (使用 32 位元組的資料):
回覆自 13.35.30.179: 位元組=32 時間=14ms TTL=244
回覆自 13.35.30.179: 位元組=32 時間=17ms TTL=244
回覆自 13.35.30.179: 位元組=32 時間=21ms TTL=244
回覆自 13.35.30.179: 位元組=32 時間=21ms TTL=244
回覆自 13.35.30.179: 位元組=32 時間=20ms TTL=244
回覆自 13.35.30.179: 位元組=32 時間=57ms TTL=244
回覆自 13.35.30.179: 位元組=32 時間=25ms TTL=244
回覆自 13.35.30.179: 位元組=32 時間=14ms TTL=244
回覆自 13.35.30.179: 位元組=32 時間=47ms TTL=244
回覆自 13.35.30.179: 位元組=32 時間=19ms TTL=244

13.35.30.179 的 Ping 統計資料:
    封包: 已傳送 = 10，已收到 = 10, 已遺失 = 0 (0% 遺失)，
```

上網查了資料後，可以發現 Binance 的主機在洛杉磯，因此在 AWS 上選了便宜的而且伺服器同樣在洛杉磯的試用主機，再次 Ping 了一下幣安的主機，延遲降到 2.6ms 左右。

```
PING de908tco66xxm.cloudfront.net (54.230.116.198) 56(84) bytes of data.
64 bytes from server-54-230-116-198.sfo9.r.cloudfront.net (54.230.116.198): icmp
_seq=1 ttl=242 time=2.54 ms
64 bytes from server-54-230-116-198.sfo9.r.cloudfront.net (54.230.116.198): icmp
_seq=2 ttl=242 time=2.65 ms
64 bytes from server-54-230-116-198.sfo9.r.cloudfront.net (54.230.116.198): icmp
_seq=3 ttl=242 time=2.65 ms
64 bytes from server-54-230-116-198.sfo9.r.cloudfront.net (54.230.116.198): icmp
_seq=4 ttl=242 time=2.77 ms
64 bytes from server-54-230-116-198.sfo9.r.cloudfront.net (54.230.116.198): icmp
_seq=5 ttl=242 time=2.64 ms
64 bytes from server-54-230-116-198.sfo9.r.cloudfront.net (54.230.116.198): icmp
_seq=6 ttl=242 time=2.64 ms
```

即使設下了時間差，讓只有接收與下單的時間壓在 20ms 內才下單的話，實際上還是搶不到………任何一筆。仔細想想搬磚這件事情本質上就是 Winner takes all.，贏家全拿。只要世界上有任何一個團隊在做，而他們擁有相對低的延遲與手續費、甚至是交易所的專有線路，那麼所有有利潤的套利單通通會被他們壟斷掉，一般玩家就跟我一樣只能望著市價單興嘆，畢竟在我們看到限價單的時候，往往另一組團隊早已完成交易了。

所以，如果遇到有人以搬磚能夠每月穩定高額獲利為名招攬投資，不要懷疑一定是詐騙。而且這種詐騙因為交易所設立在國外，並在台灣使用人頭接洽與宣傳，導致後續在舉證或調閱資料上都相當困難，同時交易所也未必會配合台灣警方的調查。此外也因追蹤後續銷贓金流不易，讓被害人往往受騙後也只能自認倒楣，不可不慎。

## 9-4 區塊鏈不可能三角

區塊鏈裏頭有所謂的「不可能三角」，也就是去中心化、安全、效能三者我們只能取其二，不可能三者都滿足。

大家熟知的比特幣或以太坊這些傳統公鏈選擇的便是去中心化與安全，也就是所有節點都是同等地位，同時透過礦工以算力計算 nonce 的方式來確保安全性，但缺點就是共識必須在所有節點中取得，導致出塊時間分別落在 10 分鐘與 15 秒，並且中間還會有暫時性分叉無法確認，這導致了每次操作都需要等數十分鐘甚至數個小時才能夠確認，這對於去中心化應用程式而言是無法忍受的—想像一下你在區塊鏈上寫一個大富翁遊戲，結果每次買地都要等 20 分鐘的話？

而另一種區塊鏈 Hyperleger 超級帳本或是 EOS 則在這不可能三角中選擇了安全與效能，讓權力只集中在某些特定節點上，這樣效能就可以得到大幅度的提升！因為每次交易與確認只需要少數幾個節點同意便可以進行，無須求取後續複雜的共識，讓交易的速度能勾媲美傳統銀行或 VISA，但相對而言發展或營運也容易被特定機構所掌控。

最後就是 P2P 網路，像是古早時代的 Foxy 或一直存在的 BT 下載，他們選擇的是去中心化與效能，但安全性就被犧牲了，也因此你才會在上面載到一堆病毒或是假的檔案。

## 9-5 USDT 是泡沫嗎？

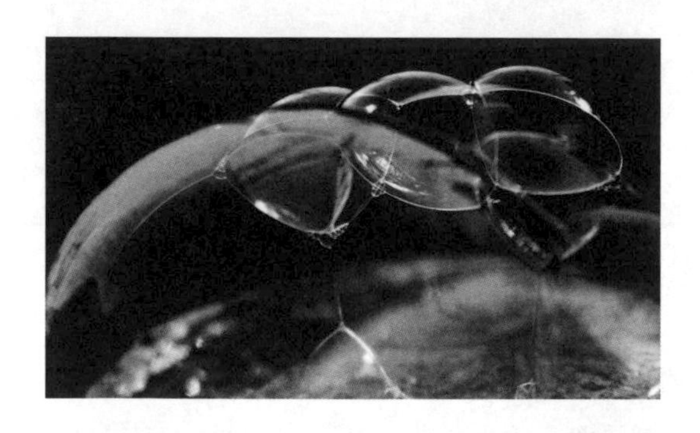

在過往沒有穩定幣的年代，虛擬貨幣的價值非常難以定位，所有的交易都是透過場外面交 (OTC)，在沒有換算基準的情況下難以估算真實市場價格，為了克服這一狀況，在 2014 年 Tether 推出了與美元錨定可 1：1 兌換的虛擬貨幣，並有 100% 美元儲備的 USDT 進入市場。

在初期 USDT 的儲備率是 100%，代表每發行一枚 USDT，發行商 Tether 就會有相對應 1 美金的儲備在銀行信託裡，透過這種方式讓虛擬貨幣可以在交易所中衡量法幣價值，這種使用方式相當便利，在沒有其他穩定幣作為競爭者的當下，USDT 也迅速成長茁壯，成為前十大的虛擬貨幣。

但是，Tether 的帳戶與實際金額一開始並沒有公開，也漸漸有人開始懷疑 USDT 是否有超發的風險，如果你會看智能合約程式碼的話，你會發現 USDT 的智能合約是相當中心化的，合約發布者可以隨時增發、鎖定特定帳戶的餘額。極度中心化、不透明的狀況下，對 USDT 的質疑也越來越多。

因此，對於 2017 或 2020 的牛市，也有不少人懷疑是 Tether 超發大量 USDT 藉此推升市場，但這樣不會有擠兑的風險嗎？事實上非常低，因為會透過 Tether 官方管道把 USDT 兑換回法幣的人非常稀少，如果有人真的這樣做的話，會發現官方的兑換管道非常麻煩，需要經過繁複的手續、認證，同時也會抽取手續費，所以幾乎不會有人直接拿著 USDT 向 Tether 要求兑換回美元。

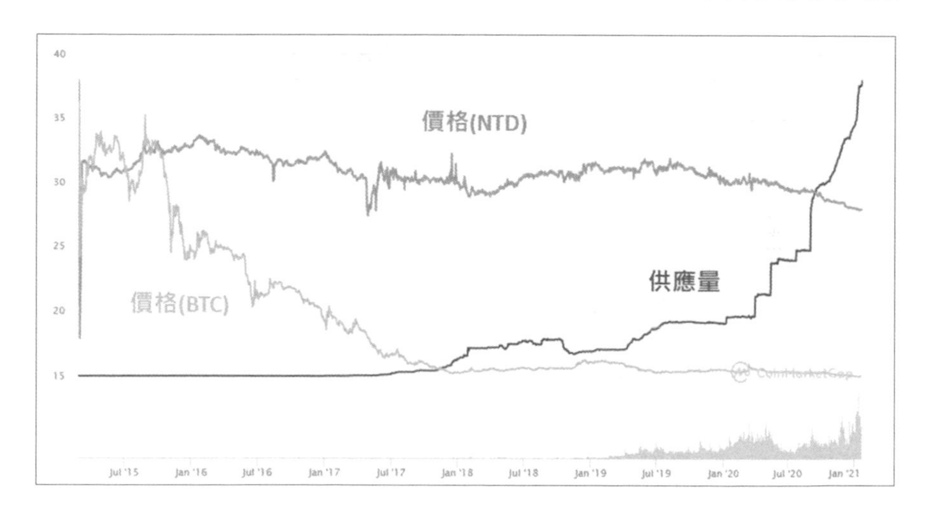


上圖中你可以看到代表 USDT 供應量的藍線是不斷往上飆的，代表 Tether 在過去幾年的時間注入了大量資金到市場上，所以與其説是比特幣上漲，也可以用 USDT 貶值來看待。

在 2018 年的時候，曾經爆發 USDT 的信心崩盤，在多家交易所裡的 USDT 價格崩跌到 1 USDT 只能兌換 0.7 美元，但這次信心崩盤並沒有讓 Tether 接受審計或公開帳戶，所以社群還是不知道 USDT 的實際資產配置。

在 2018 年的巴拿馬文件事件中，Tether、Bitfinex 背後的真相也部分地被紕漏，實際上 USDT 並沒有 100% 的準備金，有大量的準備金被挪用，USDT 的準備率實際上只有七成多，少去的兩成多換算約上百億台幣的資金都被挪用。

在不斷受到政府與民間的壓力下，在 2021 年開始 USDT 的發行商 Tether 開始定期發布審計報告，透漏了其儲備金的來源主要是由現金、現金的等價物、短期存款等構成，其中現金等價物由美國國債、銀行存款、貨幣基金等構成，同時為了避免波動也逐步降低商業票據佔的比例並由增加美國國債，也就是說我們用來購入 USDT 的資金會有一部分被 Tether 轉投資到低波動性的資產，同時這些資產尤其是美國國債擁有強大的流動性，可以在需要時迅速轉為現金。

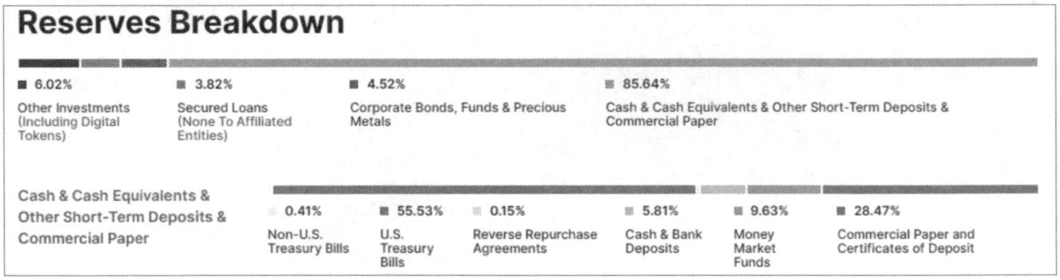

▲ Tether 的 USDT 儲備，截圖自 Tether 官網

到此，對於 USDT 儲備體系的質疑才緩和下來，在 2022 年 5 月 UST 遭受擠兌而崩潰後，USDT 與美金之間也發生短暫脫鉤到 0.93 美金，也因為脫鉤造成套利活動進行，在一周時間兌換了 70 億美金（約市值的 10%），這數字已經超過官網上所聲稱的美金儲備（約市值的 5%），展現了其堅韌的流動性，對 USDT 的質疑聲浪才稍稍平息下來。

所以，若有穩定幣的需求，你可以嘗試分散持有 USDC、TUSD、BUSD、Dai 來減低風險，前三種都會定期公開信託帳戶的資訊讓用戶查閱，平時也會聘請會計事務所審計，務求絕對合法合規。下面就各穩定幣的發行方做個介紹：

1. USDC：第二大美元穩定幣，由 Coinbase 交易所與高盛共同推出。
2. BUSD：第三大美元穩定幣，由世界最大交易所 Binance 發行。
3. TUSD：第五大美元穩定幣，由 TrustToken 推出，台灣用的不多。

其中，筆者又最推薦 USDC，在市場上的接受度最高。

# 讀者回函

讀者回函

GIVE US A PIECE OF YOUR MIND

感謝您購買本公司出版的書，您的意見對我們非常重要！由於您寶貴的建議，我們才得以不斷地推陳出新，繼續出版更實用、精緻的圖書。因此，請填妥下列資料(也可直接貼上名片)，寄回本公司(免貼郵票)，您將不定期收到最新的圖書資料！

**購買書號：** **書名：**

姓　　名：＿＿＿＿＿＿＿＿＿＿＿＿＿＿＿＿

職　　業：□上班族　□教師　□學生　□工程師　□其它

學　　歷：□研究所　□大學　□專科　□高中職　□其它

年　　齡：□10~20　□20~30　□30~40　□40~50　□50~

單　　位：＿＿＿＿＿＿＿＿ 部門科系：＿＿＿＿＿＿＿＿

職　　稱：＿＿＿＿＿＿＿＿ 聯絡電話：＿＿＿＿＿＿＿＿

電子郵件：＿＿＿＿＿＿＿＿＿＿＿＿＿＿＿＿

通訊住址：□□□ ＿＿＿＿＿＿＿＿＿＿＿＿＿＿＿＿

**您從何處購買此書：**

□書局＿＿＿＿　□電腦店＿＿＿＿　□展覽＿＿＿＿　□其他＿＿＿＿

**您覺得本書的品質：**

內容方面：　□很好　□好　□尚可　□差

排版方面：　□很好　□好　□尚可　□差

印刷方面：　□很好　□好　□尚可　□差

紙張方面：　□很好　□好　□尚可　□差

您最喜歡本書的地方：＿＿＿＿＿＿＿＿＿＿＿＿

您最不喜歡本書的地方：＿＿＿＿＿＿＿＿＿＿＿＿

假如請您對本書評分，您會給(0~100分)：＿＿＿＿ 分

您最希望我們出版那些電腦書籍：

請將您對本書的意見告訴我們：

您有寫作的點子嗎？□無　□有　專長領域：＿＿＿＿＿＿＿＿

歡迎您加入博碩文化的行列哦！

✂請沿虛線剪下寄回本公司

Give Us a Piece Of Your Mind

博碩文化網站　http://www.drmaster.com.tw

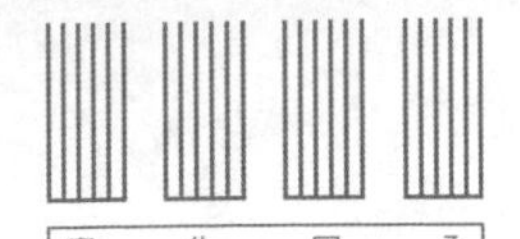

| 廣　告　回　函 |
| --- |
| 台灣北區郵政管理局登記證 |
| 北台字第４６４７號 |
| 印刷品・免貼郵票 |


**221**

博碩文化股份有限公司　產品部

新北市汐止區新台五路一段112號10樓A棟


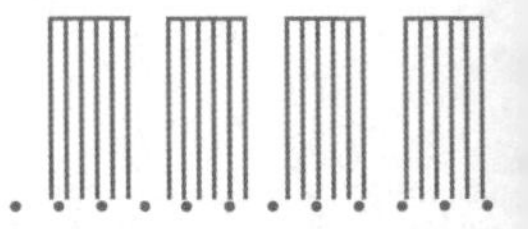

# 如何購買博碩書籍

## 全省書局

請至全省各大書局、連鎖書店、電腦書專賣店直接選購。

（書店地圖可至博碩文化網站查詢，若遇書店架上缺書，可向書店申請代訂）

## 信用卡及劃撥訂單（優惠折扣85折，未滿1,000元請加運費80元）

請於劃撥單備註欄註明欲購之書名、數量、金額、運費，劃撥至

帳號：17484299　戶名：博碩文化股份有限公司，並將收據及

訂購人連絡方式傳真至(02)26962867。

## 線上訂購

請連線至「博碩文化網站 http://www.drmaster.com.tw」，於網站上查詢

優惠折扣訊息並訂購即可。